Cadence Allegro 17.4
电子设计速成实战宝典

黄 勇 龙学飞 郑振宇 编著

电子工业出版社
Publishing House of Electronics Industry
北京·BEIJING

内 容 简 介

本书以 Cadence 公司发布的全新 Cadence Allegro 17.4 电子设计工具为基础，全面兼容 Cadence Allegro 16.6 及 17.2 等常用版本。本书共 15 章，系统介绍 Cadence Allegro 全新的功能及利用电子设计工具进行原理图设计、原理图库设计、PCB 库设计、PCB 流程化设计、DRC、设计实例操作全过程。

本书内容翔实、条理清晰、实例丰富完整，除可作为大中专院校电子信息类专业的教材外，还可作为大学生课外电子制作、电子设计竞赛的实用参考书与培训教材，广大电路设计工作者快速入门及进阶的参考用书。

未经许可，不得以任何方式复制或抄袭本书之部分或全部内容。
版权所有，侵权必究。

图书在版编目（CIP）数据

Cadence Allegro 17.4 电子设计速成实战宝典 / 黄勇，龙学飞，郑振宇编著. —北京：电子工业出版社，2021.9
ISBN 978-7-121-42034-4

Ⅰ . ①C… Ⅱ . ①黄… ②龙… ③郑… Ⅲ. ①印刷电路－计算机辅助设计－应用软件 Ⅳ. ①TN410.2

中国版本图书馆 CIP 数据核字（2021）第 188715 号

责任编辑：夏平飞
印　　刷：北京七彩京通数码快印有限公司
装　　订：北京七彩京通数码快印有限公司
出版发行：电子工业出版社
　　　　　北京市海淀区万寿路 173 信箱　邮编：100036
开　　本：787×1 092　1/16　印张：29.25　字数：748.8 千字
版　　次：2021 年 9 月第 1 版
印　　次：2025 年 3 月第 8 次印刷
定　　价：148.00 元（赠送 80 小时视频课程）

凡所购买电子工业出版社图书有缺损问题，请向购买书店调换。若书店售缺，请与本社发行部联系，联系及邮购电话：(010) 88254888，88258888。

质量投诉请发邮件至 zlts@phei.com.cn，盗版侵权举报请发邮件至 dbqq@phei.com.cn。
本书咨询联系方式：(010) 88254498。

前　　言

面对功能越来越复杂、速度越来越快、体积越来越小的电子产品，各类型电子设计需求大增，学习和投身电子产品设计的工程师也越来越多。由于电子产品设计领域对工程师自身的要求很高，而大多数工程师在工作中很难真正做到得心应手，在遇到速率较高、产品功能复杂的电子产品时，各类 PCB 设计问题不断涌现，因此造成很多项目在后期调试过多，甚至前功尽弃，既浪费了人力物力，也延长了产品研发周期。

作者通过大量调查和实践得出，电子工程师设计的难点在于：

（1）刚毕业没有实战经验，软件工具的使用也不是很熟，无从下手。

（2）做过简单的电子设计，但是没有系统设计思路，造成设计后期无法及时高效完成。

（3）有丰富的电路设计经验，但是无法契合设计工具，不能做到得心应手。

采用 Cadence Allegro 提供的工具进行原理图设计、PCB 设计是电子信息类、电气信息类专业的一门实践课程，也是电子设计最常用设计工具之一。作者以职业岗位分析为依据，用真实产品为载体、实际项目流程为导向的教学理念编写本书。

传统的理论性教材注重系统性和全面性，但实用性效果并不是很好。本书以实战案例开展教学，注重学生综合能力的培养；在教学过程中，以读者未来职业角色为核心，以社会实际需求为导向，兼顾理论学习与实践需求，形成课内理论教学和课外实践活动的良性互动。教学实践表明，该教学模式对培养学生的创新思维和提高学生的实践能力有很好的作用。

本书由专业电子设计公司的一线设计工程师和大学 EDA 教师联合编写，充分体现出作者使用 Cadence Allegro 进行原理图设计、PCB 设计时的丰富实际经验和使用技巧。

本书共 15 章，具体内容说明如下：

第 1 章　Allegro 17.4 全新功能。本章主要介绍 Allegro 17.4 的全新功能，方便读者了解新功能的应用及与老版本的区别。

第 2 章　Allegro 17.4 软件安装及电子设计概述。本章对 Allegro 17.4 进行基本概括，包括 Allegro 17.4 的安装步骤及常用系统参数的设置，旨在让读者搭建好设计平台并高效地配置好平台的各项参数；同时，概述了电子设计的基本流程，为接下来的学习打好基础。

第 3 章　工程的组成及完整工程的创建。Allegro 17.4 软件集成了强大的开发管理环境，能够有效地对设计的各项文件进行分类及层次管理。本章对工程文件的组成及创建步骤做了详细介绍，有利于读者形成系统的文档管理概念。

第 4 章　元件库开发环境及设计。本章主要讲述电子设计开头的元件库的设计。

第 5 章　原理图开发环境及设计。本章介绍原理图设计界面环境，并通过原理图设计流程化讲解的方式，对原理图设计的创建过程进行了详细讲述，目的是让读者一步一步地根据教程设计出自己需要的原理图，同时对层次原理图进行了讲述。

第 6 章　PCB 库开发环境及设计。本章主要讲述了 PCB 封装的编辑界面、标准 PCB 封装、异形 PCB 封装的创建方法，并且概述了集成库的组成和安装，方便后期元器件及封装的调用，让读者充分理解元件库、PCB 封装及它们之间的相互关联性。

第 7 章　PCB 设计开发环境及快捷键。本章主要介绍 Allegro 17.4 PCB 画板的工作环境、系统默认快捷键和自定义快捷键，让读者对各个面板及系统的命令组合有一个初步的认识，为后面进行 PCB 设计及提高设计效率打下一定的基础。

第 8 章　流程化设计——PCB 前期处理。本章主要描述 PCB 设计开始的前期准备，包括原理图的检查、封装检查、网表的生成、PCB 的器件导入、叠层结构的设计等。只有把前期工作做好了，才能更好地把握好后面的设计，保证设计的准确性和完整性。

第 9 章　流程化设计——PCB 布局。PCB 布局的好坏直接关系到板子的成败。根据基本原则并掌握快速布局的方法，有利于我们对整个产品的质量把控。本章按照实际项目流程，对每个布局环节的注意事项及实际操作进行了详细讲解，可以让读者在充分理解实际项目流程经验的同时，很好地掌握实际设计项目当中最常用的基本操作及技巧。

第 10 章　流程化设计——PCB 布线。PCB 布线是 PCB 设计当中占比最大的一部分，是重点中的重点，掌握设计当中的技巧，可以有效地缩短设计周期，也可以提高设计质量。

第 11 章　PCB 的 DRC 与生产输出。本章主要讲述 PCB 设计的一些后期处理，包括功能性 DRC、丝印的摆放、PDF 文件的输出，以及生产文件的输出。读者应该全面掌握并熟练运用本章内容，对于一些 DRC，可以直接忽略，但是对于本章提到的一些检查项，应给予重视并着重检查，这样很多生产中的问题就可以在设计阶段被规避。

第 12 章　Allegro 17.4 高级设计技巧及其应用。Allegro 17.4 除了常用的基本操作，还有许多的高级应用技巧等待挖掘，有精力的读者可以深入学习。

第 13 章　入门实例：2 层 STM32 四翼飞行器的设计。本章选取了一个大学期间或者说入门阶段最常见 SMT32 开发板的实例，通过这个简单 2 层板全流程实战项目的演练，旨在让初学者贯通理论与实践，掌握电子设计最基本的操作技巧及思路，抓住初学者的痛点，全面提升实际操作的技能和学习积极性。在这里，作者也恳请大家不要做资料的灌输者，请自己多动手练习，练习，再练习！

第 14 章　入门实例：4 层 DM642 达芬奇开发板设计。本章以多层板的设计流程进行讲解，包含原理图的检查、封装创建、PCB 布局、PCB 布线、高速蛇形等长、3W 走线规则、拓扑结构、EMC/EMI 的常见处理方法等内容。

第 15 章　进阶实例：RK3288 平板电脑的设计。本章选取了一个进阶实例，为进一步学习 PCB 技术的读者做准备。一样的设计流程，一样的设计方法和分析方法，目的是让读者明白，其实高速 PCB 设计并不难，只要分析弄懂每一个电路模块的设计，就可以像"庖丁解牛"一样，不管是什么产品、什么类型的 PCB，都可以按照"套路"设计好。

本书适合电子技术人员参考，也可作为电子技术、自动化、电气自动化等专业本科生和研究生的教学用书。若条件允许，还可以开设相应的试验和观摩，以缩小书本理论学习与工程应用实践的差距。书中涉及电气和电子方面的名词术语、计量单位，力求与国际计量委员会、国家技术监督局颁发的文件相符。

书中涉及的一些操作实例及素材，读者可以通过扫描图书背面的二维码，进入素材专区获取，也可以通过图书背面的作者微信联系作者获取。

本书由湖南凡亿智邦电子科技有限公司技术部团队组织编写，课程负责人黄勇对本书提出了总体的设计并参与了编写工作，技术部彭子豪、黄真、刘吕樱、王泽龙、陈虎参与了编写工作。本书在编写中得到了电子工业出版社及深圳市凡亿技术开发有限公司总经理郑振凡先生的鼎力支持，曲昕编辑为本书的顺利出版做了大量的工作，作者一并向他们表示衷心的感谢。

由于科学技术发展日新月异，作者水平有限，书中难免存在瑕疵，敬请读者予以批评指正。

为方便读者阅读、答疑和信息反馈，PCB 联盟网创建了图书板块作为图书推广宣传活动和读者技术交流的空间。读者可以通过免费注册的方式，成为 PCB 联盟网的用户。在阅读本书的过程中，如果读者遇到任何问题，或者对本书内容有任何建议和意见，都可以通过这个讨论区和作者直接交流。

作　者

扫码领取课程优惠券

（仅限本书读者专享）

配套课程

《Cadence Allegro 实战 PCB 设计零基础入门速成教程 130 讲》

《Cadence Allegro 两层 STM32 系统主板 PCB 设计视频教程》

目　　录

第1章

Allegro 17.4 全新功能

随着电子技术的不断革新和芯片生产工艺的不断提高,印制电路板(PCB)的结构变得越来越复杂,从最早的单面板到常用的双面板再到复杂的多层板,电路板上的布线密度也越来越高。同时,随着 DSP、ARM、FPGA、DDR 等高速逻辑元器件的应用,PCB 的信号完整性和抗干扰性能显得尤为重要。依靠软件本身自动布局布线无法满足对板卡的各项要求,需要电子设计工程师具备更高的专业技术水平。另外,因为电子产品的更新换代越来越快,所以需要工程师们来深挖软件的各种功能技巧,以提高设计的效率。

电子产品设计不仅是电子设计工程师的工作内容,更是工程师们的设计激情。然而,如果电子设计工程师的大部分工作时间都在做一些琐碎的工作,那么这些工作会扼杀工程师们的创造力,使工程师们脱离实际设计。Allegro 运用创新技术来帮助电子设计工程师脱离这些琐碎工作,更多关注设计本身。在工作中有更多时间专注于创作,就会有更多的设计灵感,重新找回设计激情。

1992 年,Cadence 公司进入中国大陆市场,迄今已拥有大量的集成电路(IC)及系统级设计客户群体。在过去的近二十年里,Cadence 公司在中国不断发展,建立了北京、上海、深圳分公司以及北京研发中心、上海研发中心,并于 2008 年将亚太总部设立在上海,现拥有员工 800 余人。北京研发中心主要承担美国总部 EDA 软件研发任务,力争提供给用户适合的设计工具和全流程服务。Cadence 公司在中国拥有技术支持团队,提供从系统软硬件仿真验证、数字前端和后端及低功耗设计、数模混合 RF 前端仿真与 DFM 及后端物理验证、SiP 封装及 PCB 设计等技术支持。

Allegro 通过把原理图设计、电路仿真、PCB 绘制编辑、拓扑逻辑自动布线、信号完整性分析和设计输出等技术完美融合,使越来越多的用户选择使用 Allegro 来进行复杂的大型电路板设计。因此,对初入电子行业的新人或者电子行业从业者来说,熟悉并快速掌握该软件来进行电子设计至关重要。

应市场需求,Allegro 不断推陈出新,以满足更新电子产品设计提出的挑战。那么 Allegro 17.4 版本相对于其他版本又有什么全新的功能呢,我们通过本章的介绍。让读者能够快速做出对比,对自己安装的版本做出选择!

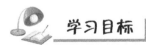 学习目标

➤ 了解 Allegro 17.4 的全新功能。

1.1 Allegro 17.4 全新功能介绍

1.1.1 全新功能概述

Allegro 17.4 进行了全新功能的升级，显著地提高了用户体验和效率，利用时尚界面使设计流程流线化，同时实现了前所未有的性能优化。使用 64 位体系结构和多线程的结合实现了在 PCB 设计中更大的稳定性、更快的速度和更强的功能。它的升级主要体现在如下几个方面：

（1）主题的优化。

（2）新的 Toolbar 图示及自行重组。

（3）可以多屏幕进行操作显示。

（4）窗口的优化。

（5）从原理图直接创建 PCB，更加方便地实现原理图与 PCB 的同步。

（6）提供了基于 Web 的搜索功能。

（7）17.2 版本兼容模式的优化。

（8）更加强大的 3D 显示功能。

（9）PCB 设计功能的添加及优化。

1.1.2 主题的优化

在 17.4-2019 版本中，可以将主题颜色设为深色，能够减少功耗，提高可视性，执行菜单命令 "Options" → "Preferences"，进行设置，如图 1-1 所示，同时这个界面还可以对其他一些元素进行颜色的更改。

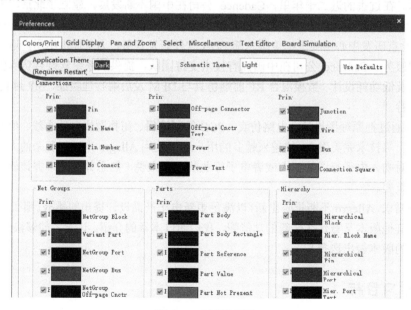

图 1-1　主题的显示

1.1.3 新的 Toolbar 图示及自行重组

（1）在 17.4 版本中有了新的 Toolbar 图示，比之前的版本更为方便，如图 1-2 所示。

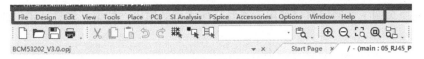

图 1-2 新的 Toolbar 图示

（2）Toolbar 进行了重组，可以通过单击右键进行打开或关闭，如图 1-3 所示。

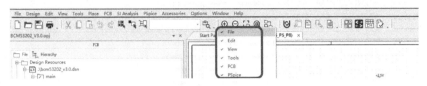

图 1-3 自行选择 Toolbar 的显示

1.1.4 可以多屏幕进行操作显示

当使用两个显示器进行设计时，17.4 版本可以将单页原理图通过拖动标题栏进行双屏幕显示，如图 1-4 所示。

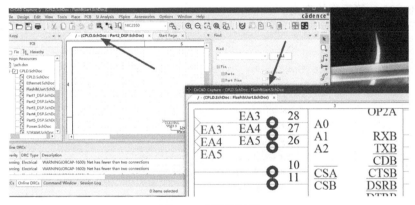

图 1-4 双屏幕显示

1.1.5 窗口的优化

（1）在同一个 Project Manager 中打开多个 Project。每个 Project 都会显示以下资源的文件夹：Layout、Outputs、PSpice Resources、Logs，如图 1-5 所示。

图 1-5 Project Manager 显示窗口

（2）在原理图下方通用窗口可用于查看任何类型的输出：结果、消息、错误或警告，如图 1-6 所示。

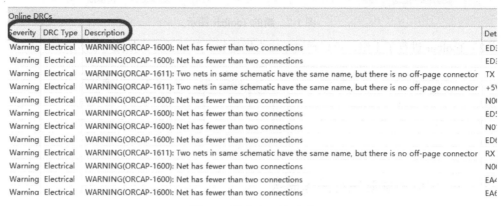

图 1-6　输出窗口的显示

（3）"Find"窗口单独被调出来放置在界面右侧进行使用，如图 1-7 所示，可以通过"Find"栏进行 Parts、Nets 等元素的查询。

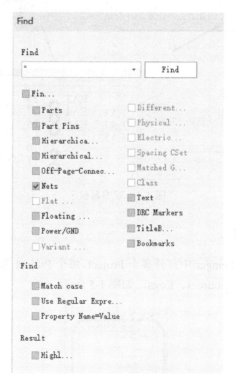

图 1-7　"Find"窗口显示

1.1.6　从原理图直接创建 PCB，更加方便地实现原理图与 PCB 的同步

（1）17.4 版本新添加了直接从原理图中创建 PCB 的功能，无须打开 Allegro 软件去新建 PCB，提高了设计效率，执行菜单命令"PCB"→"New Layout"，在弹出的"New Layout"窗口中直接单击"OK"按钮，即可新建 PCB 文件，如图 1-8 所示。

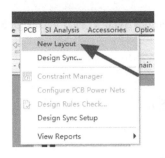
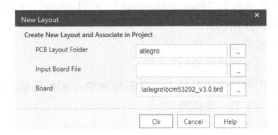

图 1-8　原理图新建 PCB

（2）执行菜单命令"Project Manager"→"Layout"，单击右键，访问关联的 Layout 或选择删除新建的 PCB，如图 1-9 所示。

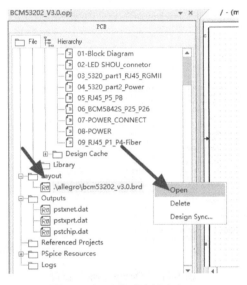

图 1-9　打开或删除新建 PCB

（3）17.4 版本引入了 Design Sync 功能，可以更加高效、轻松地实现原理图及 PCB 之间的更改。使用了 Design Sync 窗口，可以查看原理图和 PCB 之间的差异，并可以从原理图同步到 PCB 或者 PCB 同步至原理图，如图 1-10 所示，设计具有内存中同步功能，而无须保存设计。

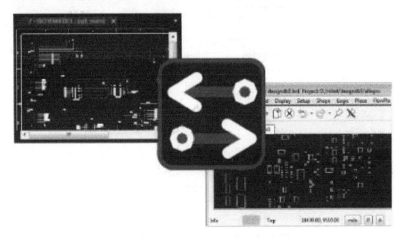

图 1-10　原理图与 PCB 之间的同步

执行菜单命令"Project Manager"→"Layout"→"Design Sync",打开"Design Sync"窗口,如图 1-11 所示。

- 实时的设计变更流程。
- 无须关闭任何窗口。
- 单击即可更改预览(原理图到 PCB,PCB 到原理图)。
- 两种工具一致体验。
- 无须关闭 PCB。
- 数据提交前预览更改。
- 明确指示和划分变化(删除、修改、添加)。

图 1-11 "Design Sync"窗口

单击左下角设置按钮,可以进入指定高级 PCB 设计流程设置和 ECO 选项窗口,如图 1-12 所示。

图 1-12 "Design Sync Setup"窗口

1.1.7 提供了基于 Web 的搜索功能

17.4 版本提供了基于 Web 的搜索功能，执行菜单命令"Place"→"Search Providers"，可以从 Cadence 支持的内容提供商 Samacsys 和 Ultra Librarian 中搜索和下载。

- components。
- symbols。
- footprints。
- datasheets。
- 3D STEP。

可以根据电气参数以及供应链信息（成本和可用行等）来搜索，如图 1-13 所示。

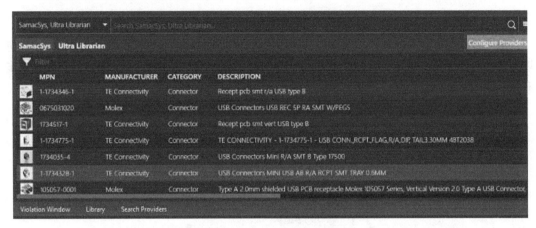

图 1-13　基于 Web 的搜索窗口

1.1.8 17.2 版本兼容模式的优化

17.2 版本兼容模式：可以在 17.4 版本的环境下，开启 17.2 版本的档案进行作业且存盘时不会更新成 17.4 版本。执行菜单命令"Setup"→"User Preferences"，进行如图 1-14 所示设置，其环境设定会保存在 PCBENV/ENV 文档中。注意：在 17.2 版本兼容模式下开启 16.6 版本的文件，存盘后数据会被升级成 17.2 版本。

图 1-14　17.2 版本兼容模式设置

1.1.9 更加强大的 3D 显示功能

（1）17.4 版本允许在标题栏选择哪些元素进行 3D 显示，可以更加方便地进行 3D 模型的查看，如图 1-15 所示。

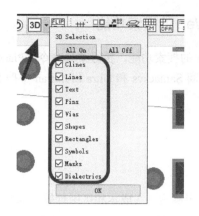

图 1-15　选择 3D 显示元素

（2）17.4 版本在 3D 显示上也做了一定的优化，用户经常使用的平面切割显示功能现在可以更容易地被使用，执行菜单命令"View"→"3D Canvas"，进入 3D 显示界面，在界面单击右键，选择"Cutting Plane"选项，即可在"Options"面板中进行设置，如图 1-16 所示。

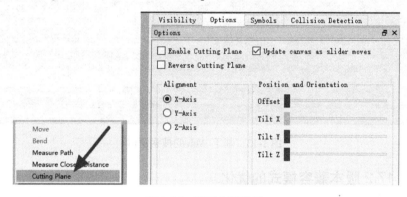

图 1-16　平面分割设置

（3）要查看机械外壳内所包装的 PCB 及内部零件，可以在 3D 显示界面执行菜单命令"Setup"→"Preferences"→"Symbol Representations"，设定机械透明度，即可看穿覆盖在外壳下的 PCB 及零件，如图 1-17 所示。

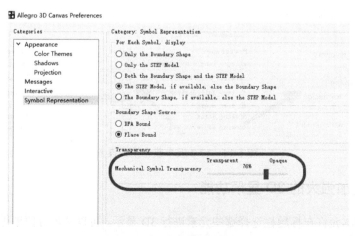

图 1-17　机械外壳透明的设置

（4）当用户将零件在没有对应到相关的 STEP model 的情况下带到 3D Canvas 时，会依照你的 Place_bound 的 Shape 大小与相关的高度属性去建立 3D 模型。在 17.4 版本中，你可以选择用 Place_Bound 或是 DFA Bound，在建立 DFA Bound 时定义零件的误差最大值。使用这个功能前，首先必须在 PCB 界面执行菜单命令"Setup"→"User Preferences"→"Display"→"3D"，选择"3d_symbol_include_dfa_bound"选项，其次在 3D 显示界面执行菜单命令"Setup"→"User Preferences"→"Symbol Representation"，在"Boundary Shape Source"一栏中选择"DFA Bound"选项或"Place Bound"选项，如图 1-18 所示。

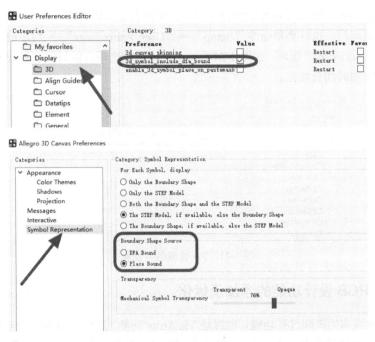

图 1-18 "Boundary Shape Source"设置

（5）在一些复杂的系统设计中，即使是微小的空间也是非常重要的。17.4 版本在 3D Canvas 中可以把 Solderpaste 的 Z 轴厚度也一起考虑进去，预设的 Z 轴厚度在 STEP model 套入后会直接放在板子的 Pad 铜面上方做计算。执行菜单命令"Setup"→"User Preferences"→"Display"→"3D"，如图 1-19 所示，就可以在 Z 轴的厚度上把 Pastemask 也考虑进去，如图 1-20 所示。

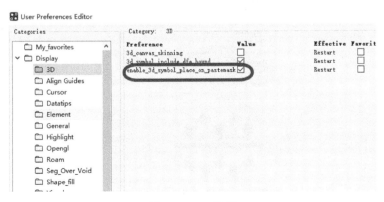

图 1-19 3D 设置

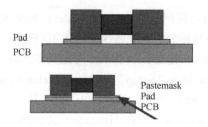

图 1-20　计算 Pastemask 的 Z 轴厚度示意图

（6）在有限的内存和有大量数据的设计中，如果没有足够的内存，读取大量档案的 3D 资料就可能会出现问题。执行菜单命令"Setup"→"User Preferences"→"Display"→"3D"，选择"3d_canvas_skinning"选项，如图 1-21 所示，通过这个选项可以只读取外部的零件及图层，大大减少了读取的时间及数据。

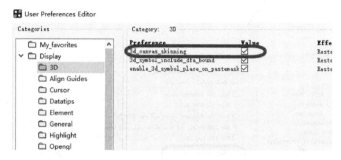

图 1-21　3D 读取范围设置

1.1.10　PCB 设计功能的添加及优化

（1）对之前版本的阵列过孔功能，也就是 Via Array 功能，进行了重新整合与优化，将添加、删除和更新三个功能整合在一个命令中，方便快速操作。执行菜单命令"Place"→"Via Array"，在"Options"面板中进行查看，如图 1-22 所示。

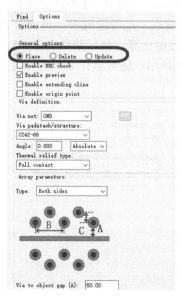

图 1-22　"Options"面板示意图

在"Options"面板中选择"Array parameters"界面，可以对不同的 Array 类型进行选择，如图 1-23 所示。"Array parameters"每一项的含义如下：

Single side：在所选物件单面添加 VIA。

Both sides：在所选物件两面添加 VIA。

Centered：在所选物件上添加 VIA。

Surrounding：在所选物件四周添加 VIA。

Between：在所选两个对象中间添加 VIA。

Radial：在所选对象周围以极坐标添加 VIA。

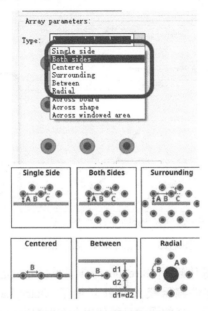

图 1-23　Array 类型的设置

新增的 Update 功能实现了不用删除已经存在的 Via Array，再重新添加。只要设定好参数，选中对线执行"Update"，即可完成更新操作，如图 1-24 所示。

图 1-24　更新已有的 Via Array

（2）17.4 版本对于焊盘及过孔的单独连接方式功能也进行了优化，选择焊盘或过孔单击右键，选择"Edit Property"选项，通过 Dyn_Thermal_Con_Type 属性对每一个层进行连接方式的修改，如图 1-25 所示。

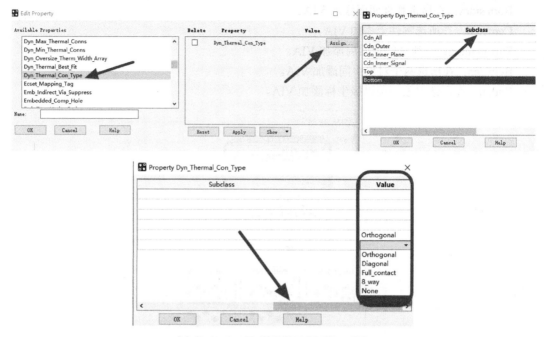

图 1-25　更改单独焊盘的连接方式

（3）在 17.4 版本上建制零件部分，Keepout 不再单单只能设定 Top、Bottom、ALL 的图层，如图 1-26 所示。目前的零件编辑模式额外新增了 Outer_Layer、Inner_Signal_Layers 和 Inner_Plane_Layers 等图层，这些新的图层只能使用在零件编辑模式。在摆放零件时，它会自动带入相关的适当图层，但是如果需要更新，则只能在零件模式上做修改。

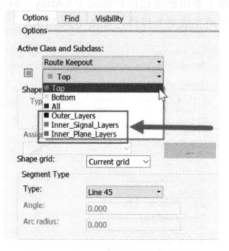

图 1-26　Keepout 设定图层的新增

（4）17.4 版本实现了机械层无限制的添加，可以通过执行菜单命令"Setup"→"Subclass"，进行机械层的添加，如图 1-27 所示。

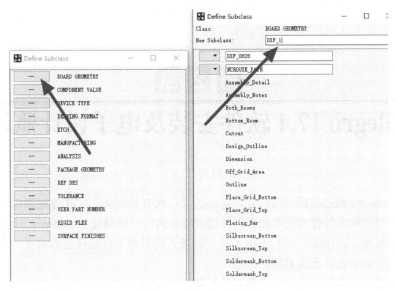

图 1-27 机械层的添加

（5）17.4 版本对 Copy Paste 功能进行了一定的优化，复制的对象存在于缓存中以供粘贴使用，如图 1-28 所示。

- 控制台中可以设定粘贴相关参数。
- 粘贴方式可用矩形方式，也可用极坐标方式。
- 可根据需要控制间距。
- 旋转的角度可控。
- 可以根据需要来设定是否要保持 Via 的网络属性和设定是否要保持 Shape 的网络属性。

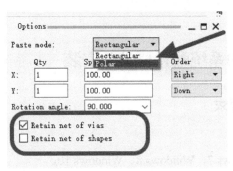

图 1-28 复制面板设置

1.2 本章小结

本章对最新版的 Allegro 的全新功能进行了基本概括。当然，随着时间的推移，相信会有更多的新功能推出，以满足工程师们的需求。作为电子设计工程师，我们应当不断地学习体验软件推出的新功能，提高设计效率。同时，虽然软件在不断地更新换代，但是基本功能还是大同小异，我们应该先打好基础，然后再进一步提高。

第 2 章

Allegro 17.4 软件安装及电子设计概述

Cadence Allegro 通过把原理图设计、电路仿真、PCB 绘制编辑、拓扑逻辑自动布线、信号完整性分析和设计输出等技术完美融合，使越来越多的用户选择使用 Cadence Allegro 来进行复杂的大型电路板设计。因此，对初入电子行业的新人或者电子行业从业者来说，熟悉并快速掌握该软件来进行电子设计至关重要。

工欲善其事，必先利其器。本章将对最新版的 Cadence Allegro 17.4 进行基本概括，包括 Cadence Allegro 17.4 的安装、激活、操作环境及系统参数设置，并对电子设计流程进行概述，让读者在对软件本身了解的基础上再更深一步进行学习。

 学习目标

➢ 掌握 Cadence Allegro17.4 的安装。
➢ 掌握 Cadence Allegro17.4 的激活方法。
➢ 掌握系统参数设置及各个功能命令的含义。
➢ 熟悉电子设计流程。

2.1 Allegro 17.4 的系统配置要求及安装

2.1.1 系统配置要求

推荐的系统配置如下：

（1）操作系统：Windows 7、Windows 8、Windows 10。

（2）硬件配置如下：

①至少 1.8GHZ 微处理器。

②至少 50GB 的硬盘空间。

③显示器屏幕分辨率至少为 1024×768，32 位真彩色，32MB 显存。

2.1.2 Allegro 17.4 的安装

（1）下载完成安装包以后，单击安装包 LM 文件夹所在目录（X:\Cadence SPB 17.4-2019\Cadence SPB 17.4-2019\Cadence SPB 17.4-2019\Disk1\LM），如图 2-1 所示，在 LM 文件夹中单击 "setup.exe" 文件开始安装 License Manager。

图 2-1　启动程序文件

（2）随即弹出启动程序对话框，如图 2-2 所示，单击"Next"按钮，弹出如图 2-3 所示的界面，选择箭头所示同意选项，单击"Next"按钮继续安装。

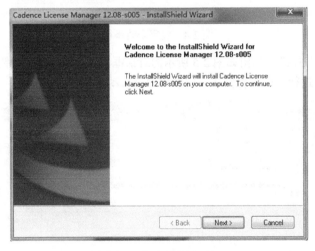

图 2-2　启动程序对话框

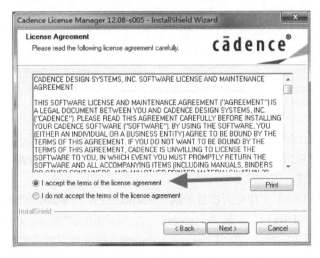

图 2-3　同意选项对话框

（3）进入如图 2-4 所示的界面，进行安装路径的选择，单击"Change"按钮进行更改，默认是安装在 C 盘，设置好安装路径之后，单击"Next"按钮。

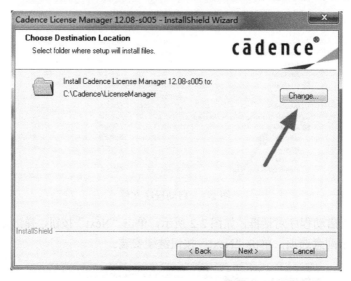

图 2-4　设置安装路径

（4）单击"Next"按钮后弹出如图 2-5 所示的对话框，单击"Install"按钮，开始安装 License Manager，中间不用进行任何其他操作，安装程序会自动进行。

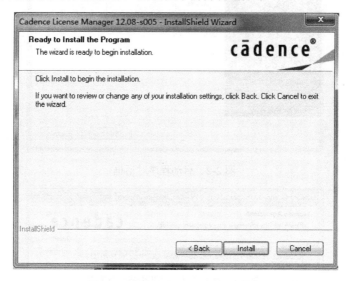

图 2-5　安装 License Manager 进度

（5）等待安装，直到弹出"License File Location"对话框，如图 2-6 所示，先不用加载 License，后续安装完 SPB 程序以后再进行加载。单击"Cancel"按钮，在弹出的窗口中选择"是"，完成 License Manager 的安装。

（6）单击安装包 Disk1 文件夹所在目录(X:\Cadence SPB 17.4-2019\Cadence SPB 17.4-2019\Cadence SPB 17.4-2019\Disk1)，安装"setup.exe"文件，如图 2-7 所示。在弹出的对话框中，单击"Next"按钮，如图 2-8 所示。在"License Agreement"注册协议对话框中选择箭头所示选项，单击"Next"按钮，如图 2-9 所示。

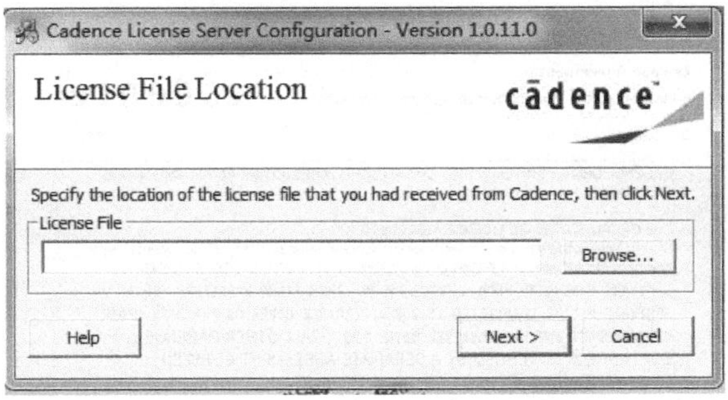

图 2-6　"License File Location" 对话框

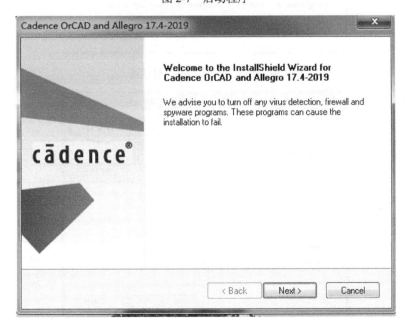

图 2-7　启动程序

图 2-8　安装向导对话框

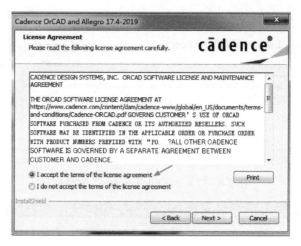

图 2-9　注册协议对话框

（7）弹出"Setup Type"对话框，选择默认选项，单击"Next"按钮，如图 2-10 所示。在"Installation Settings"对话框中设置好对应文件的相关路径，单击"Browse"按钮，设置对应路径。设置完成之后即可单击"Next"按钮，如图 2-11 所示。

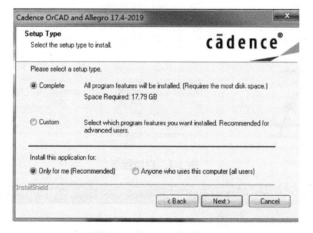

图 2-10　"Setup Type"对话框

图 2-11　"Installation Settings"对话框

（8）弹出"Start Copying Files"对话框，确认安装信息无误后，单击"Install"按钮，如图 2-12 所示。出现如图 2-13 所示界面时，等待一下，直至显示出"Installing"进度条，如图 2-14 所示，等待进度条加载完成。

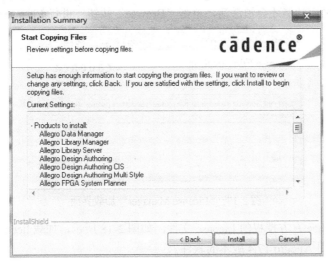

图 2-12　"Start Copying Files"对话框

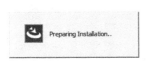

图 2-13　安装进程

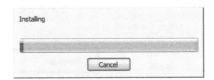

图 2-14　加载"Installing"进度条

（9）"Installing"进度条加载完成后，确认安装信息无误，弹出"Setup Complete"对话框，单击"Finish"按钮，如图 2-15 所示。选择完成后，会弹出"Saving installation log file"加载对话框，如图 2-16 所示，等候直至对话框自动消失，这时软件就安装完成了。

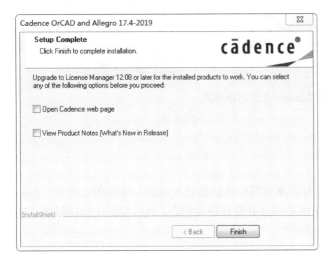

图 2-15　"Setup Complete"对话框

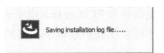

图 2-16　"Saving installation
log file"加载对话框

2.1.3 Allegro 17.4 的激活

（1）启动之前安装的 License Manager 管理器，如图 2-17 所示，只有添加 Cadence 官方授权的 License 文件之后功能才会被激活，单击"Browse"按钮，进行 License 的选择。

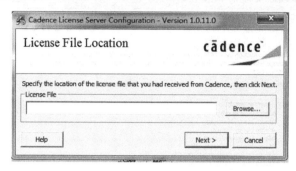

图 2-17 "License Manager"加载界面

（2）选择 Cadence 官方授权的 License 文件，如图 2-18 所示，加载 license 文件之后，激活成功，可以正常使用 Allegro 17.4 版本的软件。

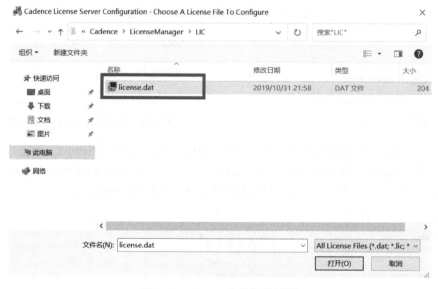

图 2-18 License 文件选择界面

2.2 电子设计概念

电子设计，顾名思义就是电子产品进行方案开发中电路图纸的设计，电路图纸的设计包括原理图设计和 PCB 设计。电子设计是整个电子产品开发项目的核心，只有保证电路图纸的正确性，才可以保证后期电子产品的正常运转。

2.2.1 原理图的概念及作用

原理图，顾名思义就是在电路板上表示各元器件之间连接关系原理的图表。在方案开发等正向研究中，原理图非常重要，而对原理图的把关也关乎整个项目的质量。由原理图延伸下去会涉及 PCB layout，也就是 PCB 布线。当然，这种布线是基于原理图完成的，通过对原理图的分析以及电路板其他条件的限制，设计者得以确定元器件的位置以及电路板层数等。它表示的只是虚拟的连接关系，作用是为了引导 PCB 设计人员按照原理图的连接关系来进行连接，如图 2-19 所示。

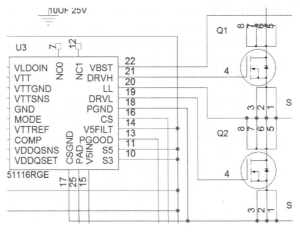

图 2-19　原理图释义框图

2.2.2　PCB 版图的概念及作用

PCB 版图，就是根据原理图画成的实际元器件摆放和连线图，以便供制作实际电路板使用。在制作实际的电路板之前，必须根据原理图绘制出 PCB 版图，然后用 PCB 版图进行生产，安装元器件，才可以得到实际的电路板，也就是通常所说的 PCB，如图 2-20 所示。

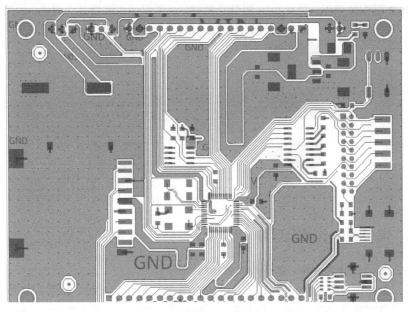

图 2-20　PCB 版图释义框图

2.2.3 原理图符号的概念及作用

所谓的原理图符号，就是在绘制原理图时，需要用一些符号来代替实际的元器件，这样的符号就称为原理图符号，也称为原理图库。它的作用就是用来代替实际的元器件。在做原理图符号的时候，不用去管这个元器件具体是什么样子，只需要匹配一致的引脚数目即可，然后去定义每一个引脚的连接关系就可以了，如图 2-21 所示。

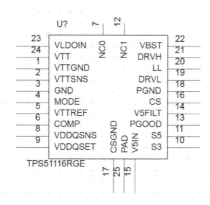

图 2-21　TF 卡座的原理图符号展示

2.2.4 PCB 符号的概念及作用

PCB 符号，也叫 PCB 封装，就是把实际的电子元器件、芯片等的各种参数，比如元器件的大小、长宽、直插、贴片及焊盘的大小，引脚的长宽，引脚的间距等用图形方式表现出来。PCB封装的作用，就是把元器件实物按照 1∶1 的方式，用图形的方式在 PCB 绘制软件上体现出来，以便绘制 PCB 版图时调用。进行 PCB 封装绘制时，必须保证与实物是一致的，如图 2-22 所示。

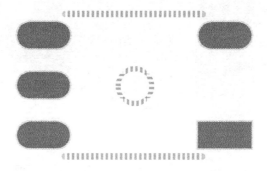

图 2-22　PCB 封装图

2.2.5 信号线的分类及区别

PCB 中的信号线分为两种：微带线和带状线。

微带线：是走在表面层（microstrip）、附在 PCB 表面的带状走线，如图 2-23 所示，蓝色部分是导体，绿色部分是 PCB 的绝缘电介质，上面的蓝色小块儿是微带线（microstrip line）。由于微带线的一面裸露在空气中，可以向周围形成辐射或受到周围的辐射干扰，而另一面附在 PCB的绝缘电介质上，所以它形成的电场一部分分布在空中，另一部分分布在 PCB 的绝缘介质中。

但是微带线中的信号传输速度要比带状线（stripline）中的信号传输速度快，这是其突出的优点。

带状线：是走在内层（stripline/double stripline）、埋在 PCB 内部的带状走线，如图 2-24 所示，蓝色部分是导体，绿色部分是 PCB 的绝缘电介质，stripline 是嵌在两层导体之间的带状导线。因为 stripline 是嵌在两层导体之间的，所以它的电场分布在两层导体（平面）之间，能量不会辐射出去，也不会受到外部辐射的干扰。但是由于它的周围全是电介质（介电常数大于 1），所以信号在 stripline 中的传输速度比在 microstrip line 中的慢。

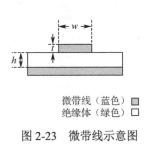

微带线（蓝色）
绝缘体（绿色）

图 2-23　微带线示意图

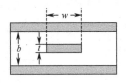

带状线（蓝色）
绝缘体（绿色）

图 2-24　带状线示意图

2.3　常用系统参数的设置

系统参数设置窗口用于设置系统整体和各个模块的参数。一般情况下，不需要对整个系统默认参数进行改动设置，只需要对软件的一些常用参数进行设置，比如光标设置、封装库指定等，以达到使软件快速高效地配置资源的目的，从而更高效地使用软件进行电子设计。

执行菜单命令"Setup"→"User Preferences"，如图 2-25 所示，进入用户环境参数设置窗口。"User Preferences"设置窗口一般用于定义用户的设计环境，与具体的设计文件没有关系。一般参数设置以后，会保存在 Home 文件夹下面的 env 文件中。对软件熟练的使用者，可以直接去 Home 文件夹中的 env 文件进行修改，效果也是一样的。

图 2-25　参数设置示意图

进入"User Preferences Editor"设置面板以后，如图 2-26 所示，用户设置界面的左侧是常规参数的目录，右侧是常规参数的设置，具体的释义如下：

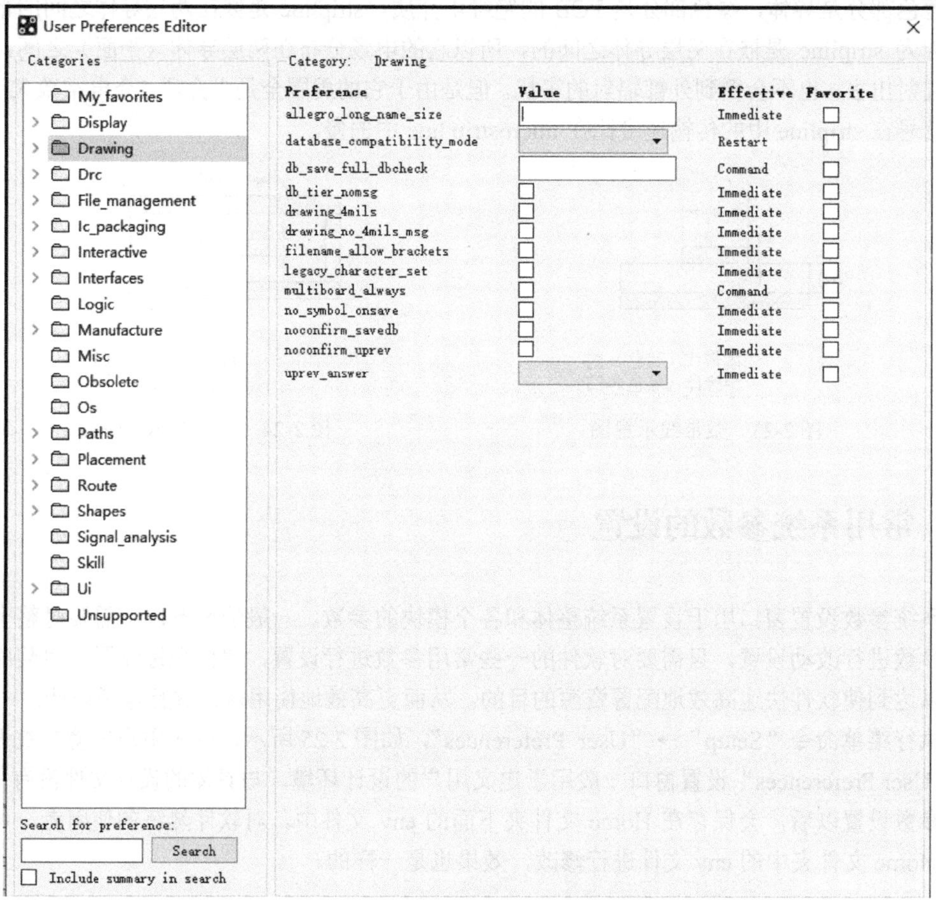

图 2-26 "User Preferences Editor"设置面板示意图

Preference：具体功能的名称显示。

Value：设置的参数值。

Effective：参数设置生效的模式。

Immediate：单击"OK"按钮后生效。

Restart：重新启动软件后生效。

Command：执行下一个命令后生效。

Favorite：将常用参数添加到 my_favorite 的参数选项。

Search for preference：输入参数关键字，搜索设置选项。

2.3.1 高亮设置

在操作的过程中对对象进行选择时，可以对选择对象进行高亮，放大，这可以有效地协助定位选择对象。进入系统参数设置窗口，执行菜单命令"Setup"→"User Preferences"，打开对应的对话框，如图 2-27 所示。

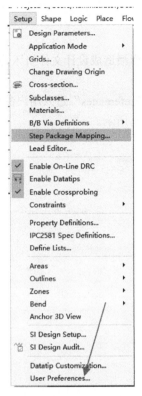

图 2-27 参数设置对话框

在参数设置对话框中执行菜单命令"Display→Highlight"，勾选"display_nohilitefont"选项，如图 2-28 所示。

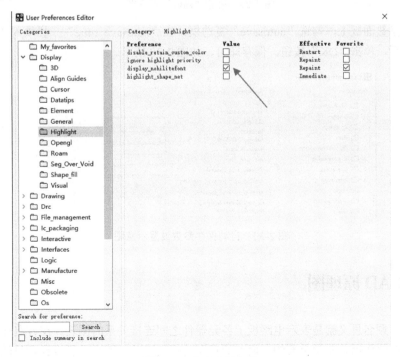

图 2-28 高亮参数勾选

2.3.2　自动备份设置

自动备份是谨防在设计时软件崩溃造成设计文件损坏丢失，在平时设计中也会经常用到这项功能。

执行菜单命令"Setup"→"User Preferences"，进入用户参数设置界面，在搜索栏中搜索"save"属性，跳出"save"属性，如图2-29所示。

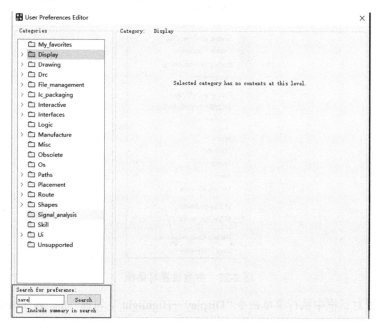

图2-29　搜索"save"示意图

在上述参数面板上，勾选"autosave"复选框，在"autosave_time"一栏填入10（分钟），设置完成之后，单击"OK"按钮，保存即可，如图2-30所示。

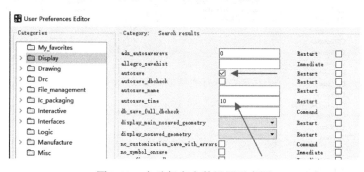

图2-30　自动保存参数设置示意图

2.4　OrCAD 原理图

原理图，顾名思义就是表示电路板上各元器件之间连接关系的图表。在方案开发等正向研究中，原理图的作用是非常重要的，而对原理图的把关也关乎整个电子设计项目的质量甚至生命。由原理图延伸下去会涉及 PCB Layout，也就是 PCB 布线，当然这种布线是基于原理图来完成的，通过对原理图的分析以及电路板其他条件的限制，设计者得以确定元器件的位置以及电路板的层数等。

2.4.1　OrCAD 菜单栏

原理图编辑界面主要包含菜单栏、工具栏、绘制工具栏、面板栏、编辑工作区等。

File（文件）：用于完成对各种文件的新建、打开、保存等操作，如图 2-31 所示。

Edit（编辑）：用于完成各种编辑操作，包括撤销、取消、复制及粘贴，如图 2-32 所示。

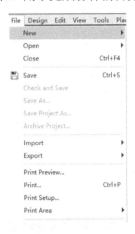

图 2-31　"File"面板

图 2-32　"Edit"面板

View（查看）：用于视图操作，包括窗口的放大、缩小，工具栏的打开、关闭及网格的设置、显示，如图 2-33 所示。

Options（参数）：主要用于对各参数的设置，如图 2-34 所示。

图 2-33　"View"面板

图 2-34　"Options"面板

Place（放置）：用于放置电气导线及非电气对象，如图 2-35 所示。

Design（设计）：用于新增原理图、移除、更新等操作，如图 2-36 所示。

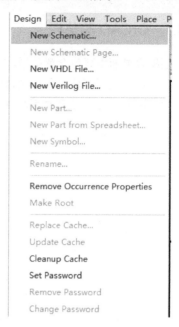

图 2-35 "Place"面板

图 2-36 "Design"面板

SI Analysis（仿真）：用于 SI 仿真，如图 2-37 所示。

Window（窗口）：改变窗口的显示方式，可以切换窗口的双屏或者多屏显示、关闭工程文件、打开最近的文件等，如图 2-38 所示。

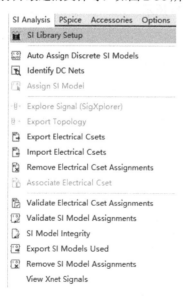

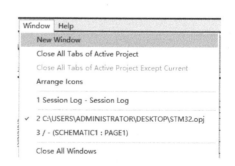

图 2-37 "SI Analysis"面板

图 2-38 "Window"面板

2.4.2 OrCAD 偏好设置

（1）执行菜单命令"Options"→"Preferences"，选择"Colors/Print"选项。Colors/Print 界

面表示颜色的一个设置，如果非必需，则一般选择默认的"Use Default"即可，勾选相关选项即为选择打印该选项，反之不打印，如图 2-39 所示。如需修改颜色，则单击颜色框修改即可。

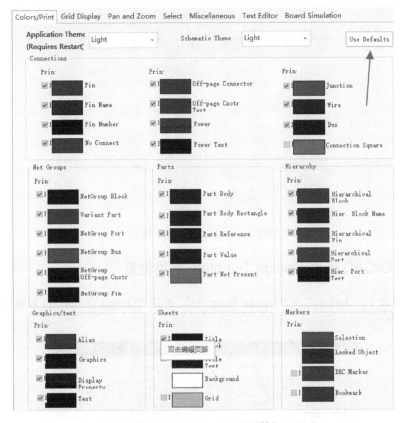

图 2-39 "Colors/Print"面板

（2）Grid Display：格点设置，"Grid Display"面板如图 2-40 所示。

Schematic Page Grid：为原理图设置格点。

Part and Symblol Grid：封装设置格点。

Visible：勾上为可视，反之为不可视。

Grid Style：格点风格分为"Dots"点状和"Lines"线状。推荐大家在设计时选择线状，以便设计时能非常清楚地发现器件及封装是否在同一水平线上。

Grid spacing：格点间距，原理图与封装是统一的，基本上选择一对一。

Pointer snap to grid：自动抓取格点。

（3）Pan and Zoom：放大缩小。

（4）Select：选择默认即可。

（5）Miscellaneous：用得较多是"Auto Reference"。勾选第一个"Automatically reference placed"表示在放置元器件时，复制元器件粘贴时自动增加位号。如果不想自动增加位号，则单击"Preserve reference on copy"保持当前位号。

（6）Text Editor：位号编辑界面。

（7）Board Simulation：标签页用来选择对 PCB 设计进行模拟仿真的工具，可以选择用 Verilog 或 VHDL。

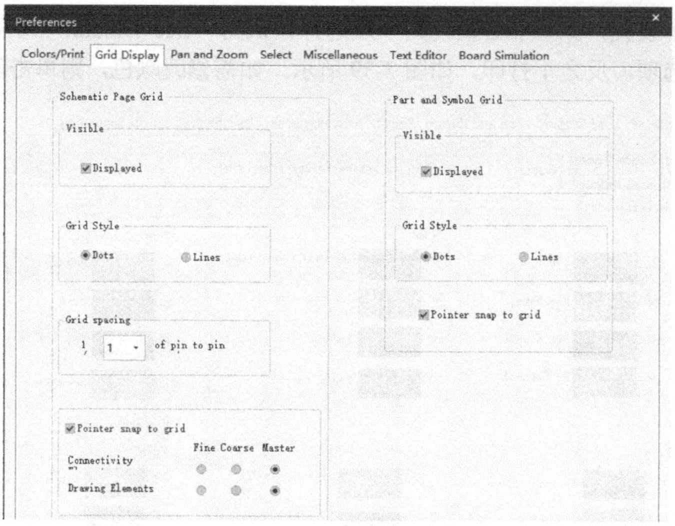

图 2-40 "Grid Display" 面板

2.4.3 OrCAD 软件 Design Template 常用设置

执行菜单命令"Options"→"Design Template",弹出"Design Template"对话框,如图 2-41 所示。

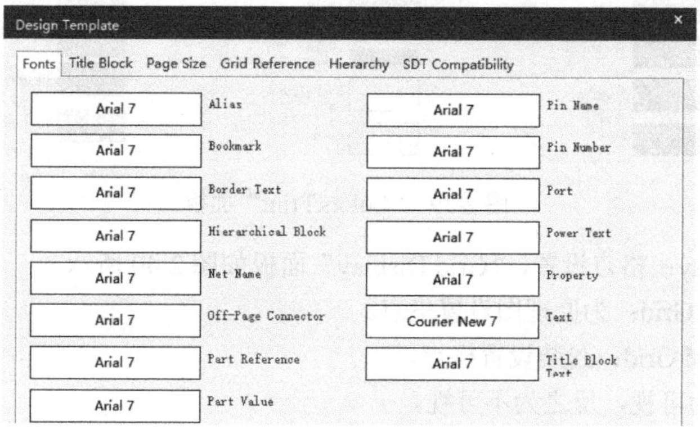

图 2-41 "Design Template" 对话框

(1) Fonts:默认模板字体更改。

Alias:网络号。	Pin Name:引脚名。
Bookmark:书签。	Pin Number:引脚号。
Border Text:边框文本。	Port:端口。
Hierarchical:等级。	Power Text:电源文本。
Net Name:网络名。	Property:属性。
Off-Page:跨页。	Text:文本。
Part:元件。	Title Block:边框。
Part Value:元件值。	

(2) Title Block:原理图右下角边框模板设置,头文件,可根据要求自己定义,自己修改,如图 2-42 所示。

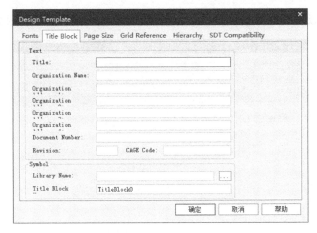

图 2-42 "Title Block" 面板

（3）Page size：页面大小设置，一般可按默认的大小进行设置，如图 2-43 所示。

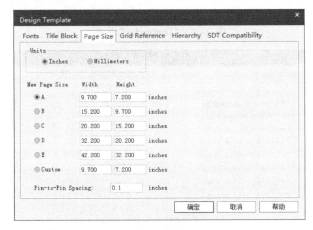

图 2-43 "Page size" 面板

（4）Grid Reference：格点设置模板，默认即可，如图 2-44 所示。

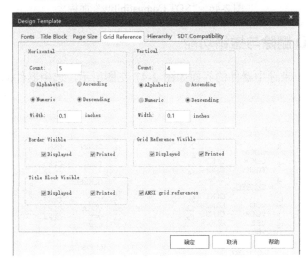

图 2-44 "Grid Reference" 面板

（5）Hierarchy 以及 SDT Compatibility：选择默认即可，如图 2-45 和图 2-46 所示。

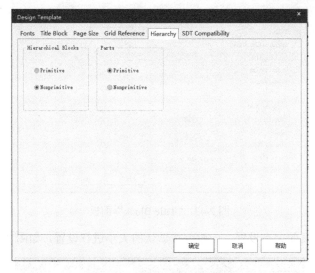

图 2-45 "Hierarchy" 面板

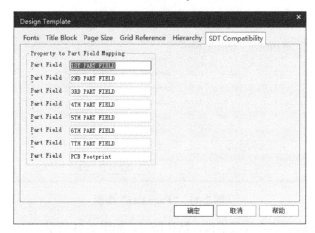

图 2-46 "SDT Compatibility" 面板

2.4.4 OrCAD 删除与撤销功能

（1）选择元器件。未选中器件的界面如图 2-47 左图所示，选中器件的界面如图 2-47 右图所示。

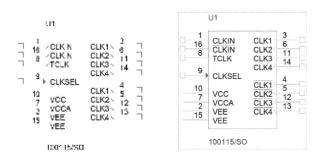

图 2-47 器件选择示意图

（2）通过按键盘上的"Delete"或者"Backspace"键进行删除操作，或者通过单击鼠标右键并选择"Delete"选项进行删除操作，如图2-48所示。

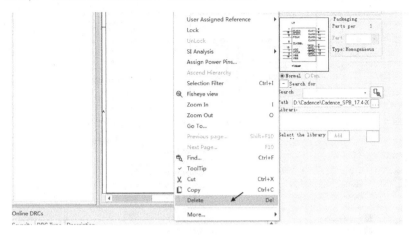

图2-48　删除命令示意图

（3）删除之后发现操作错误，可以通过快捷键"Ctrl+Z"或者单击菜单栏上回退快捷键 ↺ 来撤销删除操作，如图2-49所示。

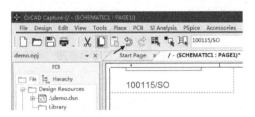

图2-49　撤销命令示意图

2.4.5　OrCAD 添加本地封装库

（1）执行菜单命令"Place"→"Part"，或者按快捷键"P"，弹出放置元器件的对话框，如图2-50所示。

图2-50　放置元器件示意图

（2）在原理图绘制界面右侧会出现放置元器件的窗口，在"Libraries"界面单击元件库，如图 2-51 所示，选择元件库的路径，添加所需要的元件库即可。

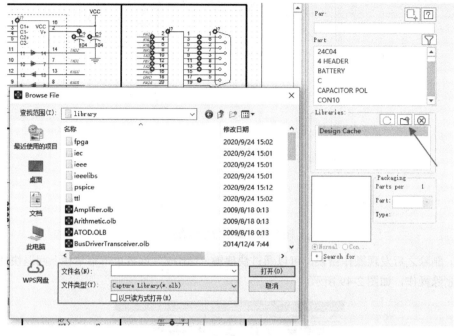

图 2-51　添加元件库示意图

2.5　PCB 菜单栏

打开 Allegro 软件，最上面一栏是菜单栏，所有的功能及命令都在这些菜单下面，如图 2-52 所示，常用命令如下：

图 2-52　Allegro 软件菜单栏示意图

File：文件。　　　　　　　　　　Logic：逻辑。

Edit：编辑。　　　　　　　　　　Place：放置。

View：视图。　　　　　　　　　　FlowPlan：规划。

Add：添加。　　　　　　　　　　Route：布线。

Display：显示。　　　　　　　　　Analyze：分析。

Setup：设置。　　　　　　　　　　Manufacture：制造。

Shape：铜皮。　　　　　　　　　　Tools：工具。

2.5.1　File 菜单

打开 Allegro 软件，选择"File"选项，如图 2-53 所示。常用命令如下：

New：新建 PCB 文件，单击"New"进入相应的对话框，"drawing type"里面包含有 9 个选项，如果设计 PCB，则选择默认第一个"board"；如果要建封装库，则选择"package symbol"，其他 7 个选项一般很少用。

Open：打开要设计的 PCB 文件，或者封装库文件。

Open Project：打开要设计的工程文件。

Save：保存文件。

Save As：另存为，重新命令 PCB 文件。

Import：导入命令，如图 2-54 所示，有很多导入选项，常用的导入选项如下：

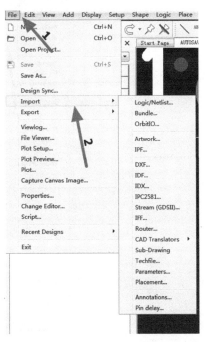

图 2-53 "File"菜单栏下命令行示意图　　　　图 2-54 "Import"导入栏命令行示意图

- Logic：导入网络表，将原理图的连接关系导入 PCB，来进行 PCB 版图的绘制，这个操作后面会做详细的叙述。
- Artwork：导入从其他 PCB 文件导出的.art 的文件，一般很少用这个命令。命令 IPF 和 Stream 都很少用。可以忽略这个功能。
- DXF：导入结构文件，结构工程师通过 AutoCAD 软件绘制的结构图是 DWG 文件，要另存为 DXF 文件，这样导入 PCB 中，进行结构器件的定位即可。
- Sub-Drawing：此命令功能非常强大，也是在 PCB 设计中经常用的命令。如果能够合理地应用 Sub-Drawing 命令，就能提高设计 PCB 的效率。导入 Sub-Drawing 命令一般是将我们所导出 Sub-Drawing 的组件导入，包括线、孔等。例如，在合作的过程中，我们将其他人画的线导入自己所设计的 PCB 中，一般导入和导出的文件都是相同的 PCB 文件。也就是说，板框 outline 和相对坐标零点是一样的。这样无论是导入还是导出都会输入命令 x 0 0，即相对零点的位置，就可以将导出的组件导入到相同的位置。
- Techfile：导入叠层文件，将其他 PCB 文件中的叠层文件导入当前的 PCB 文件中，这样就不用再重新进行叠层设计了。
- Placement：导入坐标文件，将其他 PCB 文件中布局好的元器件的坐标导入当前的 PCB

文件中，相同元器件即会按照这个坐标进行布局。

- Pin Delay：将某个连接器或者 IC 的 Pin Delay 数据进行导入，主要用于时序设计，导入 Pin Delay 数据，可以更精确地做时序设计。

Export：导出命令，如图 2-55 所示，可以看出，很多选项与 Import 导入命令的内容是一致的，下面只介绍其中不同的选项，具体如下：

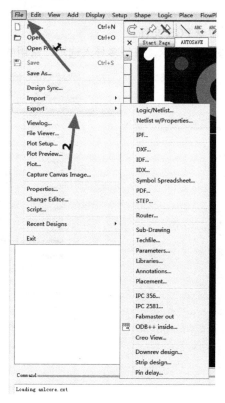

图 2-55 "Export" 导出栏命令行示意图

- Libraries：导出封装库文件，将当前 PCB 设计文件中使用到的 PCB 封装文件全部导出，可以供其他 PCB 设计调用。

Viewlog：查看日记，如果我们在设计中操作出现错误，该命令就是浏览错误的文件。

File Viewer：打开报错的文件，这个功能很少用到。

Plot Setup：进行 PCB 文件打印的设置选项。

Plot：对 PCB 文件进行打印。

Properties：PCB 文件属性设置，一般用作对 PCB 文件进行加密设置。

Change Editor：改变当前 Allegro 软件的版本。

Script：此命令相当于录音机，可以把你操作的命令生成一个后缀为.scr 的文件，多用于设置快捷键。

Exit：关闭当前的 PCB 设计文件。

2.5.2 Edit 菜单

打开 Allegro 软件，选择 "Edit" 选项，如图 2-56 所示，常用命令如下：

Undo：回撤命令，在当前的 PCB 文件中，对当前的操作进行向后撤一步，回到上一步的操作，Undo 操作可以回撤很多步。

Redo：与回撤命令相反的操作，向前一步的操作。在当前的 PCB 设计中，对当前的操作进行向前一步，与 Undo 一样，也是可以操作很多步的。

Move：移动命令，在"find"属性框选择要移动的元器件，如导线、孔、器件等；同理，复制、删除命令也是一样的。

Copy：复制命令。

Mirror：镜像命令，一般是将 top 层的器件镜像到 bottom 层，或者是将 bottom 层的器件镜像到 top 层。

Spin：旋转命令，这个命令是单独使用的，不用与 Move 命令一起使用，执行命令，选中需要旋转的元素，进行旋转即可。

Change：一般用来改变线（Cline 和 Line）宽、改变字符（Text）的大小和字号，也可以将线放到其他层，只需要在右边"Options"里选择层即可。当然，也可以同时改变层和线宽，也可以同时改变字的大小和层。

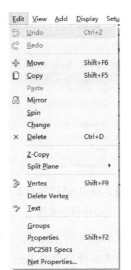

图 2-56 "Edit"菜单栏下命令行示意图

Delete：删除命令。

Z-Copy：复制命令，用于对完成封闭的图形的复制，用于不同 Class 之间的元素复制，而 Copy 命令只能用于同一 Class 元素的复制。

Split Plane：分割平面，用来对负片层的地和电源的分割，具体操作方法是先分割电源平面或者地平面，绘制 Anti-ench 线，然后进行分割。

Vertex：倒角，常用来修改器件倒边角，主要用于修改 line 属性非电气的绘制线，如丝印线等。

Delete Vertex：删除倒角。

Text：字符文本，用于在 PCB 中添加的文字标识或者元器件的编号等，可以将 Text 放置在丝印层。

Groups：分组命令，在模块设计时，常用来将一个模块建成一个组，方便后续移动修改。

Properties：属性设置，在添加规则时，可以对元器件、网络、焊盘等不同的元素添加不同的属性。

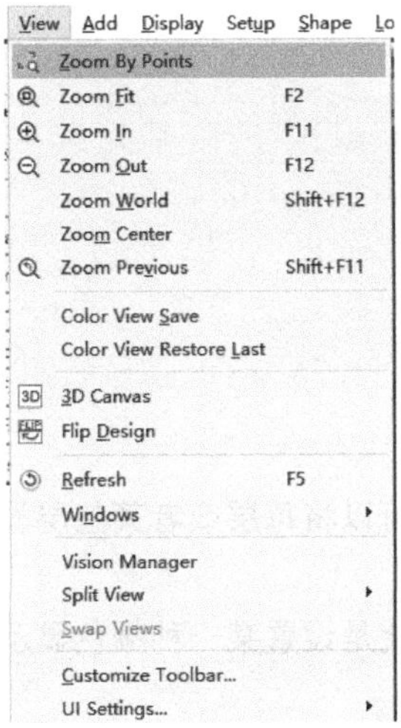

2.5.3 View 菜单

打开 Allegro 软件，选择"View"选项，如图 2-57 所示，常用命令如下：

Zoom By Points：以矩形方式对 PCB 界面的内容进行放大显示。

Zoom Fit：以满屏幕的方式对 PCB 界面的内容进行放大显示。

Zoom In：对 PCB 界面进行放大显示。

Zoom Out：对 PCB 界面进行缩小显示。

Zoom World：对整个 PCB 设置的可视界面进行显示。

Zoom Center：以其中某一点为参考点，进行放大显示。

Color View Save：此命令是用来将设置好的每一层的颜色保存起

图 2-57 "View"菜单下命令行示意图

来，再做下一块板的时候可以直接导入，避免一层一层设置。

Refresh：对 PCB 文件进行刷线。

2.5.4 Add 菜单

图 2-58 "Add"菜单下
命令行示意图

打开 Allegro 软件，选择"Add"选项，如图 2-58 所示，常用命令如下：

Line：添加非电气的走线，一般用于在绘制封装时，添加丝印线，也可以用于丝印位号调整时绘制丝印及指示线。

Arc w/radius：用于绘制圆弧形状的非电气走线，此命令用得很少。

3pt Arc：用于绘制 3 点的圆弧形状的非电气走线，此命令用得很少。

Circle：添加圆形图形，常用来画丝印或者画结构。

Rectangle：画矩形框，常用来画丝印或者画结构。

Frectangle：用来绘制填充的矩形框。

Text：添加字符文本，如丝印位号、元器件的正负极丝印等，与"Edit"菜单栏下的 Text 是一致的，这里是新添加 Text 文本，"Edit"菜单栏下的 Text 是编辑添加过的或者本身自带的 Text 文本。

2.5.5 Display 菜单

打开 Allegro 软件，选择"Display"选项，如图 2-59 所示，常用命令如下：

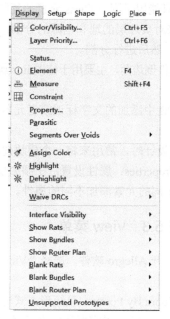

图 2-59 "Display"菜单下命令行示意图

Color/Visibility：显示每层的颜色，并可以修改每一层的颜色，也可以将每层或者某些层显示到工作窗口，单击后如图 2-60 所示。

Layer Priority：此命令是显示颜色面板，用来显示颜色的优先级，就是设置某一种颜色显示到显示屏的最前面。

Status：状态显示面板，显示整个 PCB 设计完成的情况，如图 2-61 所示，通过这个窗口可以知道未完成的布线有多少、未放置的器件有多少、未连接的网络有多少等。

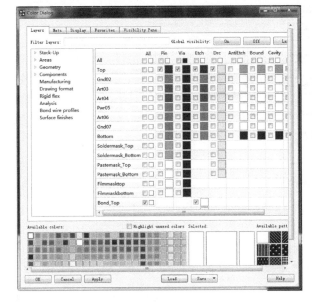

图 2-60 "Color/Visibility"显示窗口示意图	图 2-61 "Status"显示窗口示意图

Element：查询命令，单击此命令后，可以查询整个 PCB 文件中所有元素的信息，常用于查询过孔、器件、走线、网络、DRC 的信息等。

Measure：测量命令，单击此命令后，要在右边"find"中选择你想要测量的是孔到孔的距离，还是孔到线的距离。

Property：特征属性命令，这个命令一般用得很少。

Parasitic：寄生参数设置命令，这个命令一般用得很少。

Highlight：高亮命令，常用来将一些网络或者器件点亮，在设计过程中方便查看并进行处理。

Dehighlight：低亮命令，与高亮命令相反，将之前高亮的一些网络或者器件低亮，一般是在设计完成之后，将所有的元素都设置为低亮。

Show Rats：显示飞线，引导 PCB 文件中网络的连接。在显示飞线的下拉菜单中，可以按器件显示飞线，也可以按网络显示飞线。

Bank Rats：关闭飞线显示，与显示飞线的操作方式是一致的。

All：在关闭或者显示飞线中有个"ALL"选项，这个是关闭或者显示所有的飞线。

Components：显示或去掉某一器件的飞线，如果选择该命令，用鼠标左键单击一下某一器件，就可显示或去掉该器件的飞线。

NET：显示或去掉某一网络的飞线，如果选择该命令，用鼠标左键单击一下某一网络，就可显示或去掉该网络的飞线，这个命令在布局时会经常用到。

2.5.6 Setup 菜单

打开 Allegro 软件，选择"Setup"选项，如图 2-62 所示，常用命令如下：

Design Parameters：设计参数设置，整板的设计参数都在这里进行设置，如图 2-63 所示，可以对一些常用的参数进行设置。

图 2-62 "Setup"菜单下命令行示意图　　　图 2-63　Design Parameters 设计参数页面示意图

Application Mode：PCB 设计的模式选择，在下拉的菜单中可以选择一般的设计模式、布局模式、布线模式等。

Grids：格点设置工具，对整个 PCB 布局布线的格点进行设置。

Change Drawing Origin：修改整个 PCB 设计的原点。

Cross-section：叠层设计工具，对整个 PCB 的叠层进行修改。

Subclasses：PCB 文件中 Subclass 层的设置，可以新增一些之前没有的层，用于导入结构文件或者其他，也可以将之前新增加的层进行删除。

B/B Via Definitions：PCB 中盲埋孔的设置。

Constrains：规则限制设置，包括物理规则和空间规则等，可以从这里进入设置。

Areas：对 PCB 设计过程的一些区域进行设置，具体内容如下：

● Package keepin：区域内可放置 PCB 封装。

● Package keepout：区域内不可放置 PCB 封装。

● Package height：封装高度，建库时需要设置封装高度。

● Route keepin：区域内可布线。

● Route keepout：区域内不可布线。

● Via keepout：区域内不可设置过孔。

● Probe keepout：区域内不可设置探针。

● Gloss keepout：区域内不可优化布线。

● Photoplot outline：影像输出外框，一般在 PCB 设计完成后要加 Photoplot outline 区域，再出 Gerber 文件。

User Preferences：用户参数设置，常用来设置一些路径，比如设置快捷键的 ENV 路径，建库时的封装库焊盘路径等。

2.5.7 Shape 菜单

打开 Allegro 软件，选择"Shape"选项，如图 2-64 所示，常用命令如下：

Polygon：使用此命令绘制多边形铜皮。

Rectangular：使用此命令绘制矩形铜皮。

Circular：使用此命令绘制圆形铜皮。

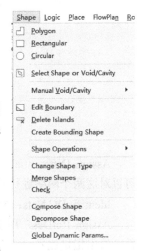

图 2-64 "Shape"菜单下
命令行示意图

Select Shape or Void：选择"Shape"，常用来给 Shape 赋予网络属性，用"Select Shape or Void"命令选择 Shape 后单击右键选择"Assign Net"选项，在右边"options"里输入网络名即可。

Manual Void：在下拉菜单中可以选择不同的命令，具体内容如下：

● Polygon：在一个完整的铜皮中挖掉一个任意形状的洞。

● Rectangular：在一个完整的铜皮中挖掉一个矩形的洞。

● Circular：在一个完整的铜皮中挖掉一个圆形的洞。

● Delete：将已经避让的铜皮恢复，或者将用 Manual Void/ Polygon 挖掉的铜皮恢复。

● Element：避让命令，如果铜皮的网络和孔的网络一样，就用该命令避让。

● Move：将避让后的 Shape 的一个轮廓移动到 Shape 的其他地方避让，原来避让的 Shape 即还原。

● Copy：将避让后的 Shape 的一个轮廓复制。

Edit Boundary：修改 Shape 的大小，切割 Shape。

Delete Islands：删除孤铜。

Change Shape Type：改变铜皮的属性，修改 Shape 为静态或者动态，静态的铜皮不能避让，动态的铜皮可以避让。

Merge Shapes：将两相同网络的 Shape 合并，或者将一无网络的 Shape 和一有网络的 Shape 合并。

Compose Shape：将一些不是封闭的 Line 属性的线改变成为 Shape，此命令多用于将板框进行合并处理。

Decompose Shape：与 Compose Shape 相反，将铜皮属性的变成闭合的 Line 属性。

Global Dynamic Params：此命令常用来选择过孔和 Shape 的连接时是全连接还是花焊盘连接。进入"Global Dynamic Params"对话框，选择"Thermal Relief Connects"选项，将三个选项都选为"Full Contact"（全连接），三个选项都选为"Orthogonal"（十字连接）。

2.5.8 Logic 菜单

打开 Allegro 软件，选择"Logic"选项，如图 2-65 所示，常用命令如下：

Net Logic：对 PCB 现有的网络进行逻辑编辑，执行此命令后，可以将其中的某一个网络替换成另一个网络，而不修改原理图，一般不建议这么做。

Net Schedule：线网络的逻辑编辑，一般用于虚拟 T 点的设置。

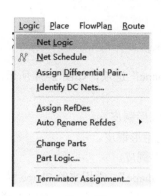

图 2-65 "Logic" 菜单下命令行示意图

Assign Differential Pair：差分对网络的指定，单击此命令后，在 PCB 上选中两个网络，就可以对这两个网络进行差分属性的指定。

Identify DC Nets：标识直流线网，常用来标识电源和地的电压。

Assign RefDes：用于指定器件位号，一般用于复制假器件，然后将后台没有放置出来的器件，给出指定位号。

Auto Rename Refdes：对 PCB 文件中的器件位号进行重新编排，排列之后反标到原理图中。

Change Parts：改变器件，这个功能很少用到。

Part Logic：元器件逻辑编辑器，单击执行这个命令后，可以进入元器件的属性编辑器，进行元器件属性的修改，包括 Value 值、封装属性等，也可以进行元器件的添加。一般建议大家不要在 PCB 中直接修改，而应通过原理图修改后再导入。

Terminator Assignment:PCB 文件中的终端设定，这个命令不常用。

2.5.9 Place 菜单

打开 Allegro 软件，选择 "Place" 选项，如图 2-66 所示，常用命令如下：

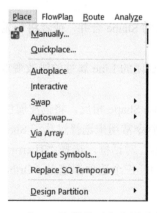

图 2-66 "Place" 菜单下命令行示意图

Manually：此命令可以手动调入元器件，可以将当前 PCB 指定的库路径下的任意 PCB 封装调入，即手动放置元器件的功能。

Quickplace：快速调入元器件，在调入原理图的网表、指定 PCB 封装库的路径后，可以快速地放置元器件，省时省力。

Autoplace：自动布局命令，包含以下的命令，这些命令用得很少，具体如下：

- Insight：可视布局。
- Parameters：参数设定布局。
- Top grids：布顶层元器件。
- Bottom grid：布底层元器件。
- Design：布正在设计的元器件。
- Room：布指定区域的元器件。
- Window：布窗口中的元器件。
- List：布列表中的元器件。

Swap：交换功能，这个功能在布局的过程应用得很多，是非常实用的功能，合理地应用这个功能，可以大大提高设计效率，在下拉菜单中，可供选择的有以下三个功能：

- Pins：交换引脚的功能。
- Function：交换功能。
- Components：交换元器件的功能，是用得最多的功能，单击这个命令后，在 PCB 中选中两个元器件，即可对两个元器件的位置进行交换。

Via Array：阵列过孔功能，使用这个命令可以快速地按照一定的规律给 PCB 文件打上过孔。

Update Symbols：更新元器件符号，一般在设计 PCB 过程中，如果某一器件封装有变化，就可以用该命令单独更新器件。

Design Partition：该命令是多人合作命令，常用于两个或两个以上的 PCB 设计者设计同一块 PCB。

2.5.10　Route 菜单

打开 Allegro 软件，选择"Route"选项，如图 2-67 所示，常用命令如下：

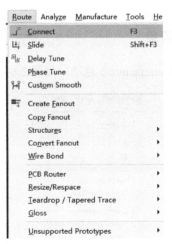

图 2-67　"Route"菜单下命令行示意图

Connect：走线命令，将所有的连接关系按照原理图网表连接，是经常使用的命令。

Slide：推挤电气走线，如调整走线之间的间距或者对走线进行修整，都会使用这个命令。

Delay Tune：时序等长工具，也就是在 PCB 设计过程中经常提到的绕等长的工具，通过这个命令将信号线走成蛇形线，达到时序等长的目的。

Custom Smooth：用来将那些电气连线有许多折线的线拉直，多用在 BGA 下走线的时候，在调整 drc 的时候用到。

Creat Fanout：扇出处理功能，可以对元器件的引脚进行扇出，一般多用于 BGA 器件。

Gloss：Allegro 软件中的泪滴功能，对 PCB 中的走线添加或者删除泪滴，增加连接的可靠性。一般情况下，因为添加泪滴会影响信号的阻抗，所以建议在高速信号设计时，尽量不要添加泪滴。

2.5.11　Analyze 菜单

打开 Allegro 软件，选择"Analyze"选项，如图 2-68 所示，常用命令如下：

图 2-68　"Analyze"菜单下命令行示意图

Initialize：进行初始化操作。

Model Assignment：进行模型的指定，这个功能是比较常用的功能，一般用于对串阻或者串容添加模型，方便后续的仿真设计或时序设计。

Model Dump/Refresh：删除模型。

Preferences：参数的设定。

Probe：检测。

Xtalk table：串扰设置。

2.5.12　Manufacture 菜单

打开 Allegro 软件，选择"Manufacture"选项，如图 2-69 所示，常用命令如下：

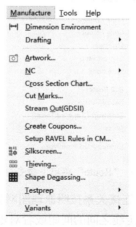

图 2-69　"Manufacture"菜单下命令行示意图

Dimension Environment：集成标注环境，16.6 版本之后，将所有关于标注的参数都集成到一个菜单下。

Drafting：下拉菜单中有很多选项，一般比较常用的命令就是倒角的两个命令，如下所示：

● Chamfer：倒 45°角，一般用于板框的倒角设计。

● Fillet：倒圆弧角，一般用于板框的倒角设计。

Artwork：输出光绘的操作，生成制板的菲林文件。

NC：用于输出钻孔数据以及参数设置，在下拉菜单中有以下几个选项，如图 2-70 所示。

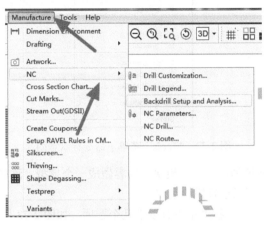

图 2-70　NC 钻孔数据说明示意图

● Drill Customization：显示当前 PCB 设计的钻孔数据信息，在这个界面中可以对相同的钻孔数据进行合并。

● Drill Legend：在 PCB 文件中输出钻孔的孔符图对应的钻孔表格。

● Backdrill Setup and Analysis：背钻参数设置以及其他一些参数设置，对背钻参数进行分析。

● NC Parameters：钻孔参数设置。

● NC Drill：输出 PCB 文件的钻孔数据。

● NC Route：输出 PCB 文件的槽孔数据。

Cut Marks：设置标识命令。

Silkscreen：丝印层设置。

Testprep：设置增加测试点命令，下拉菜单中包含以下命令，如图 2-71 所示。

● Automatic：自动添加测试点。

● Manual：手动添加测试点。

● Properties：参看某一网络是否增加测试点。

● Fix/unfix testpoints：锁定、解锁测试点。

Variants：生成报告命令。

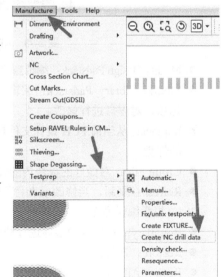

图 2-71　添加测试点示意图

2.5.13　Tools 菜单

打开 Allegro 软件，选择"Tools"选项，如图 2-72 所示，常用命令如下：

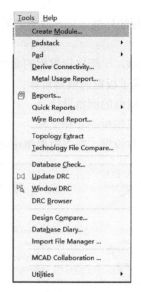

图 2-72 "Tools"菜单下命令行示意图

Create Module:创建模型,将一个模块的内容做成一个模型,这样移动时就可以选择模型一起移动,相同的模块也可以进行模块复用。

Padstack:焊盘编辑器,下拉菜单下有以下几个选项,如图 2-73 所示。

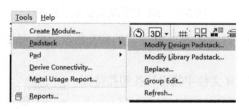

图 2-73　Allegro 软件焊盘编辑器示意图

- Modify Design Padstack:编辑当前 PCB 设计文件中已有的焊盘文件选项,对焊盘进行修改。
- Modify Library Padstack:编辑当前 PCB 设计文件指定的封装库路径下已有的焊盘文件选项,对焊盘进行修改。
- Replace:从当前 PCB 设计文件指定的封装库路径下调取焊盘,来替换当前 PCB 文件中的焊盘。
- Group Edit:对做好的模块内的元素进行编辑。
- Refresh:刷新,当修改或者替换焊盘后需要刷新命令。

Pad:焊盘编辑命令。

- Boundary:对焊盘的边界进行修改。
- Restore:恢复命令。
- Restore All:恢复所有命令。

Derive Connectivity:去除连接关系命令。

Quick Reports:PCB 相关参数的信息说明,所有关于当前 PCB 文件信息都会在这里显示,如图 2-74 所示。

Technology File Compare:技术文件比较文档,很少用到该命令。

Database Check:数据库检查,一般在进行大量的修改后要运行该命令。

Update DRC：更新 DRC。

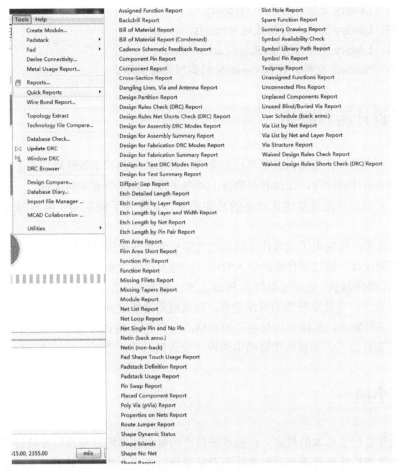

图 2-74 "Quick Reports" 相关信息示意图

2.6 常用文件的后缀

在使用 Allegro 软件设计 PCB 时，使用到的文件类型会非常多，为了更好地运用 Allegro 软件进行 PCB 设计，首先必须要弄清楚每一个文件类型的释义是什么。Allegro 软件中常用文件的后缀及释义如下：

.brd 文件：普通的板子文件，也就是 PCB 文件。

.jrl 文件：记录操作 Allegro 事件的临时文件。

.color 文件：View 层面切换文件。

.log 文件：输出的一些临时信息文件。

.art 文件：输出的菲林文件。

.scr 文件：Script 文件与 Macro 文件。

.tap 文件：输出的包含 NC drill 数据的文件。

.mdd 文件：Library 文件，存 module definition。

.ssm 文件：Library 文件，存 shape synbols。

.fsm 文件：Library 文件，存 flash symbols。

.bsm 文件：Library 文件，存机构 symbols。

.osm 文件：Library 文件，存格式化 symbols。

.psm 文件：Library 文件，存 package-part symbols。

.pad 文件：Padstack 文件，在做 symbols 时可以直接调用。

2.7　电子设计流程概述

前面通过对电子设计概念以及菜单栏的介绍，对于软件的基本操作环境有了一定的了解，下面来概述电子设计的流程，让读者在整体上对电子设计有一个基本的认识。

（1）项目立项：首先需要确认产品的功能需求，完成为了满足功能需求的元器件选型等工作。

（2）元件建库：根据电子元器件手册的电气符号创建映射的电气标识。

（3）原理图设计：通过元件库的导入对电气功能及逻辑关系进行连接。

（4）创建元器件封装：电子元器件在 PCB 上唯一的映射图形，衔接设计图纸与实物元器件。

（5）PCB 设计：交互原理图的网络关系，完成电路功能之间的布局及布线工作。

（6）生产文件输出：衔接设计与生产的文件，包含电路 Gerber 文件、装配图等。

（7）PCB 文件加工：制板出实际的电路板，发送到贴片厂进行贴片焊接工作。

2.8　本章小结

本章对软件进行了基本的概述，包括电子设计的概念和作用以及常用参数设置、菜单的介绍等，让读者能够搭建设计平台并高效地配置好平台的各项参数；同时还向读者概述了电子设计流程，使读者从整体上熟悉电子设计，为接下来的学习打下基础。

第 3 章

工程的组成及完整工程的创建

新一代 Cadence Allegro 集成了强大的开发管理环境，能够有效地对设计的各项文件进行分类及层次管理。本章介绍工程的组成及完整工程的创建，有利于读者形成系统的文件管理概念。

 学习目标

➢ 熟悉工程的组成。
➢ 熟练创建完整工程。
➢ 熟练新建或添加各类文件。

3.1 工程的组成

熟悉电子设计流程之后，需要对工程的组成进行一定的了解，从而方便更加细致地把握好整个流程设计。如图 3-1 所示，一个完整的工程应该包含元件库文件、原理图文件、PCB 库文件、网表文件、PCB 文件、生产文件等，并且应保证工程中文件的唯一性。工程所有相关的文件尽量放置到一个路径下面。良好的工程文件管理，可以提高工作效率，这是一名专业的电子设计工程师应有的素质。

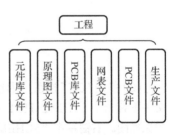

图 3-1   工程的组成

为了方便读者对 Allegro 中文件的认识，在此罗列出 Cadence Allegro 电子设计中常见文件的后缀，如表 3-1 所示。

表 3-1   Cadence Allegro 电子设计中常见文件的后缀

文 件 类 型	文件名后缀	文 件 类 型	文件名后缀
工程文件	.opj	元器件 PCB 封装文件	.psm
元件库文件	.olb	图形结构文件	.osm
原理图文件	.dsn	机械封装文件	.bsm
PCB 文件	.brd	可编辑封装文件	.dra
第一方网表文件	.dat	Shape 文件	.ssm
第三方网表文件	.net	记录操作 Cadence Allegro 的文件	.jrl
焊盘文件	.pad	输出信息文件	.log
Flash 文件	.fsm		

3.2 原理图工程文件的创建

3.2.1 新建工程

（1）打开 OrCAD 软件，执行菜单命令"File"→"New"→"Project"，如图 3-2 所示，在弹出的窗口中选择输入工程的名称，选择工程的类型是原理图"Schematic"，"Location"选择工程文件需要存储的位置，如图 3-3 所示。

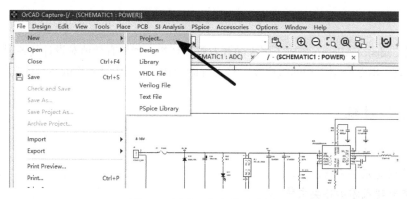

图 3-2　新建工程文件示意图

图 3-3　工程文件路径示意图

（2）单击"OK"按钮，创建工程文件。工程文件下面会自动产生一个后缀为.dsn 的文件，.dsn 文件下有一个 SCHEMATIC1 文件，如图 3-4 所示。文件下面是 PAGE1、PAGE2 等，分属不同的原理图。右键单击"SCHEMATIC"，通过"New Page"选项可以创建更多的 PAGE，即原理图页面。

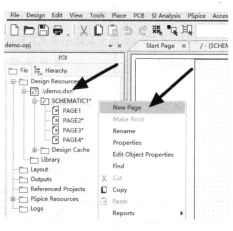

图 3-4　原理图工程文件示意图

3.2.2 已有原理图工程文件的打开

执行菜单命令"File"→"Open"→"Design"，在弹出的窗口中选择文件所在的路径，打开原理图文件（.dsn），如图 3-5 所示。

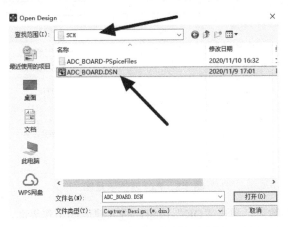

图 3-5 查找已有文件示意图

3.2.3 新建原理图库

执行菜单命令"File"→"New"→"Library"，新建一个原理图库，如图 3-6 所示。

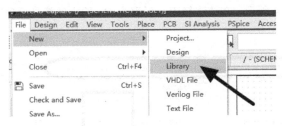

图 3-6 新建原理图库示意图

在弹出的窗口中，选中新建的.olb 文件，单击"New Part"选项，新建一个器件，如图 3-7 所示。

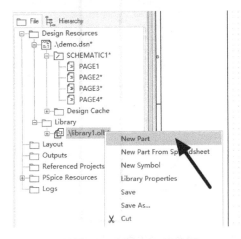

图 3-7 新建 Part 示意图

在弹出的"New Part Properties"属性框中，输入相应的参数，如原理图库的名字、原理图库编号的起始字母、PCB封装名称、库组成等，其他选择默认即可，如图3-8所示。

图3-8 Part属性示意图

按上述操作设置参数后，单击"OK"按钮，进入建库的工作界面，这时会出现一个"U?"的虚线框，直接按照规格书所描述的规范进行建库即可。

3.2.4 OrCAD系统自带的原理图库文件

OrCAD系统自带的原理图库文件的路径是（17.4版本）E:\Cadence\Cadence_SPB_17.4\tools\capture\library，如图3-9所示。在该路径下，后缀为.olb的文件就是原理图库文件，每一个库所包含的元器件如下：

名称	修改日期	类型	大小
Arithmetic.olb	2009/8/18 0:13	OLB 文件	1,008 KB
ATOD.OLB	2009/8/18 0:13	OLB 文件	1,968 KB
BusDriverTransceiver.olb	2014/12/4 7:44	OLB 文件	2,709 KB
capsym.olb	2019/5/17 5:30	OLB 文件	41 KB
CAPSYM.OLBlck	2021/2/2 15:29	OLBLCK 文件	16 KB
Connector.olb	2019/7/25 4:59	OLB 文件	5,662 KB
Counter.olb	2009/8/18 0:13	OLB 文件	457 KB
Discrete.olb	2017/9/27 7:55	OLB 文件	2,890 KB
DRAM.OLB	2009/8/18 0:13	OLB 文件	5,422 KB
ElectroMechanical.olb	2009/8/18 0:13	OLB 文件	13 KB
FIFO.OLB	2009/8/18 0:13	OLB 文件	1,176 KB
Filter.olb	2009/8/18 0:13	OLB 文件	450 KB
FPGA.OLB	2009/8/18 0:13	OLB 文件	5,565 KB
Gate.olb	2009/8/18 0:13	OLB 文件	1,250 KB
Latch.olb	2009/8/18 0:13	OLB 文件	785 KB
LineDriverReceiver.olb	2014/3/14 6:24	OLB 文件	1,081 KB
Mechanical.olb	2009/8/18 0:13	OLB 文件	509 KB
MicroController.olb	2009/8/18 0:13	OLB 文件	3,344 KB
MicroProcessor.olb	2015/8/12 7:39	OLB 文件	2,679 KB
Misc.olb	2009/8/18 0:13	OLB 文件	5,277 KB
Misc2.olb	2009/8/18 0:13	OLB 文件	3,712 KB
Misc3.olb	2009/8/18 0:13	OLB 文件	4,545 KB
MiscLinear.olb	2009/8/18 0:13	OLB 文件	320 KB
MiscMemory.olb	2009/8/18 0:13	OLB 文件	2,093 KB
MiscPower.olb	2009/8/18 0:13	OLB 文件	802 KB
MuxDecoder.olb	2009/8/18 0:13	OLB 文件	1,959 KB
OPAmp.olb	2010/6/15 4:54	OLB 文件	1,255 KB

图3-9 软件自带的原理图库文件示意图

AMPLIFIER.OLB：共 182 个零件，存放模拟放大器 IC，如 CA3280、TL027C、EL4093 等。

ARITHMETIC.OLB：共 182 个零件，存放逻辑运算 IC，如 TC4032B、74LS85 等。

ATOD.OLB：共 618 个零件，存放 A/D 转换 IC，如 ADC0804、TC7109 等。

BUS DRIVERTRANSCEIVER.OLB：共 632 个零件，存放汇流排驱动 IC，如 74LS244、74LS373 等数字 IC。

CAPSYM.OLB：共 35 个零件，存放电源、地、输入/输出端口、标题栏等。

CONNECTOR.OLB：共 816 个零件，存放连接器，如 4 HEADER、CON AT62、RCA JACK 等。

COUNTER.OLB：共 182 个零件，存放计数器 IC，如 74LS90、CD4040B 等。

DISCRETE.OLB：共 872 个零件，存放分立元件，如电阻、电容、电感、开关、变压器等常用零件。

DRAM.OLB：共 623 个零件，存放动态存储器，如 TMS44C256、MN-10 等。

ELECTRO MECHANICAL.OLB：共 6 个零件，存放马达、断路器等电机类零件。

FIFO.OLB：共 177 个零件，存放先进先出资料暂存器，如 SN74LS232。

FILTRE.OLB：共 80 个零件，存放滤波器类器件，如 MAX270、LTC1065 等。

FPGA.OLB：存放可编程逻辑器件，如 XC6216/LCC。

GATE.OLB：共 691 个零件，存放逻辑门（含 CMOS 和 TLL）。

LATCH.OLB：共 305 个零件，存放锁存器，如 4013、74LS73、74LS76 等。

LINE DRIVER RECEIVER.OLB：共 380 个零件，存放线控驱动与接收器，如 SN、DS275 等。

MECHANICAL.OLB：共 110 个零件，存放机构图件，如 M HOLE 2、PGASOC-15-F 等。

MICROCONTROLLER.OLB：共 523 个零件，存放单晶片微处理器，如 68HC11、AT89C51 等。

MICRO PROCESSOR.OLB：共 288 个零件，存放微处理器。

MISC.OLB：共 1567 个零件，存放杂项图件，如电表（METER MA）、微处理器周边（Z80-DMA）等未分类的零件。

MISC2.OLB：共 772 个零件，存放杂项图件，如 TP3071、ZSD100 等未分类零件。

MISCLINEAR.OLB：共 365 个零件，存放线性杂项图件（未分类），如 4127、VFC32 等。

MISCMEMORY.OLB：共 278 个零件，存放记忆体杂项图件（未分类），如 28F020、X76F041 等。

MISCPOWER.OLB：共 222 个零件，存放高功率杂项图件（未分类），如 REF-01、PWR505、TPS 等。

MUXDECODER.OLB：共 449 个零件，存放解码器，如 4511、4555、74AC157 等。

OPAMP.OLB：共 610 个零件，存放运放，如 101、1458、UA741 等。

PASSIVEFILTER.OLB：共 14 个零件，存放被动式滤波器，如 DIGNSFILTER、RS1517T、LINE FILTER 等。

PLD.OLB：共 355 个零件，存放可编程逻辑器件，如 22V10、10H8 等。

PROM.OLB：共 811 个零件，存放只读记忆体运算放大器，如 18SA46、XL93C46 等。

REGULATOR.OLB：共 549 个零件，存放稳压 IC，如 78xxx、79xxx 等。

SHIFTREGISTER.OLB：共 610 个零件，存放移位寄存器，如 4006、SNLS91 等。

SRAM.OLB：共 691 个零件，存放静态存储器，如 MCM6164、P4C116 等。

TRANSISTOR.OLB：共 210 个零件，存放晶体管（含 FET、UJT、PUT 等），如 2N2222A、2N2905 等。

3.2.5 已有原理图库的调用

在所创建的原理图下面的 Library 图标上单击右键，选择"Add File"选项，在所弹出的窗口中找到所要调用的库路径，选择并打开，如图 3-10 所示。

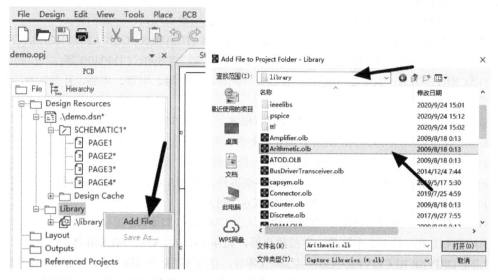

图 3-10 调用已有原理图库

3.3 完整 PCB 的创建

3.3.1 新建 PCB

Cadence Allegro 是一个大型的 EDA 软件，它几乎可以完成电子设计的方方面面，如 ASIC 设计、FPGA 设计和 PCB 设计等。Cadence Allegro 包含的工具比较多，几乎包含了 EDA 设计的全部内容，下面就介绍 Cadence Allegro 如何新建 PCB。

打开 PCB Editor 17.4 软件，执行菜单命令"File"→"New"，如图 3-11 所示。

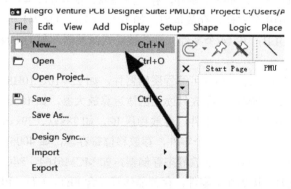

图 3-11 "New"菜单命令

在弹出的对话框中，"Drawing Type"选择"Board"，"Drawing Name"选择 PCB 文件名称，设置完成后单击"OK"按钮，如图 3-12 所示。

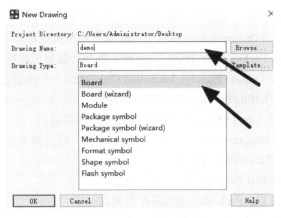

图 3-12　新建 PCB 示意图

3.3.2　已有 PCB 文件的打开

执行菜单命令"File"→"Open"，在弹出的窗口中找到要打开的 PCB 文件路径，如图 3-13
所示。

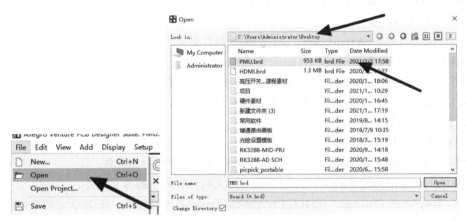

图 3-13　打开已有 PCB 文件示意图

3.3.3　PCB 封装的含义及常见分类

PCB 封装就是把实际的电子元器件、芯片等的各种参数（如元器件的大小、长宽、直插、
贴片、焊盘的大小、引脚的长宽、引脚的间距等）用图形方式表现出来，以便在画 PCB 图时进
行调用。

（1）PCB 封装按照安装方式可以分为贴装器件、插装器件、混装器件（贴装和插装同时存
在）、特殊器件。特殊器件一般指沉板器件。

（2）PCB 封装按照功能以及器件外形区分，可以分为以下种类：

SMD：Surface Mount Devices/表面贴装器件。

RA：Resistor Arrays/排阻。

MELF：Metal Electrode Face Components/金属电极无引线端面元器件。

SOT：Small Outline Transistor/小外形晶体管。

SOD：Small Outline Diode/小外形二极管。

SOIC：Small Outline Integrated Circuits/小外形集成电路。

SSOIC：Shrink Small Outline Integrated Circuits/缩小外形集成电路。

SOP：Small Outline Package Integrated Circuits/小外形封装集成电路。

SSOP：Shrink Small Outline Package Integrated Circuits/缩小外形封装集成电路。

TSOP：Thin Small Outline Package/薄小外形封装。

TSSOP：Thin Shrink Small Outline Package/薄缩小外形封装。

SOJ：Small Outline Integrated Circuits with J Leads/"J"形引脚小外形集成电路。

CFP：Ceramic Flat Packs/陶瓷扁平封装。

PQFP：Plastic Quad Flat Pack/塑料方形扁平封装。

SQFP：Shrink Quad Flat Pack/缩小方形扁平封装。

CQFP：Ceramic Quad Flat Pack/陶瓷方形扁平封装。

PLCC：Plastic Leaded Chip Carriers/塑料封装有引线芯片载体。

LCC ：Leadless Ceramic Chip Carriers/无引线陶瓷芯片载体。

QFN：Quad Flat Non-leaded Package/四侧无引脚扁平封装。

DIP：Dual-In-Line Components/双列引脚元器件。

PBGA：Plastic Ball Grid Array /塑封球栅阵列器件。

RF：射频微波类器件。

AX：Non-polarized Axial-Leaded Discretes/无极性轴向引脚分立元件。

CPAX：Polarized Capacitor，Axial/带极性轴向引脚电容。

CPC：Polarized Capacitor，Cylindricals/带极性圆柱形电容。

CYL：Non-polarized Cylindricals/无极性圆柱形元器件。

DIODE：二极管。

LED：发光二极管。

DISC：Non-polarized Offset-Leaded Discs/无极性偏置引脚分立元件。

RAD：Non-polarized Radial-Leaded Discretes/无极性径向引脚分立元件。

TO：Transistors Outlines，JEDEC Compatible Types/晶体管外形，JEDEC 元器件类型。

VRES：Variable Resistors/可调电位器。

PGA：Plastic Grid Array /塑封阵列器件。

RELAY：Relay/继电器。

SIP：Single-In-Line Components/单排引脚元器件。

TRAN：Transformer/变压器。

PWR：Power Module/电源模块。

CO：Crystal Oscillator/晶体振荡器。

OPT：Optical Module /光器件。

SW：Switch/开关类器件（特指非标准封装）。

IND：Inductance/电感类（特指非标准封装）。

3.3.4 软件自带的封装库

Allegro 软件自带的封装库路径为 E:\Cadence\Cadence_SPB_17.4-2019\share\pcb\pcb_lib\ symbols，如图 3-14 所示。

名称	修改日期	类型	大小
ax500x200034.dra	2016/3/3 23:42	DRA 文件	55 KB
ax500x200034.psm	2016/3/3 23:42	PSM 文件	8 KB
ax500x200037.dra	2016/3/3 23:42	DRA 文件	55 KB
ax500x200037.psm	2016/3/3 23:42	PSM 文件	8 KB
ax500x200040.dra	2016/3/3 23:42	DRA 文件	55 KB
ax500x200040.psm	2016/3/3 23:42	PSM 文件	8 KB
ax525x100031.dra	2016/3/3 23:42	DRA 文件	55 KB
ax525x100031.psm	2016/3/3 23:42	PSM 文件	8 KB
ax525x125034.dra	2016/3/3 23:42	DRA 文件	55 KB
ax525x125034.psm	2016/3/3 23:42	PSM 文件	8 KB
ax550x100031.dra	2016/3/3 23:42	DRA 文件	55 KB
ax550x100031.psm	2016/3/3 23:42	PSM 文件	8 KB
ax550x125034.dra	2016/3/3 23:42	DRA 文件	55 KB
ax550x125034.psm	2016/3/3 23:42	PSM 文件	8 KB
ax550x150034.dra	2016/3/3 23:42	DRA 文件	55 KB
ax550x150034.psm	2016/3/3 23:42	PSM 文件	8 KB
ax550x150037.dra	2016/3/3 23:42	DRA 文件	55 KB
ax550x150037.psm	2016/3/3 23:42	PSM 文件	8 KB
ax550x175034.dra	2016/3/3 23:42	DRA 文件	55 KB
ax550x175034.psm	2016/3/3 23:42	PSM 文件	8 KB
ax550x200031.dra	2016/3/3 23:42	DRA 文件	55 KB
ax550x200031.psm	2016/3/3 23:42	PSM 文件	8 KB
ax575x150031.dra	2016/3/3 23:42	DRA 文件	55 KB
ax575x150031.psm	2016/3/3 23:42	PSM 文件	8 KB
ax575x150034.dra	2016/3/3 23:42	DRA 文件	55 KB
ax575x150034.psm	2016/3/3 23:42	PSM 文件	8 KB

图 3-14　软件自带封装库示意图

3.3.5　已有封装库的调用

在 PCB 中，执行菜单命令"Setup"→"User Preferences"，在如图 3-15 所示的用户参数窗口进行库路径的指定，对"devpath""padpath""psmpath"库进行所需要调用封装库所在路径的指定，这里指定的是系统自带的 PCB 封装库。

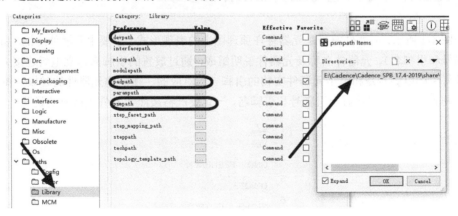

图 3-15　已有封装库的调用

3.4　本章小结

通过对工程的组成及完整工程的创建的介绍，让读者充分了解一个完整工程需要的元素，以及清除这些文件的创建方法。

良好的工程文件管理，可以提高工作效率，这是一名专业的电子设计工程师应该拥有的素质。

第 4 章

元件库开发环境及设计

在用 Allegro Capture 绘制原理图时，需要放置各种各样的元器件。虽然 Cadence Allegro 内置的元件库很完备，但是也难免会遇到找不到所需元器件的时候，这时就需要自己创建元器件了。Cadence Allegro 提供了一个完整的创建元器件的编辑器，可以根据需要进行编辑或创建元器件。本章将详细介绍如何创建原理图元件库。

 学习目标

➢ 熟悉元件库编辑器。
➢ 熟练掌握单部件元器件的创建。
➢ 熟悉多子件元器件的创建。

4.1 元器件符号概述与编辑器工作区参数

如图 4-1 所示，元器件符号是元器件在原理图上的表现形式，主要由元器件边框、引脚（包括引脚号和引脚名）、元器件名称及元器件说明组成，通过放置的引脚来建立电气连接关系。元器件符号中的引脚号是和电子元器件实物的引脚——对应的。在创建元器件的时候，图形不一定和实物完全一样，但是对于引脚号和引脚名，一定要严格按照元器件规格书的说明——对应。

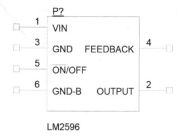

图 4-1   元器件符号的组成

4.2 元件库编辑界面与编辑器工作区参数

4.2.1 元件库编辑界面

元件库设计是电子设计中最开始的模型创建，通过元件库编辑器画线、放置引脚、调整矩形框等编辑操作创建需要的电子元器件模型。如图 4-2 所示，这里对元件库进行初步介绍，整个界面可分为若干个工具栏和面板。

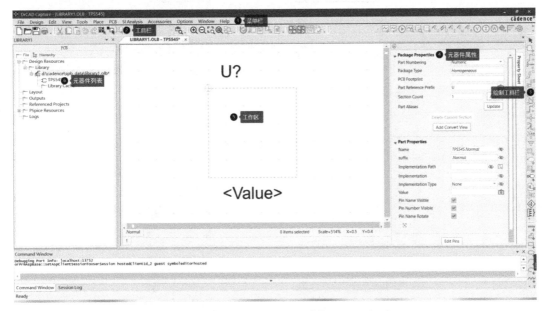

图 4-2　元件库编辑界面

4.2.2　元件库编辑器工作区参数

1．菜单栏

（1）File（文件）：主要用于完成对各种文件的新建、打开、保存等操作。

（2）Edit（编辑）：用于完成各种编辑操作，包括撤销、取消、复制及粘贴。

（3）View（查看）：用于视图操作，包括窗口的放大、缩小，工具栏的打开、关闭及网格的设置、显示。

（4）Options（参数）：主要用于对各种参数的设置。

（5）Place（放置）：用于放置电气导线及非电气对象。

（6）Design（设计）：用于新增原理图、元器件等移除、更新等操作。

（7）SI Analysis（仿真）：用于 SI 仿真。

（8）Window（窗口）：改变窗口的显示方式，可以切换窗口的双屏或者多屏显示、关闭工程文件、打开最近的文件等。

（9）Help（帮助）：查看 Cadence Allegro 的新功能、快捷键等。

2．工具栏

工具栏是菜单栏的延伸显示，把操作频繁的命令以窗口按钮（有时也称图标）显示的方式列出。

3．绘制工具栏

通过这个工具栏，可以方便地放置常见的 IEEE 符号、线、圆圈、矩形等建模元素，如图 4-3 所示。

Draw Electrical：用来放置引脚等。

Draw Graphical：用来绘制外形框，如矩形框、多边形等。

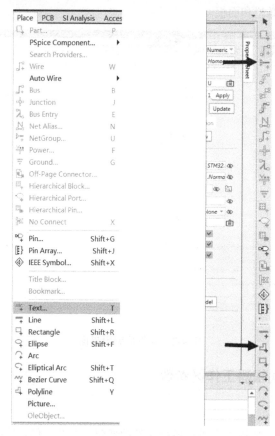

图 4-3　绘制工具栏

4．工作面板

（1）元器件列表：用于元器件的新建、编辑界面进入、重命名、复制、剪切等。

（2）工作区：用于元器件的编辑，绘制元器件符号的外形及引脚等。

（3）元器件属性：编辑元器件属性的界面，可以设置元器件符号的名字、引脚名、引脚号等。

4.3　简单分立元件符号的创建

4.3.1　原理图库的创建及元器件符号的新建

引脚（Pin）数较少的元器件一般使用简单分立元件方式创建原理图符号，如图 4-4 所示，电阻、电容、二极管、三极管、运算放大器等都可以归类为简单分立元件。

图 4-4　简单分立元件图示

创建简单分立元件符号，首先要建立一个元件库，在元件库中才能创建元器件符号。

（1）执行菜单命令"File"→"New"→"Library"，新建原理图元件库，如图 4-5 所示。

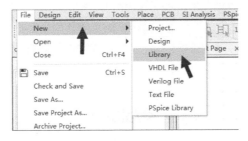

图 4-5 新建原理图元件库

（2）在如图 4-6 所示中选择.olb 文件，单击鼠标右键并选择"New Part"选项，新建一个元件即可。

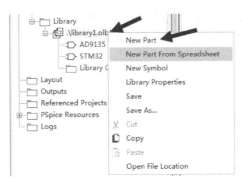

图 4-6 新建元器件

（3）弹出"New Part Properties"对话框，如图 4-7 所示，填入相关参数。

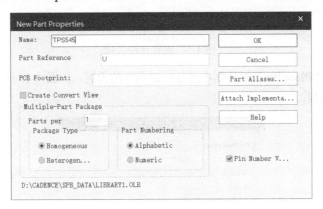

图 4-7 "New Part Properties"对话框

以一个简单分立元件 TPS545 为例：

● Name：输入"TPS545"，表示器件型号。

● Part Reference：默认"U"，表示新建的器件位号以 U 开头，如 U1、U2、U3 等。

● PCB Footprint：输入 PCB 封装名称。

（4）在完成"New Part Properties"对话框的设置之后，工作区会自动生成一个 U?与虚框，如图 4-8 所示。

图 4-8　空白元器件界面

4.3.2　单个引脚的放置

（1）执行菜单命令"Place"→"Pin"，或者直接按快捷键"Shift+G"，或者单击右边快捷菜单栏中的快捷方式🔲，放置元件引脚，如图 4-9 所示。

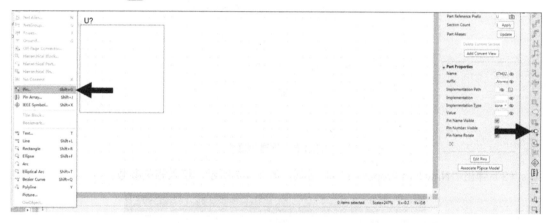

图 4-9　放置元件引脚

（2）在弹出的"Place Pin"对话框中进行引脚属性的设置，如图 4-10 所示。这里以 TPS545 第一引脚 BOOT 为例：

图 4-10　"Place Pin"对话框

Name：输入引脚名称。

Number：输入引脚编号。

Shape：选择引脚的形状类型。

Type：引脚信号输入/输出属性的设置。

Width：引脚的显示宽度。

（3）完成元器件引脚设置后，拖动鼠标将它放置到合适位置即可，如图 4-11 所示。

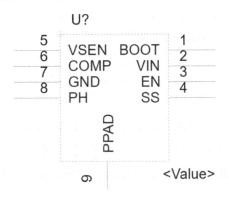

图 4-11　元器件引脚位置摆放

4.3.3　元器件引脚的阵列摆放及设置

（1）遇到引脚多且有规律排序的情况时，Capture 有一个引脚阵列的功能，能快速摆放一排引脚，执行菜单命令"Place"→"Pin"，或者直接单击工具栏中的图标，或者直接按快捷键"Shift+J"，如图 4-12 所示。

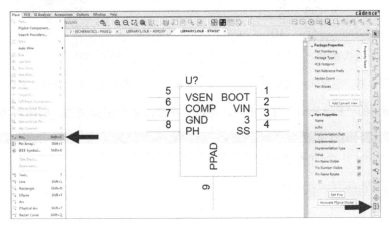

图 4-12　引脚阵列摆放图示

（2）执行上述操作之后会弹出如图 4-13 所示的"Place Pin Array"对话框。

Starting Name：输入第一个引脚的引脚名，如 Q1。

Starting Number：输入第一个引脚的引脚号。

Number of Pins：输入放置的总引脚数。

Pin Spacing：两个引脚间的距离。

Pin# Increment for Next Pin：Name 和 Number 的递增数量。

图 4-13 "Place Pin Array" 对话框

（3）根据需求设置完"Place Pin Array"对话框之后，单击"OK"按钮，结果如图 4-14 所示。

（4）选中放置的所有元器件，单击鼠标右键，选择"Edit Pins"选项，或者按快捷键"Shift+H"，如图 4-15 所示。

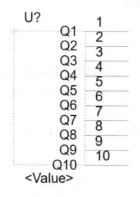

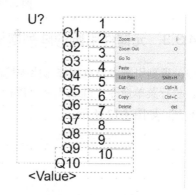

图 4-14　引脚阵列效果图　　　　　　　图 4-15　整体修改引脚选项

（5）在弹出的"Edit Pins"对话框中，可以一次修改多个引脚属性，如图 4-16 所示。

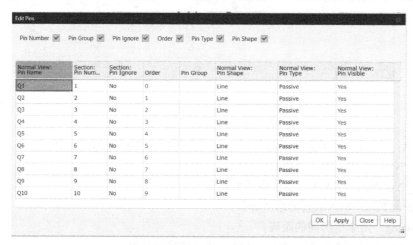

图 4-16　"Edit Pins"对话框

4.3.4 元器件外形框的绘制及文件的保存

（1）元器件中间的虚线框可以随意调节，它指示元器件体的大小，单击虚线框，四个角会出现紫色原点，按住拖动调节大小即可，如图 4-17 所示。

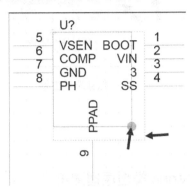

图 4-17 调节元器件大小

（2）元器件虚框代表着元器件的大小，放置到原理图中是没有外形框的，需要手动绘制外形框。执行菜单命令"Place"→"Rectangle"，或按快捷键"Shift+R"，或单击相应快捷方式，如图 4-18 所示，绘制其形状即可。完成情况如图 4-19 所示。

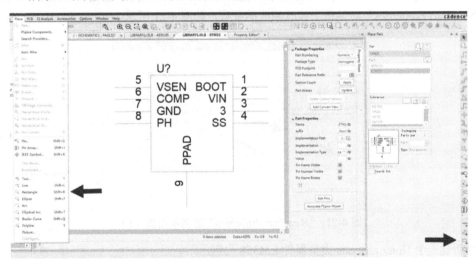

图 4-18 绘制外形框

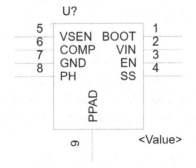

图 4-19 元器件封装完成示例

（3）完成引脚放置、绘制外形框等操作之后，退出之前要执行保存操作，可以直接按快捷键"Ctrl+S"保存，也可以右击窗口选择"Save"选项，如图4-20所示。

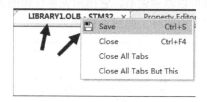

图4-20 保存选项位置

4.4 分立元件的创建

4.4.1 创建 Homogeneous 类型原理图符号

Homogeneous 类型元器件由多个相同的 Part 组成，多用于集成器件，由多个分立元件集成在一起。在创建的时候，只需要做其中一个部分，后面的部分就全部与之一致，方便快捷。

（1）同简单分立元件的创建一样，执行菜单命令"File"→"New"→"Library"，新建原理图元件库，选择.olb 文件并单击鼠标右键，选择"New Part"选项，新建一个元器件。在弹出的"New Part Properties"对话框中修改相应的参数，如图4-21所示。

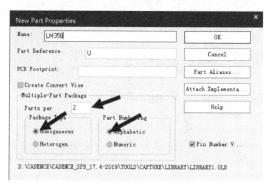

图4-21 "New Part Properties"对话框设置（1）

以新建一个 Homogeneous 类型器件 LM358 为例：

- Name：输入器件型号"LM358"。
- Part Reference：默认"U"，表示新建的器件位号以 U 开头。
- Package Type：选择新建的符号类型。
- Part Numbering：选择引脚编号以英文或者阿拉伯数字排序。
- Parts per：修改为2，表示有2个相同的部分。

（2）器件部分切换如图4-22所示。由图可见，下面箭头指示处有 A、B 两部分，可以直接选择 A 或 B 进行切换，也可以执行菜单命令"View"→"Next Part"，或按快捷键"Ctrl+N"，切换到 B；执行菜单命令"View"→"Previous Part"，或按快捷键"Ctrl+P"，切换到 A。只需要做其中一个部分，另一部分就与之一致。

（3）进行引脚放置、外形框绘制等，效果完成图如图4-23所示。

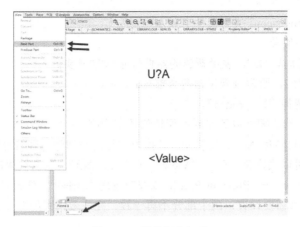

图 4-22　器件部分切换

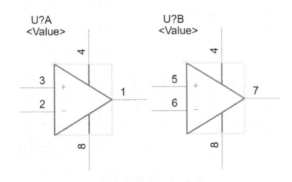

图 4-23　效果完成图

4.4.2　创建 Heterogeneous 类型元器件

Heterogeneous 类型元器件由多个 Part 组成，每个 Part 的组成部分都不一样，多用于比较复杂的 IC 类型器件，如 FPGA 等，对 IC 属性进行分块设计，方便后期原理图的设计。在创建的时候，每一个 Part 都需要单独创建。

（1）同简单分立元件的创建一样，执行菜单命令"File"→"New"→"Library"，新建原理图元件库，选择.olb 文件，单击鼠标右键并选择"New Part"选项，新建一个元件。在弹出的"New Part Properties"对话框中修改参数，如图 4-24 所示。

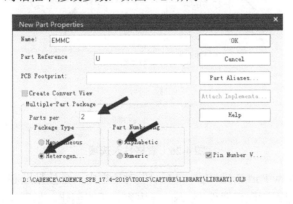

图 4-24　"New Part Properties"对话框设置

以新建一个 Homogeneous 类型器件 EMMC 为例：

Name：输入器件型号。

Part Reference：默认"U"，表示新建的器件位号以 U 开头。

Parts per：修改为 2，原理符号包含两个部分。

Package Type：选择"Heterogen"。

Part Numbering：选择编号以英文或者阿拉伯数字排序。

（2）新建的器件同样有 A、B 两部分，切换方法与前面创建原理符号相同。可以直接选择 A、B 进行切换，也可以执行菜单命令"View"→"Next Part"，或按快捷键"Ctrl+N"，切换到 B；执行菜单命令"View"→"Previous Part"，或按快捷键"Ctrl+P"，切换到 A。与 Homogeneous 不同的是，两个部分都需要设置，两个部分不再一致。完成效果图如图 4-25 所示。

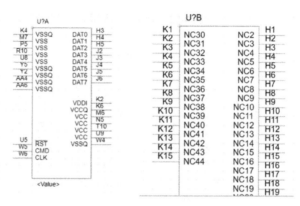

图 4-25　效果完成图

4.5　通过 Excel 表格创建元器件

遇到引脚数量特别多的芯片时，此前创建元件符号的方法费时费力，也容易出现错误，这时可以通过 Capture 导入 Excel 表格的方式来创建元器件。

（1）如图 4-26 所示，右击.olb 文件，选择"New Part From Spreadsheet"选项。

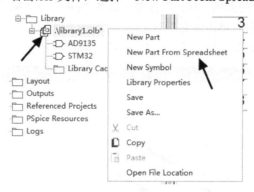

图 4-26　表格导入选项

（2）在弹出的"New Part From Spreadsheet"对话框中，直接粘贴芯片的 Excel 表格，可以网上搜索下载，或者根据读取元器件 Datasheet 内容，手工创建，如图 4-27 所示。

Number	Name	Type	Pin Visable	Shape	Pin Group	Position	Section
1	PVDD12	POWER		LINE		left	A
2	CLK+	PASSIVE		LINE		left	A
3	CLK -	PASSIVE		LINE		left	A
4	PVDD12	POWER		LINE		left	A
5	SYSREF+	PASSIVE		LINE		left	A
6	SYSREF -	PASSIVE		LINE		left	A
7	PVDD12	POWER		LINE		left	A
8	PVDD12	POWER		LINE		left	A
9	PVDD12	POWER		LINE		bottom	A
10	PVDD12	POWER		LINE		bottom	A
11	TXEN0	PASSIVE		LINE		bottom	A
12	TXEN1	PASSIVE		LINE		bottom	A
13	DVDD12	POWER		LINE		bottom	A
14	DVDD12	POWER		LINE		bottom	A
15	SERDIN0+	PASSIVE		LINE		bottom	A
16	SERDIN0 -	PASSIVE		LINE		bottom	A
24	SYNCOUT0 -	PASSIVE		LINE		right	A
23	SYNCOUT0+	PASSIVE		LINE		right	A
22	SVDD12	POWER		LINE		right	A
21	VTT	POWER		LINE		right	A
20	SVDD12	POWER		LINE		right	A
19	SERDIN1-	PASSIVE		LINE		right	A
18	SERDIN1+	PASSIVE		LINE		right	A
17	SVDD12	POWER		LINE		right	A
32	SVDD12	POWER		LINE		top	A
31	SVDD12	POWER		LINE		top	A
30	SERDIN3 -	PASSIVE		LINE		top	A
29	SERDIN3+	PASSIVE		LINE		top	A
28	SVDD12	POWER		LINE		top	A
27	SERDIN2 -	PASSIVE		LINE		top	A
26	SERDIN2+	PASSIVE		LINE		top	A
25	VTT	POWER		LINE		top	A

图 4-27　引脚 Excel 表格

Number：元器件的引脚号。

Name：元器件的引脚名，从 Datasheet 中复制粘贴即可，注意与引脚号对应。

Type：元器件的引脚类型，一般的引脚定义为"PASSIVE"即可。要注意的是，电源引脚是"POWER"类型，不然导网表时会报错。

Pin Visable：空着即可，在 OrCAD 软件中勾选即为可视，这处是在软件中编辑的。

Shape：将所有引脚定义成"Line"即可。

Pin Group：定义引脚组，空着即可。

Position：引脚的位置，以此处为例，32 个引脚（见图 4-28），1～8 为"left"（左边），9～16 为"bottom"（下面），17～24 为"right"（右边），25～32 为"top"（上面），整个引脚为逆时针排序方式。一般可以按左边输入信号、右边输出信号、上面电源信号、下面地信号的顺序进行摆放。

Section：如果是分立元件，则可自行定义引脚的 A、B 部分，此处器件为一个整体，定义为"A"即可。

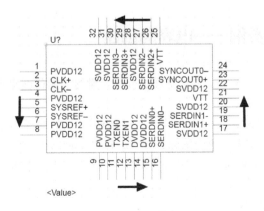

图 4-28　引脚排序

（3）将表格中定义好的数据复制后直接粘贴到"New Part Creation Spreadsheet"对话框中，在"Part Name"中输入器件名称，如图 4-29 所示，实例输入"STM32"；"Part Reference"输入器件位号，由于是 IC 芯片，此处定义为"U"。

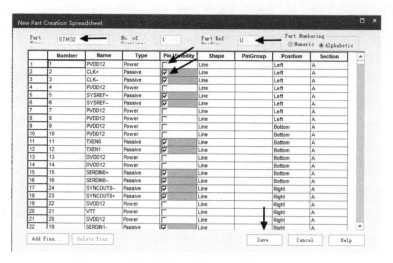

图 4-29 "New Part Creation Spreadsheet"对话框

（4）此时再调整一下元器件的外形框以及引脚的位置，完成创建。元器件外形框调整前如图 4-30 所示，元器件外形框调整后如图 4-31 所示。

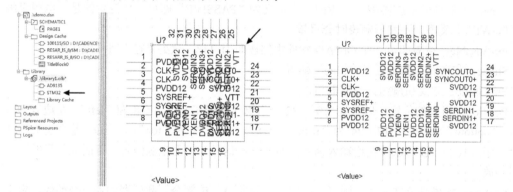

图 4-30 元器件外形框调整前　　　　　　　　图 4-31 元器件外形框调整后

4.6 元件库创建实例——电容的创建

实践是检验真理的唯一标准。通过前面的介绍，学习了如何创建元件库，下面通过实例来巩固所学内容。

（1）执行菜单命令"File"→"New"→"Library"，新建原理图元件库。

（2）选择创建的.olb 文件，单击鼠标右键并选择"New Part"选项。

（3）在"New Part Properties"对话框中输入相关参数，单击"OK"按钮，如图 4-32 所示。

Name：输入"Cap"。

Part Reference：默认"C"。

PCB Footprint：输入 PCB 封装名称。

（4）执行菜单命令"Place"→"Line"，画出电容的主体，如图 4-33 所示。

（5）执行菜单命令"Place"→"Pin"，或者直接按快捷键"Shift+G"，或者单击右边快捷菜单栏中的快捷方式，放置元件引脚。

| 图 4-32 "New Part Properties" 对话框 | 图 4-33 电容主体的创建 |

（6）在弹出的"Place Pin"对话框中进行引脚属性的设置，如图4-34所示。

（7）进行完元器件引脚的设置之后，拖动鼠标将它放置到合适位置。至此，电容创建完毕，如图4-35所示。

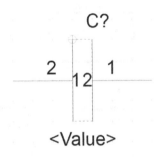

| 图 4-34 "Place Pin" 对话框 | 图 4-35 元器件引脚位置摆放 |

4.7 元件库创建实例——ADC08200 的创建

ADC08200 为 24 引脚 IC，引脚信号分为电源、模拟地、数字地及数据传输信号，如图 4-36 所示。

（1）选择.olb 文件，单击鼠标右键并选择"New Part"选项，新建一个名称为"ADC08200"的器件，如图 4-37 所示。

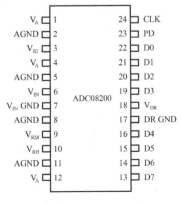

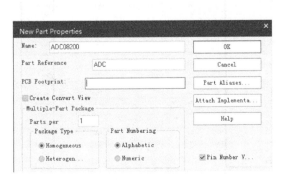

| 图 4-36 ADC08200 | 图 4-37 新建器件 |

（2）执行菜单命令"Place"→"Rectangle"，绘制器件的主体，如图 4-38 所示。

图 4-38　绘制空白的矩形框

（3）执行菜单命令"Place"→"Pin Array"，放置器件引脚，两边阵列引脚参数如图 4-39 所示。

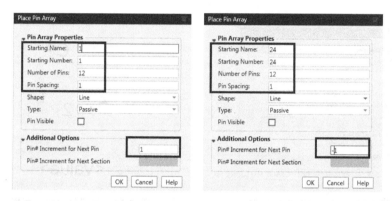

图 4-39　阵列引脚参数设置

（4）选中所有引脚，单击鼠标右键并选择"Edit Pins"选项，批量修改器件引脚名，重复引脚名修改成电源属性，如图 4-40 所示，拖动外形框将它调整到合适位置。至此，器件创建完毕，如图 4-41 所示。

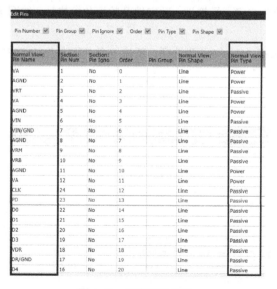

图 4-40　引脚属性修改

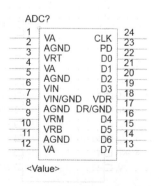

图 4-41　器件创建完成示意图

4.8 本章小结

本章主要讲述了电子设计开头的元件库的设计，先对器件符号进行了概述，然后介绍了元件库编辑器，接着讲解了单部件元器件的创建方法，也讲解了多子件元器件的创建方法，并通过 2 个实例系统性地演示了元器件的创建过程，最后讲述了元件库的自动生成和元器件的复制。

第 5 章

原理图开发环境及设计

原理图，顾名思义就是表示电路板上各元器件之间连接关系的图表。在方案开发等正向研究中，原理图非常重要，而对原理图的把关也关乎整个电子设计项目的质量甚至生命。由原理图延伸下去会涉及 PCB Layout，也就是 PCB 布线。当然，这种布线是基于原理图完成的，通过对原理图的分析及电路板其他条件的限制，设计者得以确定元器件的位置及电路板的层数等。

本章从原理图编辑界面、原理图设计准备开始，一步一步地讲解原理图设计的整个过程，读者只需要按照相应的流程，就可以熟练掌握整个原理图设计的过程，完成自己的原理图设计。

 学习目标

➢ 熟悉 OrCAD 软件各个功能模块的组成。
➢ 熟练掌握使用 OrCAD 软件绘制原理图。
➢ 熟练掌握使用 OrCAD 软件输出各类 PCB 网表文件。

5.1 原理图编辑界面

5.1.1 打开 OrCAD 软件及创建原理图工程

（1）打开左下角"Windows"界面，鼠标悬停 0.5s 后在程序界面找到"Cadence PCB 17.4-2019"并打开"Capture CIS 17.4"，如图 5-1 所示。注意，一定要选择"CIS"为后缀的，这样功能才完全！

（2）如图 5-2 所示，选择"OrCAD Capture"选项，推荐勾选"Use as default"，下次就会默认打开。

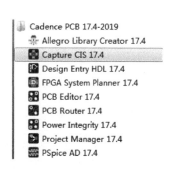

图 5-1　OrCAD 位置图

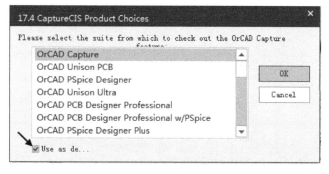

图 5-2　OrCAD 选择界面

74

（3）进入 OrCAD 17.4 初始界面，如图 5-3 所示。

图 5-3　OrCAD 17.4 初始界面

（4）执行菜单命令"File"→"New"→"Project"，新建工程，如图 5-4 所示。

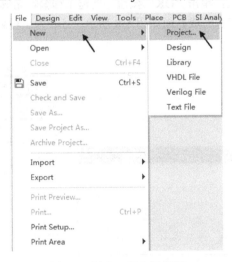

图 5-4　新建工程位置界面

（5）在如图 5-5 所示的"Name"一栏中直接单击，输入新建工程名称，这里以"DEMO"为例。

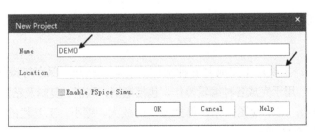

图 5-5　新建工程空白界面

（6）单击"Location"右边的 ⋯ 按钮选择新建工程的路径，如 D:\Cadence\Home，然后单击"选择文件夹"按钮，如图 5-6 所示。

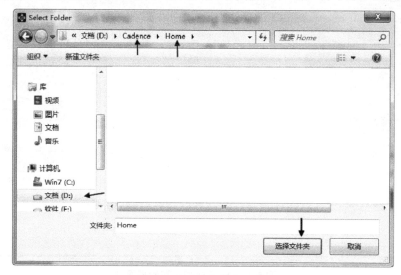

图 5-6　工程选择界面

（7）其他选项选择默认，单击"OK"按钮，新建工程编辑完成界面如图 5-7 所示。

（8）新建"DEMO"工程完成界面如图 5-8 所示，.dsn 为工程总目录，PAGE1 为自动添加的原理图。

图 5-7　新建工程编辑完成界面

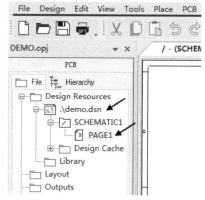

图 5-8　工程完成界面

5.1.2　OrCAD 软件常用菜单栏讲解及偏好设置

原理图编辑界面主要包含菜单栏、工具栏、绘制工具栏、工作面板等。

1. 菜单栏

（1）File（文件）：主要用于完成对各种文件的新建、打开、保存等操作，如图 5-9 所示。

（2）Edit（编辑）：用于完成各种编辑操作，包括撤销、取消、复制及粘贴等，如图 5-10 所示。

（3）View（查看）：用于视图操作，包括窗口的放大、缩小，工具栏的打开、关闭及网格的设置、显示等，如图 5-11 所示。

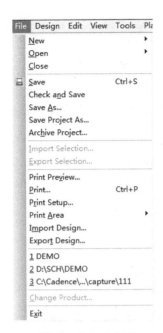

图 5-9 "File"面板

图 5-10 "Edit"面板

图 5-11 "View"面板

（4）Options（参数）：主要用于对各参数的设置，如图 5-12 所示。

（5）Place（放置）：用于放置电气导线及非电气对象，如图 5-13 所示。

图 5-12 "Options"面板　　　　图 5-13 "Place"面板

（6）Design（设计）：用于新增原理图的移除、更新等操作，如图 5-14 所示。

（7）SI Analysis（仿真）：用于 SI 仿真，如图 5-15 所示。

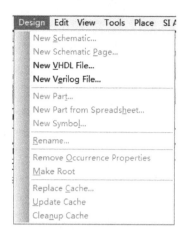

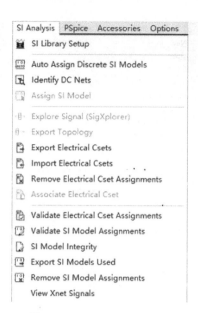

图 5-14 "Design"面板   图 5-15 "SI Analysis"面板

（8）Window（窗口）：用于改变窗口的显示方式，可以切换窗口的双屏或者多屏显示、关闭工程文件、打开最近的文件等，如图 5-16 所示。

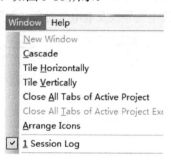

图 5-16 "Window"面板

2．工具栏

工具栏是菜单栏的延伸显示，可以为操作频繁的命令提供快捷按钮显示。

3．绘制工具栏

通过工具栏，可以方便地放置常见的走线、总线、节点、网络标号等。

4．工作面板

工作面板主要用于放置元器件、修改元器件属性、过滤器的使用等。

5.1.3 Preferences 设置

执行菜单命令"Options"→"Preferences"，打开"Preferences"对话框。

Colors/Print：表示设置颜色，如果非必需，则选择默认即可。如图 5-17 所示，勾选相应选项，表示选择打印该选项，反之不打印。如需修改颜色，则单击颜色框修改即可。

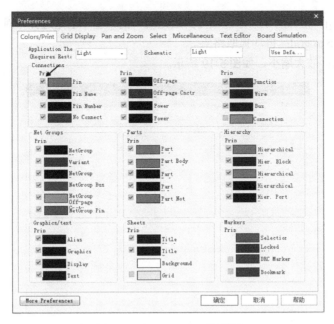

图 5-17 "Colors/Print" 面板

Grid Display：格点设置，如图 5-18 所示。

图 5-18 "Grid Display" 面板

- Schematic Page Grid：原理图设置格点。
- Part and Symblol Grid：封装设置格点。
- Visible：勾选为可视，反之为不可视。
- Grid Style：格点风格分为 "Dots"（点状）、"Lines"（线装），推荐在设计时选择线状，以便于在设计时能非常明了地发现元器件以及封装是否在线上。

- Grid spacing：格点间距，原理图与封装是统一的，基本上是选择一对一。
- Pointer snap to grid：自动抓取格点。

Pan and Zoom：放大缩小，如图 5-19 所示。

图 5-19 "Pan and Zoom" 面板

Select：选择默认即可。

Miscellaneous：用得较多是"Auto Reference"，勾选第一个"Automatically reference placed"表示在放置元器件时，复制元器件粘贴时会自动增加位号。不想自动增加位号，单击"Preserve reference on copy"即可。

Text Editor：位号编辑界面。

Board Simulation：标签页用来选择对 PCB 设计进行模拟仿真的工具，可以选择用"Verilog"或"VHDL"。

5.1.4　OrCAD 软件 Design Template 常用设置

（1）执行菜单命令"Options"→"Design Template"，弹出"Design Template"对话框，如图 5-20 所示。

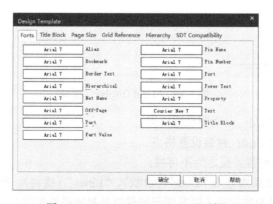

图 5-20 "Design Template" 对话框

① Fonts：默认模板字体更改。

Alias：网络号。

Bookmark：书签。

Border Text：边框文本。

Hierarchical：等级。

Net Name：网络名。

Off-Page：跨页。

Part：元件。

Part Value：元件值。

Pin Name：引脚名。

Pin Number：引脚号。

Port：端口。

Power Text：电源文本。

Property：属性。

Text：文本。

Title Block：边框。

② Title Block：原理图右下角边框模板设置，头文件，可根据不同单位自己定义，如图 5-21 所示。

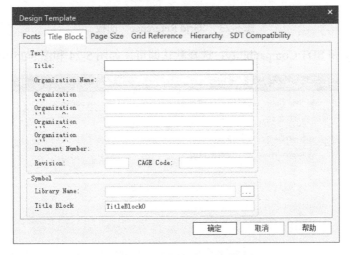

图 5-21 "Title Block" 面板

③ Page Size：页面大小设置，一般可按默认的大小进行设置，如图 5-22 所示。

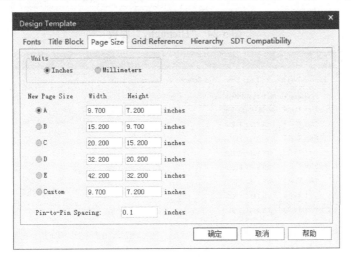

图 5-22 "Page Size" 面板

④ Grid Reference：格点设置模板，选择默认即可，如图 5-23 所示。

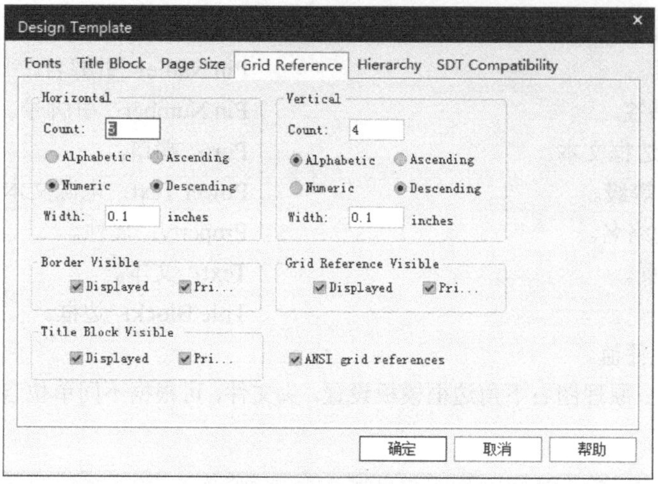

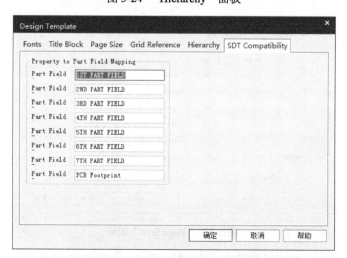

图 5-23 "Grid Reference"面板

⑤ Hierarchy 和 SDT Compatibility：选择默认即可，如图 5-24 和图 5-25 所示。

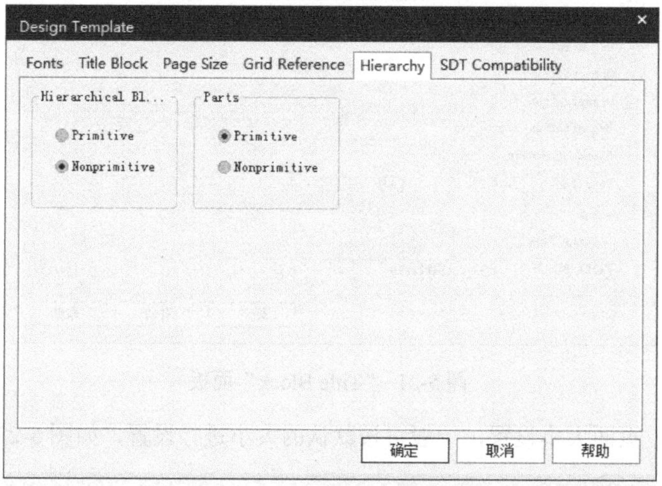

图 5-24 "Hierarchy"面板

图 5-25 "SDT Compatibility"面板

（2）执行菜单命令"Options"→"Autobackup"，弹出"Multi-level Backup settings"对话框，如图 5-26 所示。

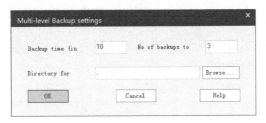

图 5-26 "Multi-level Backup settings"对话框

Backup time：自动备份时间，一般默认为 10 分钟。

No of backups to：自动备份保存个数。

Directory for：自动备份保存路径。切记：要设置成选定的文件夹之后才能使用，否则无法找到自动备份的文件。

5.2 原理图设计准备

在设计原理图之前，先对原理图页面进行一定的设置，这样可以提高设计原理图的效率。虽然在实际的应用中，有时候不进行准备设置也没有很大关系，但是基于设计效率的提高，推荐读者进行设置。

5.2.1 原理图页面大小的设置

（1）对单页的原理图页面进行设置。首先，选中需要更改页面尺寸的那一页原理图；其次，单击鼠标右键，选择"Schematic Page Properties"选项，如图 5-27 所示，进行页面大小设置；最后，在弹出的窗口中修改页面大小即可，如图 5-28 所示。

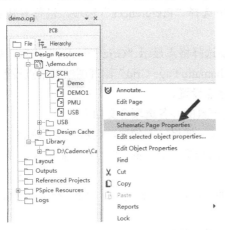

图 5-27 单页页面参数设置示意图

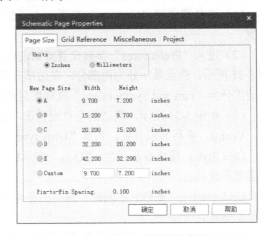

图 5-28 页面大小属性示意图

（2）对整个原理图页面进行设置。执行菜单命令"Options"→"Design Template"，如图 5-29 所示，在弹出的窗口中选择"Page Size"选项，如图 5-30 所示，即可对页面的大小进行设置。这样每一页的页面大小的参数就按这个模板设置了，不用再单独设置。

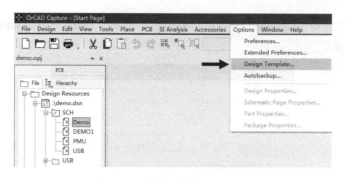

图 5-29　整体页面设置示意图

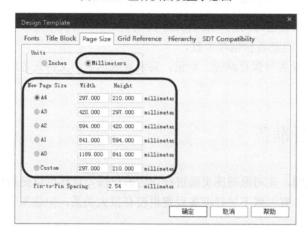

图 5-30　页面大小参数模板设置示意图

5.2.2　原理图栅格的设置

运用 OrCAD 软件进行原理图的绘制时，与 PCB 设计一样，也有栅格（格点）设置。下面列举原理图中栅格的设置技巧：

（1）选择菜单栏"Options"选项，在下拉菜单中选择"Preferences"选项，进行参数的设置。

（2）进入"Preferences"参数设置界面之后，需要选择格点显示"Grid Display"选项，如图 5-31 所示。格点显示分为两部分：左边部分为"Schematic Page Grid"原理图绘制格点设置，右边部分为"Part and Symbol Grid"原理图封装绘制格点设置。

（3）如图 5-31 所示，两边的格点设置选项基本是一致的，各选项含义如下：

Visible：栅格显示开关，勾选"Displayed"，表示显示栅格；不勾选，表示不显示栅格。

Grid Style：栅格显示类型，"Dots"表示栅格显示的类型是点状的，"Lines"表示栅格显示的类型是线状的。

Grid spacing：栅格显示间距，这里的栅格设置按照 pin to pin 来计算，一般推荐设置 1 to 1 的显示即可。

Pointer snap to grid：勾选就是抓取格点，不勾选就是不抓取格点。

（4）单击"确定"按钮，格点的参数就设置完成。

这里推荐一般的参数设置：第一项勾选上显示格点；第二项选择线状格点显示；第三项选择 1 to 1 的显示；第四项勾选抓取格点。这是最方便设计原理图的栅格设置。

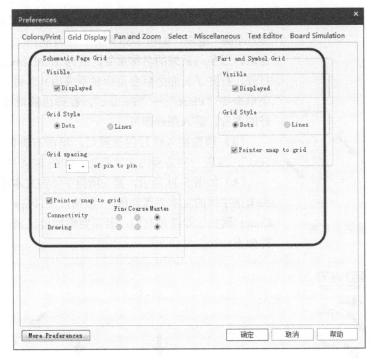

图 5-31　栅格设置显示界面示意图

5.2.3　原理图模板的应用

模板即一种"半成"的原理图,默认包含了设计当中的标题栏、外观属性的设置,方便开发人员直接调用,大大地提高了工作效率

一般来说,Title Block 都是调用系统本身自带的,或者修改自带的文件,所以这里选择直接复制一个系统自带的 Title Block,修改后保存在自定义路径下,进行关联即可。

(1)执行菜单命令"File"→"Open"→"Library",选择"capsym.olb"并打开,从打开的系统自带模板 capsym.olb 中复制一个 TitleBlock0 到自己创建的库路径下。选中这个元件,按快捷键"Ctrl+C"进行复制,然后粘贴到自己创建的库路径下,如图 5-32 所示。

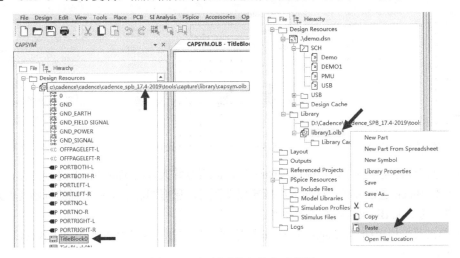

图 5-32　复制系统自带库示意图

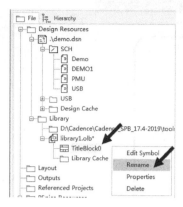

图 5-33　重命名示意图

（2）单击复制好的 TitleBlock0，单击鼠标右键并选择"Rename"选项，如图 5-33 所示，将复制的 Title Block 进行重命名，以免与系统的名称重复，改为 TitleDemo1（一定不要先打开，打开了页面之后会重命名不成功）后再双击打开。执行菜单命令"Place"→"Picture"，在弹出的对话框中选择准备好的图片，插入图片即可。

（3）调整插入图片的位置后，单击右侧的工具栏"Place Text"，放置一些需要的文字信息，如图 5-34 所示。

（4）如图 5-34 所示，箭头所指字体的文本是 Text，其他箭头未指字体的文本为属性值。一般情况下，Page Number 和 Page Count 属性值是必须有的，若需要添加自己想要的属性，其步骤如下：

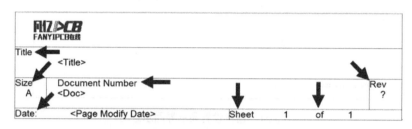

图 5-34　调整图片后的 Title Block 示意图

① 单击"Symbol Properties"属性框中如图 5-35 所示的位置。

② 在下面的方框中输入自己需要的属性的名称，比如"OrgName"，"Enter Property Value"一栏根据对应的属性来匹配相应参数即可，如图 5-36 所示。

③ 单击 ✔ 之后会出现 👁 图标，单击该图标并选择"Name and Value"选项，如图 5-37 所示，Title Block 中就会将名称与内容都显示出来（黑色字体）。

图 5-35　添加属性值

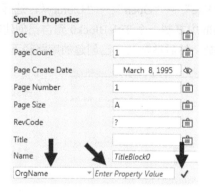

图 5-36　修改属性名称及内容

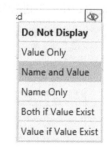

图 5-37　显示名称及内容

（5）全部设置完毕后，按快捷键"Ctrl+S"，即可对修改好的 Title Block 进行保存。保存后需要对 Title Block 进行关联，这样下次新建原理图时，原理图右下角所出现的标题栏就是刚做好的带图片的 Title Block，操作步骤如下：

① 单击菜单栏中的"Design Template"选项，在弹出的窗口中选择"Title Block"选项，如图 5-38 所示。

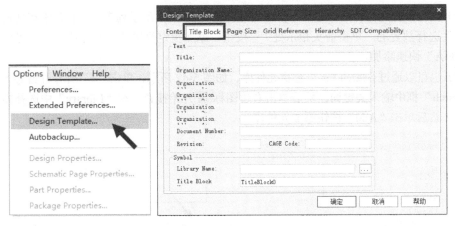

图 5-38　关联菜单设置示意图

② 在最下面的"Library Name"中，选择刚才保存的库路径，"Title Block"的名称改为刚修改过的"Title_Block_1"，进行关联，如图 5-39 所示。

③ 关联好后，新建原理图，打开的标题栏就是刚才建立的带图片的模板了。

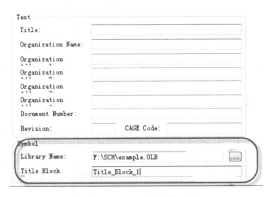

图 5-39　Title_Block_1 路径设置示意图

5.3　元器件的放置

元件库创建好之后，需要把创建好的元器件放置到原理图中，正式开始进行电路设计。放置元器件，需要先添加或者打开创建的元件库。

5.3.1　添加元件库

（1）执行菜单命令"Place"→"Part"，在键盘上按"P"键也可放置元器件，如图 5-40 所示。

图 5-40　元器件放置位置

（2）执行放置元器件操作之后，会在右边弹出如图 5-41 所示列表，此时是没有任何库选择和元器件选择放置的。单击箭头指示处 按钮，添加指定位置的已有元件库，也可以按快捷键"Alt+A"快速添加。

（3）也可以通过 Search for 来查找元件库，如图 5-42 所示，单击"+"号打开搜寻框，接着在"Search"框中输入关键词，然后单击右边图标 开始搜索，在"Library"中选择搜索到的元件库，然后单击"Add"按钮添加元件库。

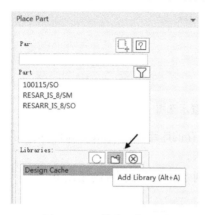

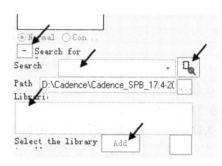

图 5-41   元件库添加界面   图 5-42   元件库搜索界面

（4）此处以默认库为例，路径为 D:\Cadence\Cadence_SPB_17.4-2019\tools\capture\library，如图 5-43 所示。

（5）完成界面如图 5-44 所示。

图 5-43   添加库界面示例   图 5-44   完成界面

5.3.2   放置元器件

（1）执行菜单命令"Place"→"Part"，在"Libraries"面板中单击选择库，如图 5-45 所示。

（2）在"Part"中选择需要放置的元器件，如图 5-46 所示。

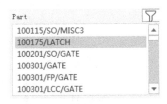

图 5-45 库选择界面

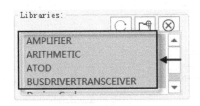

图 5-46 元器件选择界面

（3）在"Part"中搜索关键词能快速定位元器件，如图 5-47 所示。

（4）可以通过预览图快速检查自己选择的元器件是不是需要的，如图 5-48 所示。

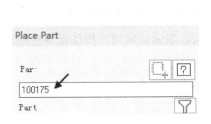

图 5-47 元器件快速搜寻界面

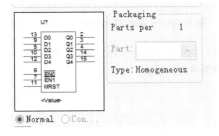

图 5-48 元器件预览界面

（5）选择好元器件之后，可以双击元器件进行摆放，也可选中之后单击图标 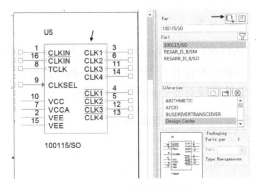 放置元器件。在原理图中空白处单击一下完成放置，并按"ESC"按钮结束放置。也可以右击并选中"End Mode"选项，结束放置，如图 5-49 和图 5-50 所示。

图 5-49 元器件放置界面

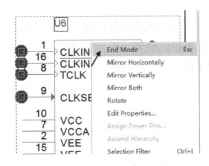

图 5-50 右击结束界面

5.3.3 元器件的移动、选择、旋转

在设计原理图的过程中，经常需要通过移动和旋转来调整元器件的位置，使得在设计原理图时能保证元器件摆放整齐以及走线简洁。

1. 元器件的移动

单个元器件的移动：直接将鼠标光标放置在元器件上面，左击按住直接拖动即可移动，移动中状态如图 5-51 所示。

2. 元器件的选择

（1）多个元器件的移动：选中多个元器件，多元器件选中状态如图 5-52 所示，紫色虚线框即表示元器件已选中。

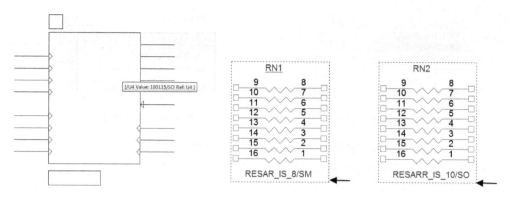

图 5-51　元器件移动中状态　　　　　　图 5-52　多元器件选中状态

（2）当鼠标光标移到元器件主体时会出现 ✛ 标志，表示此时可以按住元器件进行移动了，如图 5-53 所示。

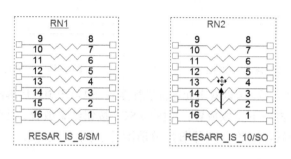

图 5-53　元器件可移动状态

（3）移动元器件时，经常会出现如图 5-54 所示的情况，元器件因为之前格点的原因，出现对不齐的现象，进而影响美观。此时，可以通过对齐命令来进行元器件的对齐。执行菜单命令"Edit"→"Align"→"Align Top"，即可实现元器件的顶端对齐，如图 5-55 所示。

图 5-54　元器件顶端对齐指令

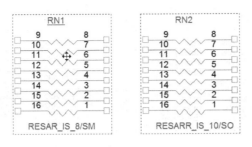

图 5-55 顶端对齐完成效果图

3. 元器件的旋转

设计原理图时，有时需要将电阻、电容等元器件旋转来优化视图，以方便设计，如图 5-56 所示。可以通过单击选择元器件之后按键盘上的"R"键旋转元器件，也可执行菜单命令"Edit"→"Rotate"旋转元器件，旋转元器件之后再重新进行连线。元器件旋转完成效果图如图 5-57 所示。

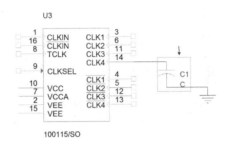

图 5-56 元器件旋转命令示意图

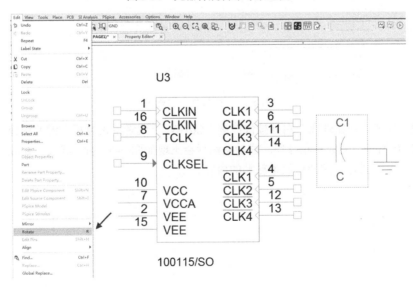

图 5-57 元器件旋转完成效果图

5.3.4 元器件的复制、剪切与粘贴

（1）元器件 Symbol 放置到原理图后，单击选择放置的元器件。未选中元器件的界面如图 5-58 左图所示，选中元器件的界面如图 5-58 右图所示。

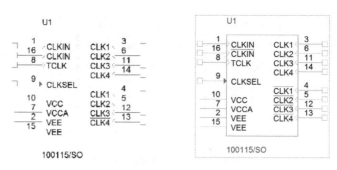

图 5-58　复制粘贴完成示意图

（2）选中后，按快捷键"Ctrl+C"进行复制，或者单击鼠标右键并选择"Copy"选项，实现复制，如图 5-59 所示。剪切则直接按快捷键"Ctrl+X"，或者单击鼠标右键并选择"Cut"选项。

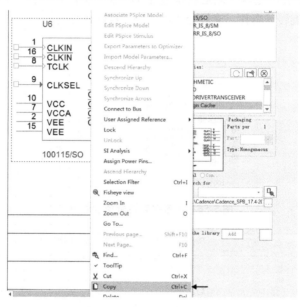

图 5-59　复制命令示意图

（3）复制完成，在原理图空白处按快捷键"Ctrl+V"，或者单击鼠标右键并选择"Paste"选项，如图 5-60 所示，完成粘贴操作。成功粘贴后会出现如图 5-61 所示界面，在原理图上选择合适的位置，单击鼠标左键即可放置粘贴的内容。

图 5-60　粘贴命令示意图

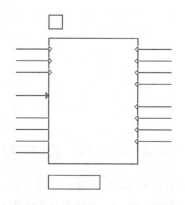

图 5-61　粘贴操作中示意图

（4）操作完成后，界面如图 5-62 所示，器件位号会自动增加。

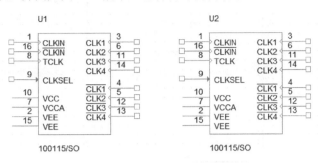

图 5-62　复制粘贴完成效果图

（5）选中元器件后，按"Ctrl"键直接拖动，出现如图 5-63 界面，松开鼠标左键，可快速完成复制及粘贴操作，器件位号也会自动增加。

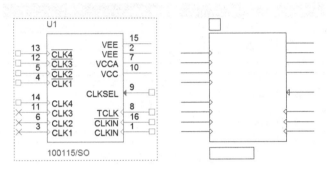

图 5-63　快速拖动效果示意图

5.3.5　元器件的删除与撤销

（1）先选择元器件。未选中元器件的界面如图 5-64 左图所示，选中元器件的界面如图 5-64 右图所示。

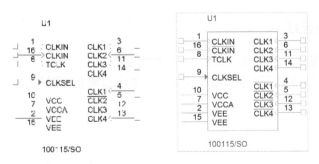

图 5-64　元器件选择示意图

（2）通过按"Delete"键或者"Backspace"键进行删除操作，或者单击鼠标右键并选择"Delete"选项来进行删除操作，如图 5-65 所示。

（3）删除之后如果发现操作有错误，则可以通过按快捷键"Ctrl+Z"或者单击菜单栏上回退快捷键 ↺ 来撤销删除操作，如图 5-66 所示。

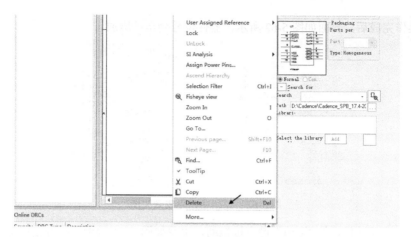

图 5-65　删除命令示意图

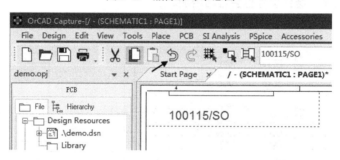

图 5-66　撤销命令示意图

5.4　电气连接的放置

元器件放置好之后，就要对电气连接进行设置了，这样让没有关联的元器件之间形成逻辑联系，组成各个电路功能网。

5.4.1　绘制导线

导线是用来连接电气元器件、具有电气特性的连线。

（1）在元器件之间通常需要进行电气连接，将引脚与引脚电气信号连通，如图 5-67 和图 5-68 所示。

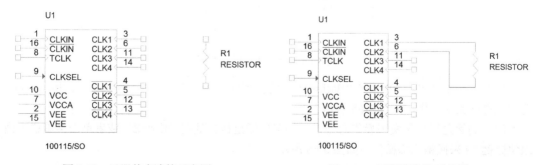

图 5-67　元器件未连接示意图 　　　　　　　　图 5-68　元器件连接示意图

（2）将元器件摆放到原理图中，通过按"W"键，也可执行菜单命令"Place"→"Wire"，完成信号连线，如图 5-69 所示。

（3）执行连线命令之后的图标如图 5-70 所示，图示光标已变成小十字图标，即可走线连接。

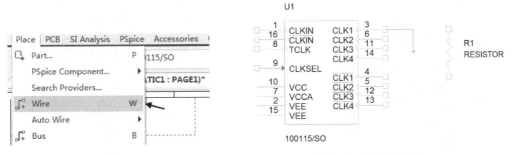

图 5-69　连线命令示意图　　　　　　　　图 5-70　连线示意图

（4）按"Esc"键或者单击鼠标右键选择"End Wire"选项，结束连线操作，如图 5-71 所示。

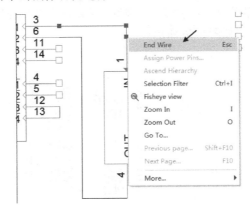

图 5-71　结束命令示意图

5.4.2　节点的说明及放置

节点通常用来显示此处是连接点。通过有没有节点，设计者可以清楚地知道此处有没有连接上。

（1）连线与连线通常会路径交叉，将 2 个信号连线连通时，连通的位置有节点生成，如图 5-72 所示。

（2）如果 2 个连线只交叉但不需要连通，就不会出现节点，如图 5-73 所示。

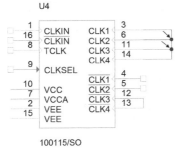

图 5-72　节点示意图

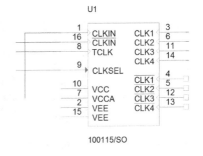

图 5-73　无节点示意图

（3）先绘制第 6 引脚的连线，然后绘制第 3 引脚的连线，2 个连线交汇时会出现如图所示的红色圆点，表示有连接属性，单击鼠标左键即可连接，如图 5-74 所示。

（4）连线时的信号连线不接触连线段端口位置不会出现节点，如图 5-75 所示。

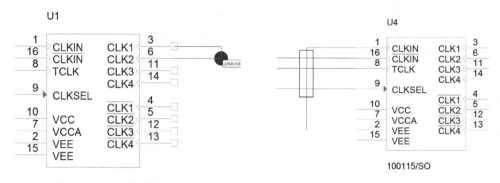

图 5-74　连接属性提示示意图　　　　　图 5-75　连线示意图

（5）如果想在连接好的线之间添加节点，则执行菜单命令"Place"→"Junction"即可，或者直接按"J"键亦可实现，如图 5-76 所示。

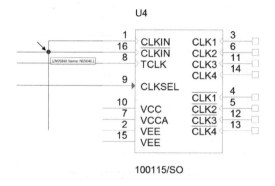

图 5-76　添加节点示意图

5.4.3　放置网络标号

对于一些比较长的网络连接或者数量比较多的网络连接，绘制时如果全部采用导线连接的方式去连接，就很难从表面上去识别连接关系，不方便设计。这时可以采取网络标号（Net Label）方式来协助设计，它也是网络连接的一种，如图 5-77 所示。

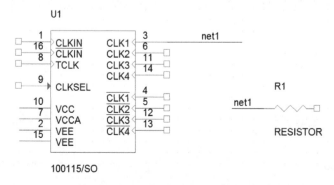

图 5-77　网络标号连接示意图

（1）按"N"键来执行放置网络标号，或者执行菜单命令"Place"→"Net Alias"，放置网络标号，如图 5-78 所示。

（2）执行完命令之后，会弹出如图 5-79 所示的"Place Net Alias"对话框，在"Alias"中输入网络标号的名称，网络标号之间必须名字一致才能成功连接。在"Color"中选择网络标号的颜色，在"Rotation"中选择放置时的角度，在"Font"中修改网络标号的字体及字号。设置完成之后，单击"OK"按钮即可。

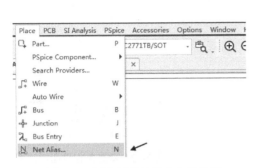

图 5-78　网络标号放置命令示意图　　　　图 5-79　"Place Net Alias"对话框

（3）设置完成之后的界面如图 5-80 所示，此时需将鼠标单击到需要放置网络名的连线上，界面出现[/N00982 Name:N00982]等类似的提示框时，表示网络标号已经在连线上显示，只需单击相应标号即可完成网络标号的放置。

[/N00982 Name: N00982]

图 5-80　网络标号处于连线上提示图

5.4.4　放置 No ERC 检查点

No ERC 检查点即忽略 ERC 检查点，是指该点附加的元器件引脚在进行 ERC 时，如果出现错误或者警告，则错误或者警告将被忽略，不影响网络报表的生成，如图 5-81 所示。忽略 ERC 检查点本身并不具有任何的电气特性，主要用于检查原理图。

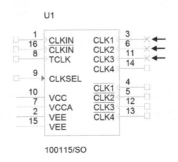

图 5-81　No ERC 检查点示意图

（1）按"X"键来执行放置 No ERC 检查点，或者执行菜单命令"Place"→"No Connect"，也可放置 No ERC 检查点，如图 5-82 所示。

（2）执行完命令之后，会弹出如图 5-83 所示的"×"标记，单击"×"标记即可完成放置。

图 5-82　No ERC 检查点放置命令位置示意图

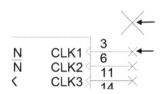

图 5-83　命令执行界面示意图

5.4.5　总线的放置

单纯的网络标号虽然可以表示图纸中相连的导线，但是由于连接位置的随意性，因此会给工程人员分析图纸、查找相同的网络标号带来一定的困难。

总线代表的是具有相同电气特性的一组导线，在具有相同电气特性的导线数目较多的情况下，可采用总线的方式，以方便识图。总线以总线分支引出各条分导线，以网络标号来标识和区分各条分导线。因此，总线、总线分支及网络标号密不可分，如图 5-84 所示。

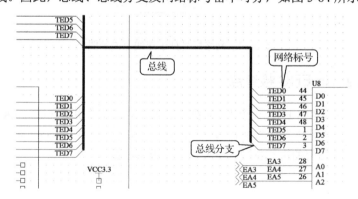

图 5-84　总线、总线分支及网络标号

1. 放置总线

（1）按"B"键放置总线，或者执行菜单命令"Place"→"Bus"，如图 5-85 所示。

（2）总线命名与网络标号的命名类似，按"N"键或者执行菜单命令"Place"→"Net Alias"，放置网络标号。放置总线时须注意：

● 总线的名字不能以数字结尾。

● 符号[ ]前后不能有空格。

● 命名必须是名字加[ ]，如 BUS[0:15]、BUS[0-15]、BUS[0...15]。

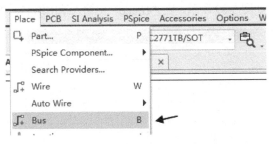

图 5-85　总线放置示意图

2．放置总线分支

信号线与总线的连接采用的是总线入口的方式，通过按"E"键或者执行菜单命令"Place"→"Bus Entry"，如图 5-86 所示，放置总线入口，单击鼠标左键放置之后即可直接放置下一个。旋转与前面旋转元器件的方式一样，通过按"R"键或者单击鼠标右键选择"Rotate"选项，按"Esc"键可退出放置命令。总线连接完成如图 5-87 所示。

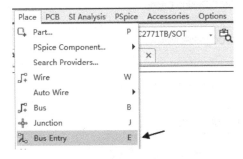

图 5-86　总线入口放置示意图

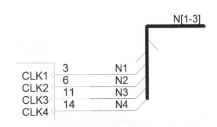

图 5-87　总线连接完成示意图

5.4.6　放置电源及接地

对于原理图设计，Cadence Allegro 专门提供了一种电源和地的符号，它是一种特殊的网络标号，可以让设计工程师比较形象地识别。

（1）按"F"键或者执行菜单命令"Place"→"Power"，放置电源标识。执行命令之后弹出"Place Power"对话框，如图 5-88 所示。在"Name"中输入电源名，单击"OK"按钮即可。

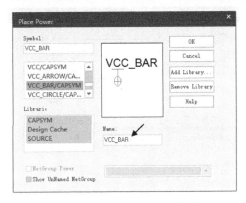

图 5-88　"Place Power"对话框

（2）按"G"键或者执行菜单命令"Place"→"Ground"放置地网络标识。执行命令之后弹出"Place Ground"对话框，如图 5-89 所示。在"Name"中输入地网络名，单击"OK"按钮即可。

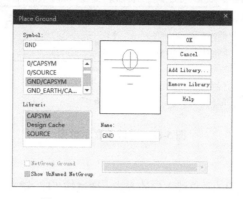

图 5-89　"Place Ground"对话框

（3）电源和地网络标识示例如图 5-90 所示。

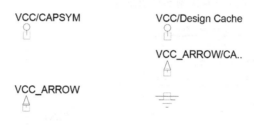

图 5-90　电源和地网络标识示例

5.4.7　放置页连接符

由于有时会使用多图纸功能，这时就需要考虑图纸页和图纸页之间的线路连接。在单张图纸中，可以通过简单的网络标号（Net Alias）来实现网络连接；而在多张图纸中，简单的网络标号无法满足连接要求，需要用到页连接符。

（1）执行菜单命令"Place"→"Off-Page Connector"，弹出"Place Off-Page Connector"对话框，如图 5-91 所示，选择合适的类型并在"Name"中输入网络名，单击"OK"按钮，即可放置不同原理图页之间的 Off-Page 类型跨页符。

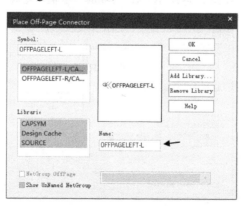

图 5-91　"Place Off-Page Connector"对话框

（2）输入、输出跨页符如图 5-92 所示。

（3）跨页符使用情况如图 5-93 所示。

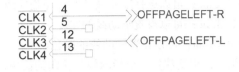

图 5-92　跨页符示意图　　　　　　图 5-93　跨页符连接示意图

5.4.8　原理图添加差分属性

在电子设计中，经常会用到差分走线，如 USB 的 D+与 D−差分信号、HDMI 的数据差分与时钟差分等。那么如何在原理图中添加差分标识呢？

原理图提前添加各种规则，就不需要我们再去 PCB 中手工创建，能节省创建差分对等规则的时间。原理图中添加差分属性的方法如下：

（1）首先鼠标左键单击选中一页原理图，然后执行菜单命令"Tools"→"Create Differential Pair"，如图 5-94 所示。

（2）在弹出的"Create Differential Pair"对话框中查找需要设置的网络名并添加到"Selections"中。如图 5-95 所示在箭头①处输入需要查找的大概网络名，在箭头②处选择具体对应的网络名，单击箭头③处的符号即可添加到"Selections"中，单击箭头④处的"Create"按钮即可自动创建差分类，最后单击箭头⑤处关闭。

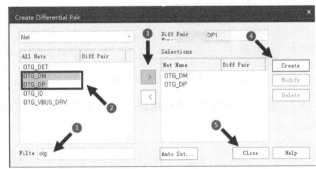

图 5-94　信号差分属性编辑示意图　　　图 5-95　"Create Differential Pair"对话框

5.5　非电气对象的放置

原理图中的非电气对象包含辅助线、文字注释等，它们没有电气属性，但是可以增强原理图的可读性。本节对常用非电气对象的放置进行说明。

5.5.1　放置辅助线

设计当中，可以通过放置辅助线来标识信号方向或者对功能模块进行分块标识。

（1）执行菜单命令"Place"→"Line"（快捷键"Shift+L"），激活放置状态。

（2）在一个合适的位置单击鼠标左键，确认起始点，找到下一个位置单击鼠标左键，确认结束点。

（3）在放置之后双击放置的线段，可以对辅助线属性进行设置，如图 5-96 所示。

① Line：可以选择辅助线是实线还是虚线。

② Line：可以设置辅助线的宽度。

③ Color：可以设置辅助线的颜色。

例如，需要放置一个指示信号流向的箭头，首先需要执行菜单命令"Place"→"Polyline"（快捷键"Y"），画出一个三角形，斜线部分只需按"Shift"键即可自由角度走线，如图 5-97 所示。推荐将格点设为"5"，这样在画形状时，直线不容易弯曲且能画出想要的形状。可以按照图 5-98 所示设置箭头填充属性，双击画好的箭头图形，绘制效果如图 5-99 所示。

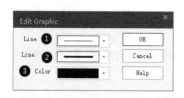

图 5-96　辅助线属性设置

图 5-97　Shift 自由角度走线

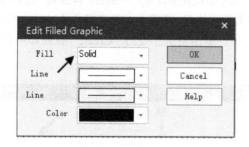

图 5-98　箭头填充属性设置

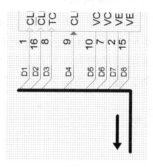

图 5-99　绘制的箭头辅助线

有时，也会用辅助线来进行电路功能的分块，以方便对电路功能模块的区分识别，如图 5-100 所示。

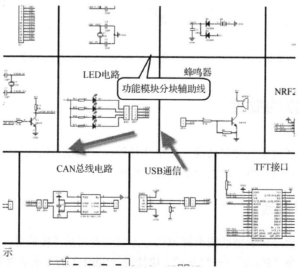

图 5-100　功能模块分块辅助线

5.5.2 放置字符标注及图片

实际设计当中，经常需要对一些功能进行文字说明，或者对可选线路进行文字标注。这些文字注释可以大大增强线路的可读性，后期也可以让布线工程对所关注的线路进行特别处理。

1. 放置字符标注

字符标注主要针对的是较短的文字说明。

（1）执行菜单命令"Place"→"Text"（快捷键"T"），可以放置字符标注。

（2）在属性框中，可以对字符标注属性进行设置，如图5-101所示，默认的文本属性为空白，可以根据实际需要改成自己需要输入的标注内容。

① 文本输入框：在这里可以输入想要备注的内容文字；文字换行按快捷键"Ctrl+Enter"即可。

② Color：文本颜色设置。

③ Rotation：文本角度设置（0°，90°，180°，270°）。

④ Font：字体格式，用来设置输入文字的字体（如宋体、楷体等）及字号。

⑤ Text Justification：文本对齐方式，可设置左对齐、右对齐、中心对齐等。

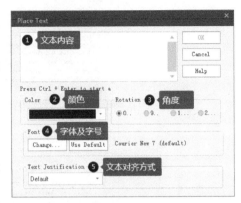

图5-101　字符标注属性设置

2. 放置图片

为了更加丰富地展示注释信息，Cadence Allegro 提供了可以放置图片的选项。

执行菜单命令"Place"→"Picture"，会自动弹出图片选择对话框，图片格式仅支持单色位BMP图片格式，如图5-102所示。选择需要放置的图片，即可完成放置，如图5-103所示。

图5-102　放置图片选择

图5-103　图片放置效果

5.6　原理图的全局编辑

5.6.1　元器件的重新编号

原理图绘制常利用复制的功能，复制完之后会存在位号重复现象，影响后期设计。重新编号可以对原理图中的位号进行复位和统一，方便设计和维护。

（1）运用自动编号功能。首先清除原有的编号，执行菜单命令"Tools"→"Annotate"，在弹出的"Annotate"对话框"Action"一栏中选择"Reset part references to "?""选项，如图 5-104 所示，单击"确定"按钮，复位所有器件位号。

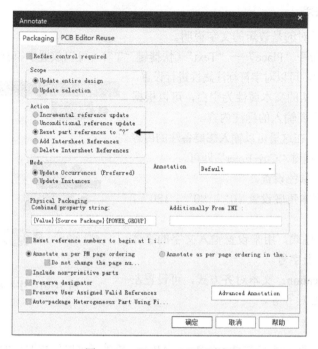

图 5-104 "Annotate"对话框

（2）完成效果图如图 5-105 所示，可以看到，原理图中的器件位号都变成了"？"。

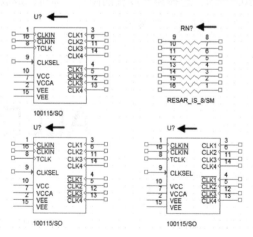

图 5-105 清除完成效果图

（3）执行菜单栏命令"Tools"→"Annotate"，在弹出的"Annotate"对话框"Action"一栏中选择"Incremental reference update"选项，如图 5-106 所示，单击"确定"按钮，重新编排器件位号。

（4）完成后效果图如图 5-107 所示，此时原理图中的器件已经全部重新编号。

图 5-106 "Annotate"对话框

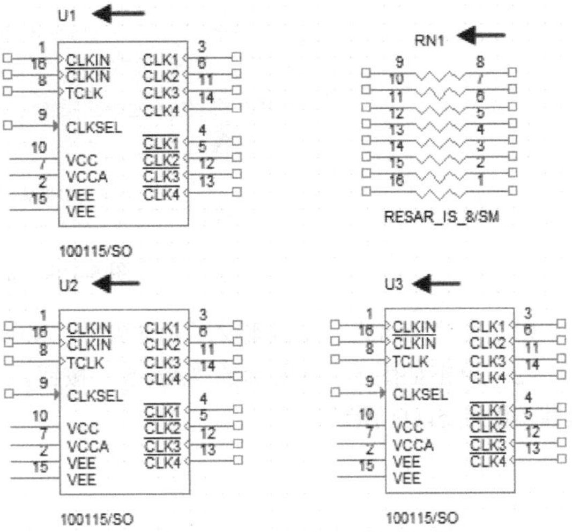

图 5-107 完成后效果图

5.6.2 元器件属性的更改

在进行原理图设计时，经常需要给元器件添加一些属性。平常在双击元器件时，元器件本身会自带一些属性，如图 5-108 所示。

图 5-108 字符标注属性设置

常用的属性如下：

① Color：元器件外形框颜色。

② PCB Footprint：封装属性。

③ Part Reference：器件位号。

④ Value：元器件的属性值。

需要给元器件单独添加一些别的属性，单击"New Property"按钮即可，如图 5-109 所示。比如，添加"ROOM"属性：

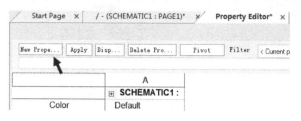

图 5-109　添加属性

（1）在"Name"一栏中输入"ROOM"，"Value"一栏可以先不用填写，通常是统一填写的。

（2）单击如图 5-110 所示的"Apply"按钮，再单击"OK"按钮，这样就添加了"ROOM"属性，如图 5-111 所示。

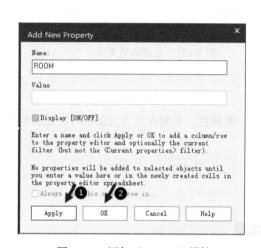

图 5-110　添加"ROOM"属性

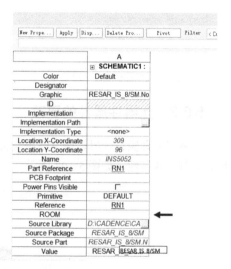

图 5-111　"ROOM"属性添加完成示意图

图 5-112　"Find"对话框

5.6.3　原理图的查找与跳转

大面积的原理图无法直接定位某个器件位号、网络标号所在的位置，这时可以通过查找和跳转功能来实现定位查找。

Cadence OrCAD 提供类似于 Windows 的查找功能。执行菜单命令"Edit→Find"，或者按快捷键"Ctrl+F"，进入查找"Find"对话框，如图 5-112 所示。此查找功能可以对位号、字符、网络标号、引脚号等进行查找。

在搜索框中输入所要搜索的位号、字符等，单击"Find"按钮，在左下角的窗口中双击找到的结果即可高亮并定位元器件位置。

（1）原理图页面范围：当工程界面处于展开状态、原理图单独页打开时，搜索范围即只有那一页原理图，如图 5-113 所示。当搜索工程中其他页面中的元素时，则会提示如图 5-114 所示的提示，表示搜索范围只有当面页面原理图。搜索成功界面如图 5-115 所示。

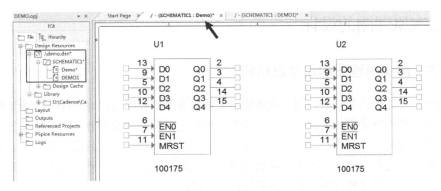

图 5-113　原理图页搜索

图 5-114　搜索失败提示图

图 5-115　搜索成功示意图

（2）工程页面范围：当项目列表中，选中工程如图 5-116 所示，即可搜索整个工程中的内容。可以看到，"DEMO1"中的元器件也搜索成功了。

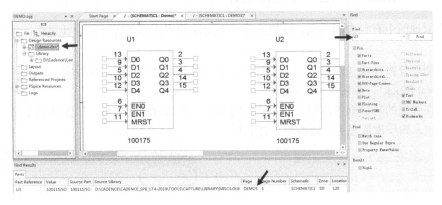

图 5-116　工程页面搜索

（3）跳转结果：跳转到查找结果处，只需双击"Find Results"对话框中结果一栏即可，如图 5-117 所示。

图 5-117　跳转结果

5.7 层次原理图的设计

5.7.1 层次原理图的定义及结构

当设计的电路比较复杂时，用一张原理图来绘制显得比较困难，可读性也相对很差。此时可以采用层次型电路来简化电路。把一个完整的电路系统按照功能划分为若干子系统，即子功能电路模块。这样，设计人员就可以先把每一个子功能电路模块的相应原理图绘制出来，然后在这些子原理图之间建立连接关系，从而完成整个电路系统的设计。不难看出，层次原理图的设计实际上就是一种化整为零、聚零为整的设计方法。

层次原理图设计的概念很像文件管理树状结构，设计者可以从绘制电路母原理图（简称母图）开始，逐级向下绘制子原理图（简称子图）；也可以从绘制基本的子原理图开始，逐级向上绘制相应的母图。因此，层次原理图的设计方法可以分为两种，即自上而下的层次原理图设计方法和自下而上的层次原理图设计方法。

（1）自上而下：先设计好母图，再用母图的方块图来设计子图，如图 5-118 所示。

（2）自下而上：先设计好子图，再用子图来产生方块图连接成母图，如图 5-119 所示。

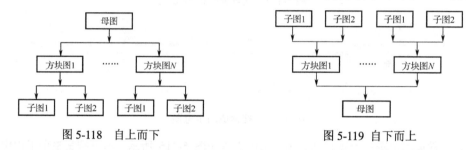

图 5-118　自上而下　　　　　　　　　　图 5-119　自下而上

5.7.2 自上而下的层次原理图设计

层次原理图中有包含的关系，这里介绍一下层次原理图自上而下的设计思路，具体操作步骤如下：

（1）创建分级模块（Hierarchical Block），在原理图设计的页面，执行菜单命令"Place"→"Hierarchical Block"，如图 5-120 所示。

（2）在弹出的对话框中，输入分级模块的名称，选择合适的参数，如图 5-121 所示，单击"OK"按钮，则层次原理图分级模块创建完毕。

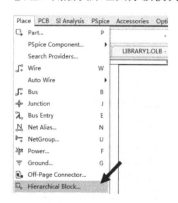 

图 5-120　层次原理图创建分级模块示意图　　　图 5-121　层次原理图分级模块参数设置示意图

（3）在原理图页面画出合适的分级模块方框的大小，这个也可以在后面进行调整，如图 5-122 所示，用于分配子端口及总线的位置。

（4）双击新生成的图框，或者选中图框并单击鼠标右键，选择"Descend Hierarchy"选项，如图 5-123 所示，进行子图的设置。

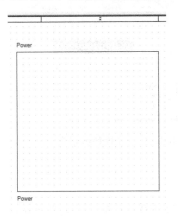

图 5-122　层次原理图分级模块方框设置示意图

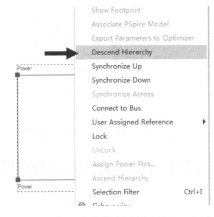

图 5-123　层次原理图子图设置示意图

（5）在弹出来的对话框中填写原理图页面名，单击"OK"按钮，如图 5-124 所示，设置子图的原理图页面的名称。

（6）在新生成的原理图页面中进行原理图的子图绘制设置，并放置与总框图的端口（Hierarchical Port），如图 5-125 所示。

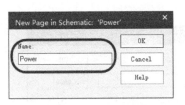

图 5-124　层次原理图子图页设置示意图

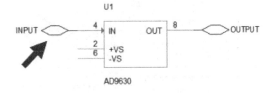

图 5-125　层次原理图子图原理图绘制示意图

（7）双击放置的 Hierarchical Port，修改其名称，单击"OK"按钮退出，如图 5-126 所示。

（8）返回放置 Hierarchical Block 的界面，选中已放置好的方框并单击鼠标右键，选择"Synchronize Up"选项，在此方框边缘会出现子原理图页面中的 Hierarchical Port，如图 5-127 所示。

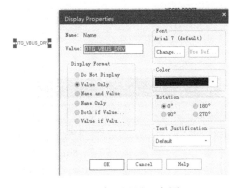

图 5-126　端口设置示意图（1）

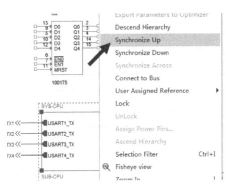

图 5-127　端口设置示意图（2）

（9）选取需修改的 Hierarchical Port 右击，选择"Edit Properties"选项，如图 5-128 所示。

（10）在弹出的对话框中修改其属性，保存退出即可，如图 5-129 所示。这样，层次原理图的模块就绘制完成了。其他模块与这个流程是一样的，这里就不再赘述了。

图 5-128 属性设置示意图（1）

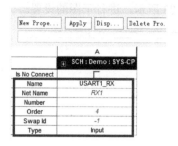

图 5-129 属性修改示意图（2）

5.7.3 自下而上的层次原理图设计

自下而上的层次原理图设计与自上而下的层次原理图设计刚好相反。首先设计好各个模块的子图，然后通过子图来生成母图的方块图。

（1）右击项目浏览窗口中的 DSN 文件，并选择"New Schematic"选项，如图 5-130 所示，在弹出的"New Schematic"窗口中输入创建的子图文件夹名字，如"USB"，如图 5-131 所示。

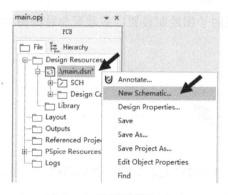

图 5-130 新建原理图文件夹

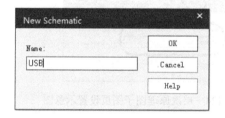

图 5-131 原理图文件夹命名窗口

（2）在新建的原理图文件夹中，选中并右击，选择"New Page"选项，新建原理图页，如图 5-132 所示。图 5-133 是在弹出的窗口中编辑新原理图页的名字。

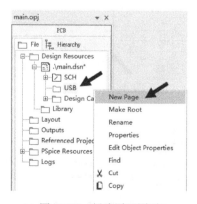

图 5-132 新建原理图页

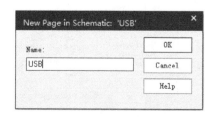

图 5-133 原理图页命名窗口

（3）利用相同的方法再创建一个 POWER 的原理图文件夹及原理图页，完成效果图如图 5-134 所示。

（4）一般来说，新建工程文件时默认的"SCHEMATIC"文件夹是总图。当然，也可以自定义其他的文件夹为总图。右击需要设置的文件夹并选择"Make Root"选项，如图 5-135 所示，可自定义需要的文件夹为总图。此处以默认的文件夹作为总图。

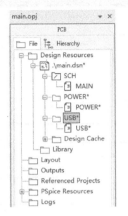
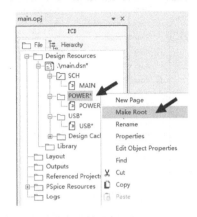

图 5-134　新建原理图文件夹及原理图页完成效果图　　　　　　图 5-135　设置总图

（5）新建原理图文件夹、原理图页及设置好总图之后，我们需要在新建的原理图页中设计电路图，并执行菜单命令"Place"→"Hierarchical Port"，放置用来进行层次原理图设计的端口，如图 5-136 所示。双击放置的 Hierarchical Port 名，修改其名称，单击"OK"按钮退出，如图 5-137 所示。

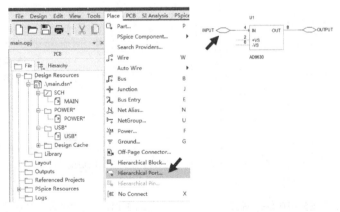

图 5-136　放置端口

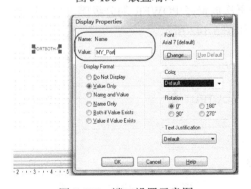

图 5-137　端口设置示意图

（6）创建好各个分级的模块电路图，将电路设计完毕之后，在总图中放置 Hierarchical Block。在原理图设计页面，执行菜单命令"Place"→"Hierarchical Block"，如图 5-138 所示。在弹出的对话框中，输入分级模块的名称，如图 5-139 所示，选择合适的参数，单击"OK"按钮，则层次原理图分级模块创建完毕。

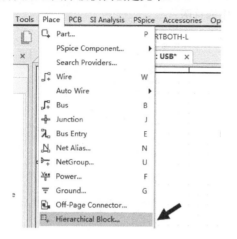

图 5-138　层次原理图创建分级模块示意图　　图 5-139　层次原理图分级模块参数设置示意图

（7）在原理图页面画出合适的分级模块方框的大小，这个也可以在后面进行调整，如图 5-140 所示，用于分配子端口及总线的位置。与自上而下不同的地方是，此时放置的模块框已经自带了端口，如图 5-141 所示。

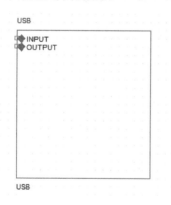

图 5-140　层次原理图分级模块示意图　　图 5-141　层次原理图分级模块方框设置示意图

（8）利用同样的方法再次放置好 POWER 的分级模块并进行端口与端口之间的连线，此时层次原理图即设置完毕，如图 5-142 所示。

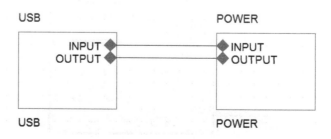

图 5-142　层次原理示意图

5.7.4 层次原理图调用已经创建好的模块

在层次原理图中，我们之前做好的模块如果是一样的，就可以重复调用，这样就大大节省了设计的时间。调用已有模块的操作步骤如下：

（1）创建分级模块。在原理图设计页面，执行菜单命令"Place"→"Hierarchical Block"，如图 5-143 所示。

（2）在弹出的对话框中，输入分级模块的名称，选择合适的参数，一般按照如图 5-144 所示设置即可，单击"OK"按钮，则层次原理图分级模块创建完毕。

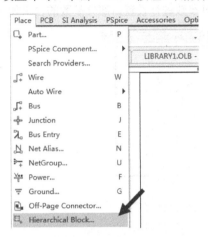

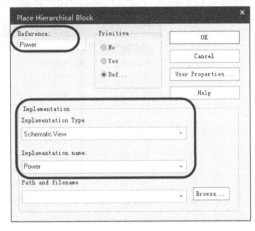

图 5-143 层次原理图创建分级模块示意图　　　图 5-144 层次原理图分级模块参数设置示意图

（3）在原理图页面画出合适的分级模块方框的大小，这个也可以在后面进行调整，如图 5-145 所示，用于分配子端口及总线的位置。

（4）在当前项目中新建一个文件夹（文件夹名须与 Implementation Name 的名字一致），将需要调用的模块原理图页面复制到文件夹下，如图 5-146 所示。

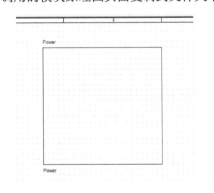

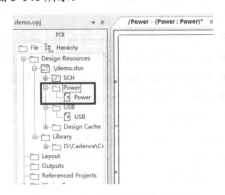

图 5-145 层次原理图分级模块方框设置示意图　　　图 5-146 复制调用的模块示意图

（5）进入放置分级模块的页面，先选中已放置好的方框并单击鼠标右键，选取"Synchronize Up"选项，然后在此方框边缘会出现子原理图页面中的 Hierarchical Port，最后对 Hierarchical Port 属性进行编辑即可，这样就完成了相同模块的复用，之后对相同的位号进行重新编号即可。

5.8 原理图的编译与检查

在完成原理图设计之后，设计 PCB 之前，工程师可以利用软件自带的 ERC 功能对常规的一些电气性能进行检查，避免一些常规性错误和查漏补缺，以及为正确完整地导入 PCB 进行电路设计做准备。

5.8.1 原理图编译的设置

如图 5-147 所示，OrCAD 进行 DRC 检测时，需要对参数进行设置，部分参数的含义如下：

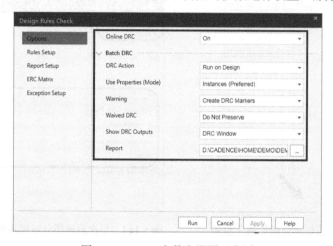

图 5-147 DRC 参数上设置示意图

Online DRC：
- On：打开在线 DRC。
- Off：关闭在线 DRC。

DRC Action：
- Run on Design：DRC 检查整个原理图。
- Run on Selection：DRC 检查选择的部分电路。
- Delete DRC Markers：删除 DRC 标记。
- Delete DRC Markers on Selection：删除所选的 DRC 标记。

Use Properties（Mode）：
- Occurrences：选择所有事件进行检查。
- Instances(Preferred)：使用当前实体（建议）。所谓实体是指放在绘图页内的元器件符号，而事件指的是在绘图页内同一实体出现多次的实体电路。例如，在复杂层次电路图中，某个子方块电路重复使用了 3 次，就形成了 3 次事件；不过子方块电路内本身的元器件却是实体。
- Check Design Rules：对当前的设计文件进行 DRC 检测。
- Delete Existing DRC Marker：删除 DRC 检测标志 Report。

Warning：
- Create DRC Markers：进行 DRC 检测，若发现错误，则生成警告标志。
- Do Not Create DRC Markers：进行 DRC 检测，若发现错误，则不生成警告标志。

5.8.2　原理图的编译

（1）选择原理图的根目录后，执行菜单命令"PCB"→"Design Rules Check"，进行设计规则的检查，如图 5-148 所示。

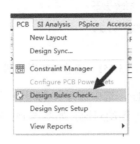

图 5-148　进行 DRC 检查示意图

（2）弹出的 DRC 检测界面中，有 4 项参数可以设置，如图 5-149 所示。"Options"为检查的参数设置；"Rules Setup"中，"Electrical Rules"为电气规则检查参数设置，"Physical Rules"为物理规则检查参数设置；"ERC Matrix"为 DRC 矩阵设置是否报 DRC。

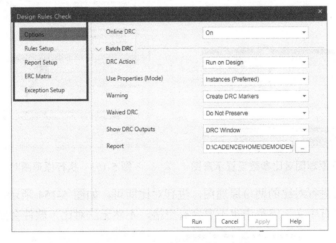

图 5-149　DRC 检测设置示意图

5.8.3　原理图差异化对比

在电子设计中，电路图的修改是非常频繁的，改动得多了，有时会出现要改回去的情况，这样就需要对两份原理图进行差异化的对比，操作步骤如下：

（1）对一份原理图进行修改，如图 5-150 与图 5-151 所示，方便后期查找。

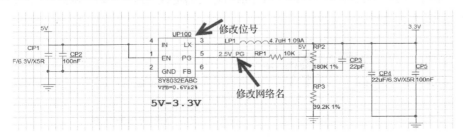

图 5-150　修改后的原理图

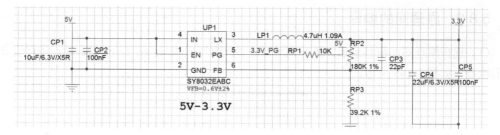

图 5-151　修改前的原理图

（2）打开其中的任意一份原理图，选中原理图的根目录，执行菜单命令"Accessories"→"Cadence TcL/Tk Utilities"，进行原理图的对比，如图 5-152 所示，在下拉菜单中选择"Utilities"选项。

（3）在弹出的对话框中，如图 5-153 所示，选择对比两份原理图，然后单击"Launch"按钮，执行原理图的对比。

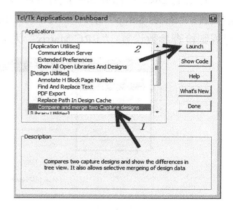

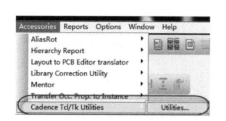

图 5-152　执行原理图对比参数设置示意图　　　图 5-153　执行原理图对比示意图

（4）选择需要进行对比的两份原理图，进行对比即可，如图 5-154 所示。选择原理图路径的，路径中不要含有中文。路径中也不要含有空格，不然无法对比，软件会出现报错。

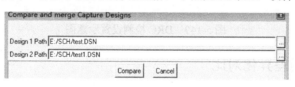

图 5-154　原理图对比路径选择示意图

（5）选择好两份原理图的路径之后，单击下面的"Compare"按钮进行对比，会弹出对比的结果，如图 5-155～图 5-157 所示，数据显示的是我们更改的地方，是正确的。这样就完成了两份原理图的差异化对比。

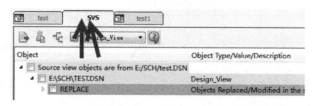

图 5-155　原理图差异化对比结果（1）

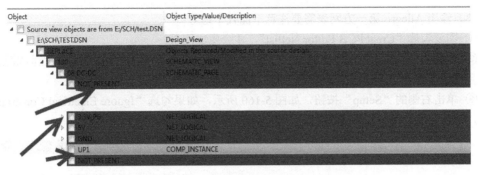

图 5-156　原理图差异化对比结果（2）

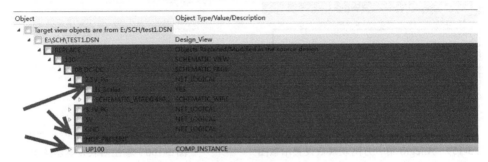

图 5-157　原理图差异化对比结果（3）

5.8.4　第一方网表输出

网表，顾名思义就是网络连接和联系的表示，其内容主要是电路图中元器件类型、封装信息、连接流水序号等数据信息。在进行 PCB 设计时，可以通过导入网络连接关系进行 PCB 网表的导入。

（1）选择原理图根目录，执行菜单命令"Tools"→"Create Netlist"，或者单击菜单栏上的 图标，调出产生网表的界面，如图 5-158 所示。

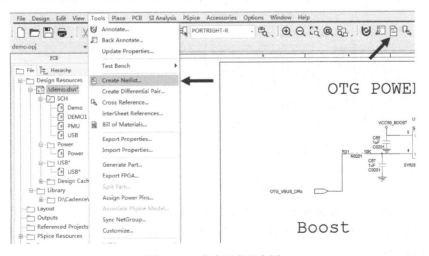

图 5-158　产生网表示意图

（2）在弹出的"Create Netlist"对话框中选择"PCB"选项，产生 Allegro 的第一方网表，如图 5-159 所示。

（3）输出 Allegro 第一方网表需要注意下面几个地方：

① 需要勾选"Creat PCB Editor Netlist"，才会生成网表。

② 下面的"Netlist Files"是输出网表的存储路径，不进行更改的话，表示在当前原理图目录下会自动产生"allegro"的文件夹，里面就是输出的网表。

③ 单击右侧的"Setup"按钮，如图 5-160 所示，如果勾选"Ignore Electrical Constraints"选项，则忽略原理图中所添加的规则。

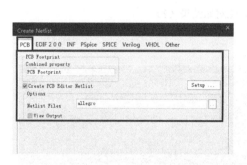

图 5-159　Allegro 第一方网表参数设置示意图

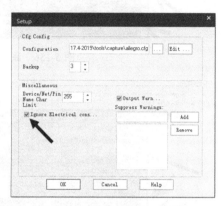

图 5-160　输出网表设置示意图

5.8.5　第三方网表输出

OrCAD 产生 Cadence Allegro 的网表的操作步骤如下：

（1）选择原理图根目录，执行菜单命令"Tools"→"Create Netlist"，或者单击菜单栏上的 图标，调出产生网表的界面，如图 5-161 所示。

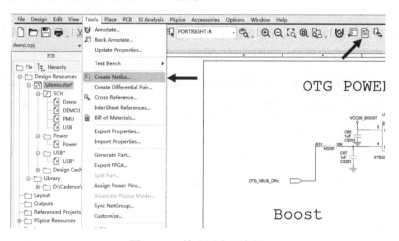

图 5-161　输出网表示意图

（2）在弹出的"Create Netlist"对话框中选择"Other"选项，产生第三方网表，如图 5-162 所示，在"Formatters"栏中选择"orTelesis.dll"选项，在"Part Value"栏中需要用"PCB Footprint"来代替，不然会产生错误。

（3）按（2）中所述的设置好参数后，在下方的路径中选择网表存储的路径（参见图 5-162），默认路径是当前原理图所处的路径。单击"确定"按钮，即可输出第三方的网表文件，后缀是.NET 的文件就是网表文件。

图 5-162 输出第三方网表设置示意图

小助手提示

Allegro 的第一方网表与第三方网表有以下几点区别:

● 与 Allegro 能实现交互式操作的是第一方网表,而第三方网表不能实现交互式操作。

● 第三方网表不能将器件的 Value 属性导入 PCB 中,输出时以封装属性来代替 Value 属性,而第一方网表是可以的。

● 网表导入 PCB 时,第三方网表需要事先指定 PCB 封装库文件,并产生 device 文件,这样才能将网表导入 PCB 中,而第一方网表则可以直接导入。

5.9 BOM 表

在运用 OrCAD 软件完成原理图的设计以后,需要通过 OrCAD 软件进行物料清单的输出,并对 BOM 清单进行整理。运用 OrCAD 软件进行 BOM 清单输出的步骤如下:

(1)打开原理图主目录的界面,先关闭其他的分界面,然后选中原理图的根目录,如图 5-163 所示。

(2)选中根目录以后,执行菜单命令"Tools"→"Bill of Materials",进行 BOM 清单的输出,如图 5-164 所示。

图 5-163 原理图根目录选中示意图

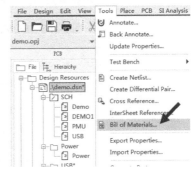

图 5-164 执行 BOM 清单输出命令菜单示意图

（3）执行上述命令后，会弹出如图 5-165 所示的 BOM 清单输出界面，在"Header"以及"Combined property string"栏中分别列出了需要输出的元素，依次是器件数量、器件位号、器件属性值，这些都是输出 BOM 清单所必需的。

图 5-165　BOM 清单输出界面示意图

（4）在如图 5-165 所示的 BOM 清单界面中，发现缺失了器件的封装属性值，所以在输出 BOM 清单时，需要先加上，格式与"Header"以及"Combined Property String"栏一致，如图 5-166 所示，然后勾选"Open in Excel"选项，输出的 BOM 清单就用 Excel 表格打开了，如图 5-167 所示，这时进行编辑整理即可。

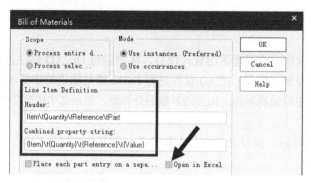

图 5-166　BOM 清单添加封装属性界面示意图

	A	B	C	D	E
1	Bill Of MaPage1				
2					
3	Item	Quantity	Reference	Part	PCB Footprint
4					
5					
6	1	2	ANT1, ANT2	CON_IPEX	ANT-JACKA-1
7	2	1	CON1	Con8_0.5mm	EL509-08G31
8	3	35	C1, C6, C10, C11, C14, C	10uF	C0603
9	4	17	C2, C3, C4, C7, C16, C23,	22uF	C0805
10	5	25	C5, C8, C9, C12, C13, C1	4.7uF	C0603
11	6	106	C24, C27, C33, C40, C53,	0.1uF	c0402

图 5-167　BOM 清单用 Excel 打开示意图

5.10 网表输出错误

使用 OrCAD 软件进行第一方网表输出时，有时会出现一些错误，弹出如图 5-168 所示的界面，它表示原理图有错误，不满足 Allegro 软件的要求，不能输出网表。

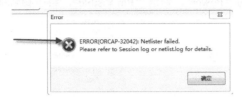

图 5-168　输出 Allegro 网表报错示意图

这时，我们需要找到 "netlist.log" 文件，该文件一般存储于输出网表的文件夹下，用写字本文件打开该文件，如图 5-169 所示，将列表中的错误一一解决，就可输出网表文件了。

```
#1 ERROR(ORCAP-36041): Duplicate Pin Name "GND" found on Package LCM0200CE1A0_3 , U22 Pin Number 25: SCHEMATIC1, 23.Camera (129.54, 50.80)
#2 ERROR(ORCAP-36041): Duplicate Pin Name "GND" found on Package LCM0200CE1A0_3 , U22 Pin Number 26: SCHEMATIC1, 23.Camera (129.54, 50.80)
#3 ERROR(ORCAP-36041): Duplicate Pin Name "GND" found on Package LCM0200CE1A0_3 , U22 Pin Number 27: SCHEMATIC1, 23.Camera (129.54, 50.80)
#4 ERROR(ORCAP-36041): Duplicate Pin Name "GND" found on Package LCM0200CE1A0_3 , U22 Pin Number 28: SCHEMATIC1, 23.Camera (129.54, 50.80)
#5 ERROR(ORCAP-36041): Duplicate Pin Name "VIN" found on Package BB27_0 , U3 Pin Number D2: SCHEMATIC1, 05.RC5T620-System Power (12.80, 3.
#6 ERROR(ORCAP-36041): Duplicate Pin Name "VIN" found on Package BB27_0 , U3 Pin Number E1: SCHEMATIC1, 05.RC5T620-System Power (12.80, 3.
#7 ERROR(ORCAP-36041): Duplicate Pin Name "VIN" found on Package BB27_0 , U3 Pin Number E2: SCHEMATIC1, 05.RC5T620-System Power (12.80, 3.
#8 ERROR(ORCAP-36041): Duplicate Pin Name "SW" found on Package BB27_0 , U3 Pin Number D4: SCHEMATIC1, 05.RC5T620-System Power (12.80, 3.2
#9 ERROR(ORCAP-36041): Duplicate Pin Name "SW" found on Package BB27_0 , U3 Pin Number E3: SCHEMATIC1, 05.RC5T620-System Power (12.80, 3.2
#10 ERROR(ORCAP-36041): Duplicate Pin Name "SW" found on Package BB27_0 , U3 Pin Number E4: SCHEMATIC1, 05.RC5T620-System Power (12.80, 3.
```

图 5-169　原理图错误列表示意图

5.10.1　Duplicate Pin Name 错误

#1 ERROR(ORCAP-36041): Duplicate Pin Name GND found on Package LCM0200CE1A0_3 , U22 Pin Number 25: SCHEMATIC1, 23.Camera (129.54, 50.80). Please renumber one of these.

解决的方法如下：

（1）找到报错的元器件 U22，然后选中 U22，单击鼠标右键，选择 "Edit Part" 属性，进行元器件封装属性的编辑，如图 5-170 所示。

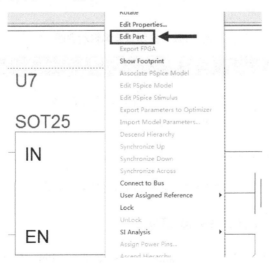

图 5-170　编辑元器件封装属性示意图

（2）进入封装属性编辑界面以后，可以看到错误标识为几个引脚的名称一样，都是"GND"，系统判定就是"Duplicate Pin Name"，这时需要将它们修改为不一样的名称。

（3）这种显而易见是 GND 网络，是电源网络。OrCAD 系统判定的依据是，除电源引脚外，其他引脚名称一律不准一样。所以应该将这几个 GND 的引脚属性改为电源属性。单击引脚，编辑属性，将"Type"栏改为"Power"，勾选"Pin Visible"，将引脚名称显示，如图 5-171 所示。

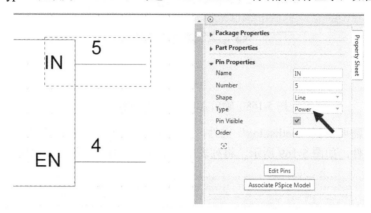

图 5-171　修改电源属性引脚示意图

（4）对于不是电源属性的引脚，出现此类报错，编辑引脚属性时可以在每一个引脚名称加上 1、2、3 等来区分引脚名称，如 NC1、NC2、NC3 等。

（5）将引脚名称一致的都按上述方法修改完成以后，单击鼠标右键并选择"Close"选项，关闭封装编辑页面，如图 5-172 所示。在弹出的窗口中选择"Update All"，该原理图中所有使用这个原理图封装的元器件就全部被更新了，如图 5-173 所示，"Duplicate Pin Name"的问题也就解决了。

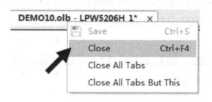

图 5-172　关闭封装编辑示意图

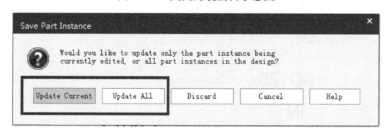

图 5-173　设置更新所有封装示意图

5.10.2　Pin number missing 错误

#1　ERROR(ORCAP-36022): Pin number missing from Pin "1" of Package TEST , P3: SCHEMATIC1, 05.RC5T620-System Power (15.60, 8.00). All pins should be numbered.

解决的办法如下：

（1）找到引脚缺失的器件 P3，选中 P3 这个器件，单击鼠标右键，选择"Edit Part"选项，进行元器件封装属性的编辑，如图 5-174 所示。

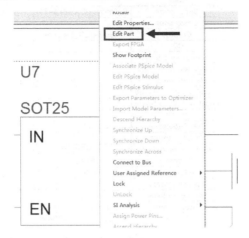

图 5-174　编辑元器件封装示意图

（2）进入元器件封装属性编辑界面以后，双击器件引脚，可以看到此测试点没有填写 Number，所以会报错，对照规格书，将正确的 Pin Number 填上，如图 5-175 所示。

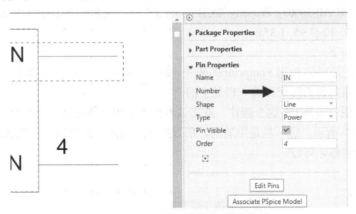

图 5-175　器件引脚编号缺失示意图

（3）关闭封装属性编辑界面，在弹出的窗口中选择"Update All"，则原理图中所有使用该原理图封装的器件就全部被更新了，该器件的"Pin number missing"问题就解决了。

5.10.3　Value contains return 错误

#1 ERROR(ORCAP-36052): Value for property PCB Footprint contains carriage return for U11.

解决的办法如下：

（1）错误的描述是这个器件的封装名称中含有回车符，所以在检查时不容易看出，将这个回车符删除即可。

（2）找到报错的器件 U11，双击这个器件，编辑元器件属性，找到"PCB Footprint"一栏，删除封装名称后面的空格，如图 5-176 所示，保存，则这个器件封装属性包含回车符的问题就解决了。

	A
	⊞ SCHEMATIC1 : 18.Sen
DIFFERENTIAL_PAIR	
Room	
Color	Default
Description	G_Sensor,LIS3DH/MMA845
Designator	
Graphic	MMA8452Q_0.Normal
ID	
Implementation	
Implementation Path	
Implementation Type	\<none>
Location X-Coordinate	300
Location Y-Coordinate	250
Name	INS27822
Part Reference	U11
PCB Footprint	LGA16
Power Pins Visible	
Primitive	DEFAULT
Reference	U11
Source Library	D:\RK3288_MID\SCH\R ...
Source Package	MMA8452Q_0
Source Part	MMA8452Q_0.Normal
Value	LSM303D/LIS3DH/MMA845

图 5-176　删除元器件封装栏中的回车符示意图

5.10.4　PCB Footprint missing 错误

#1 ERROR(ORCAP-36002): Property "PCB Footprint" missing from instance U3: HI3716MDMO3B_VER_A, ETH PHY_12 (3.95, 1.35).

解决的办法如下：

（1）错误描述是封装 PCB Footprint 的缺失，缺失的器件是 U3，含义就是 U3 这个器件在绘制原理图时没有做封装的匹配，这一栏是空的。

（2）在原理图中找到 U3 这个器件，双击该器件，编辑元器件属性，找到"PCB Footprint"一栏，如图 5-177 所示，这一栏是空着的，所以在输出网表时会报错，原理图的每一个器件必须匹配一个封装名称才可以。

	A
	⊞ SCHEMATIC1 : 05.RC5
DIFFERENTIAL_PAIR	
Room	5
Color	Default
Designator	
Graphic	BB27_1.Normal
ID	
Implementation	
Implementation Path	
Implementation Type	\<none>
Location X-Coordinate	1280
Location Y-Coordinate	320
Name	INS18348130
Part Reference	U3
PCB Footprint	
Power Pins Visible	
Primitive	DEFAULT
Reference	U3
Source Library	D:\RK3288_MID\SCH\R ...
Source Package	BB27_1
Source Part	BB27_1.Normal
Value	SYR827

图 5-177　U3 器件封装缺失示意图

（3）在"PCB Footprint"一栏中填写 U3 对应的封装名称，保存，如图 5-178 所示，这个"PCB Footprint missing"的错误就解决了。

	A
	⊞ SCHEMATIC1：05.RC5
DIFFERENTIAL_PAIR	
Room	5
Color	Default
Designator	
Graphic	BB27_1.Normal
ID	
Implementation	
Implementation Path	
Implementation Type	<none>
Location X-Coordinate	1280
Location Y-Coordinate	320
Name	INS18348130
Part Reference	U3
PCB Footprint	WLCSP-20
Power Pins Visible	
Primitive	DEFAULT
Reference	U3
Source Library	D:\RK3288_MID\SCH\R
Source Package	BB27_1
Source Part	BB27_1.Normal
Value	SYR827

图 5-178 U3 器件封装填写示意图

5.10.5 Conflicting values of following Component 错误

#6 ERROR(ORCAP-36003): Conflicting values of following Component Definition properties found on different sections of U15. VALUE

解决的办法如下：

（1）错误提示的含义是指 U15 这个器件分成了不同的 Part，系统在识别时，相同器件不同 Part 的 Value 值不同。

（2）直接在原理图搜索 U15 这个器件，如图 5-179 所示，在提示框中可以明确地看到 U15B 的 Value 值与其他的是不同的。

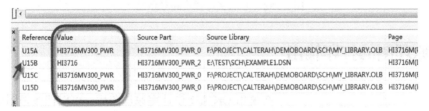

图 5-179 U15B 的 Value 值属性值器件示意图

（3）解决的办法很简单，将 U15B 的 Value 值改为一致即可。

（4）这类问题可以举一反三，一个器件中的某部分属性与其他的属性不一致的都会报错，改为一致即可解决。

5.10.6 Illegal character 错误

#1 ERROR(ORCAP-36055): Illegal character in \hj-am13-mb-v0.0.0(a10)\.

解决的办法如下：

（1）错误的提示表示有非法字符，我们要做的就是把非法字符改正。

（2）定位非法字符的位置，选中原理图根目录，在搜索栏输入* 非法字符*进行搜索，这个就是* hj-am13-mb-v0.0.0(a10)* ，如图 5-180 所示。

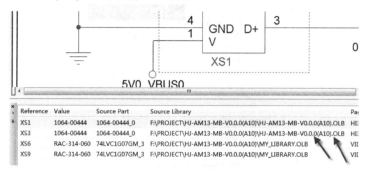

图 5-180　非法字符搜索演示示意图

（3）从图 5-180 可以看出，非法字符的来源主要是 XS1 等器件的封装库来源路径中包含非法字符，所以需要将路径中的非法字符删除，如图 5-181 所示。

图 5-181　非法字符路径示意图

（4）首先新建一个自己的封装库，注意不要含有非法字符；然后从 "Design Cache" 中复制自己的封装库到本地库中；最后用自己的封装库替换设计中的那个封装库即可。非法字符替换路径如图 5-182 所示。

图 5-182　非法字符替换路径示意图

5.11　原理图的打印输出

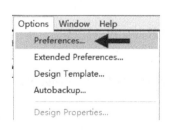

图 5-183　属性参数设置示意图

在使用 OrCAD 设计完原理图后，可以把原理图以 PDF 的形式输出图纸，发给其他人阅读，从而尽量降低被直接篡改的风险。在输出 PDF 时，可以全部输出，也可以选择部分参数输出。输出参数选择的操作方法如下：

（1）打开原理图，进行输出参数的设置，执行菜单命令 "Options" → "Preferences"，如图 5-183 所示，进行参数的选择。

（2）打开参数属性设置对话框以后，会弹出如图 5-184 所示的界面，选择 "Colors/Print" 选项，这个界面是对各个属性参数的颜色进行设置，以及打印 PDF 是否需要输出，勾选相关选项，就在打印的 PDF 上显示，不勾选则在打印的 PDF 上不显示。

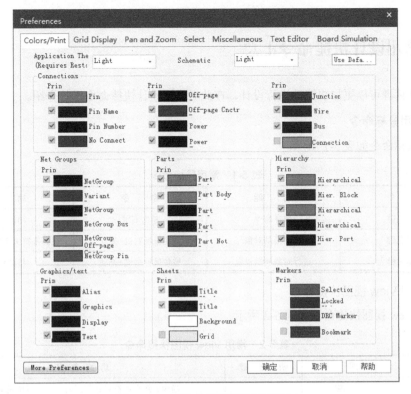

图 5-184　属性参数面板选择示意图

（3）上述属性参数设置以后，单击"确定"按钮。接着需要对原理图进行打印输出，选择原理图根目录，执行菜单命令"File"→"Print"，进行 PDF 的输出，如图 5-185 所示，在打印 PDF 输出界面选择你的虚拟打印机，单击"OK"按钮，打印即可，如图 5-186 所示。这样就输出了原理图的 PDF 文件。

图 5-185　输出原理图 PDF 菜单示意图

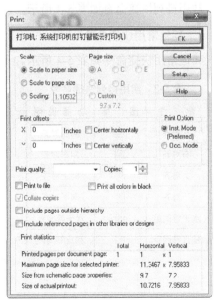

图 5-186　打印 PDF 输出界面示意图

5.12 常用设计快捷命令汇总

为了让读者可以更加快捷地进行设计，在此对常用设计快捷命令进行介绍。

1. 常用鼠标命令

常用鼠标命令如表 5-1 所示。

表 5-1 常用鼠标命令

命　令	功　能	命　令	功　能
单击左键	选择命令	单击右键	功能选择
长按左键	可以拖动对象	按住鼠标右键+拖动	根据拖框大小放大或缩小
双击左键	进行对象属性设置	按住鼠标中键+拖动	移动视窗

2. 常用 View 视图快捷命令

常用 View 视图快捷命令如表 5-2 所示。

表 5-2 常用 View 视图快捷命令

命　令	图　标	快　捷　键	功　能　说　明
适合文件	@		当设计图页不在目视范围内时，可以快速归位
适合所有对象	⛶		对整个图纸文档进行图纸归位
放大	⊕	I	以鼠标指针为中心进行放大
缩小	⊖	O	以鼠标指针为中心进行缩小

3. 常用排列快捷命令

常用排列快捷命令如表 5-3 所示。

4. 其他常用快捷命令

其他常用快捷命令如表 5-4 所示。

表 5-3 常用排列快捷命令

命　令	图　标	功　能　说　明
左对齐	⫦	向左对齐
右对齐	⫤	向右对齐
上对齐	⫪	向上对齐
下对齐	⫫	向下对齐
水平等间距	⫴	水平等间距
垂直等间距	⫵	垂直等间距

表 5-4 其他常用快捷命令

快　捷　键	功　能　说　明
W	放置导线
B	放置总线
E	放置总线端口
P	放置元器件
N	放置网络标号
T	放置字符标注
Ctrl+拖动	递增复制
Ctrl+F	快速查找元器件
Ctrl+E	编辑元器件属性

5.13 原理图设计实例——AT89C51

通过前面的元件库及原理图设计的说明，相信读者已经可以进行一些简单的原理图设计了。本节给读者准备了一个实例讲述，使读者能够将理论与实践相结合，温习前面所讲述的内容，同时便于读者自学。在 PCB 联盟网读者专区附赠了全部的实例及视频教程，欢迎读者联系作者索取。

5.13.1 设计流程分析

一个完整的电子设计是从无到有的过程，不过设计流程无外乎以下几点。

（1）元器件在图纸上的创建。

（2）电气性能的连接。

（3）设计电气图纸在实物电路板上的映射。

（4）电路板实际电路模块的摆放和电气导线的连接。

（5）生产与装配 PCBA。

电子设计流程图如图 5-187 所示。

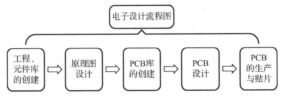

图 5-187　电子设计流程图

5.13.2 工程的创建

电子设计的流程需要遵循工程以及元件库的创建—原理图的设计—PCB 库的创建—PCB 设计—PCB 的生产与贴片等流程。

（1）执行菜单命令"File"→"New"→"Project"，创建原理图工程，如图 5-188 所示。

图 5-188　创建原理图工程菜单栏

（2）在弹出的对话框中，设置工程名称以及工程文件的路径，如图 5-189 所示。

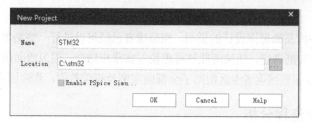

图 5-189　工程名称及路径的设置

5.13.3　元件库的创建

首先创建 MCU、蓝牙、电源供电等核心芯片。下面以 STM32 主控芯片为例进行说明。

（1）在"Capture"界面执行菜单命令"File"→"New"→"Library"，创建元件库，如图 5-190 所示，软件会创建一个带.olb 后缀路径的库文件夹，选中元件库文件，单击鼠标右键并选择"New Part"选项，新建元器件，如图 5-191 所示。

图 5-190　创建元件库菜单栏　　　　　　　　图 5-191　新建元器件

以创建 STM32 为例，如图 5-192 所示。

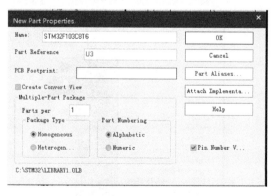

图 5-192　创建 STM32

（2）执行菜单命令"Place"→"Rectangle"，如图 5-193 所示；放置一个矩形，如图 5-194 所示。

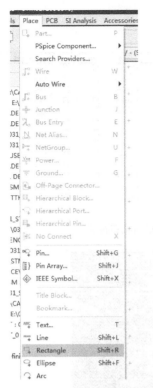

图 5-193　Rectangle 命令选项

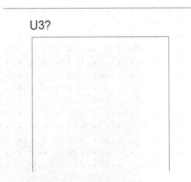

图 5-194　放置矩形框

（3）执行菜单命令"Place"→"Pin"，如图 5-195 所示，在"Name"一栏输入元器件引脚名称，在"Number"一栏输入元器件引脚序号，一次放完其他引脚的属性，如图 5-196 所示。

图 5-195　放置"Pin"选项

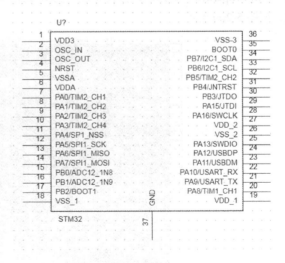

图 5-196　引脚放置及属性

（4）用 Excel 表格制作复杂元器件的方法：鼠标左键框选所有的 Pin（注意不要选中框），单击鼠标右键并选择"Edit Properties"选项，如图 5-197 所示。在"Edit Properties"对话框中，单击空白位置进入全选状态，如图 5-198 所示。全选整个表格后，按快捷键"Ctrl+Ins"复制整个表格，打开 Excel 表格，按快捷键"Ctrl+V"粘贴表格，如图 5-199 所示。

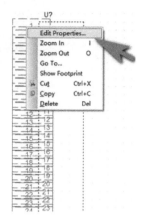

图 5-197　编辑引脚

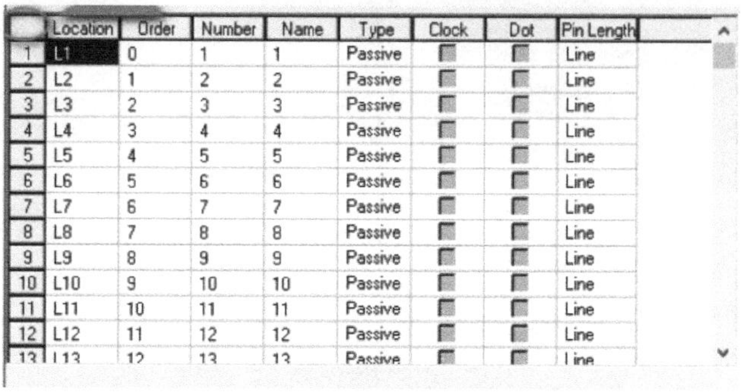

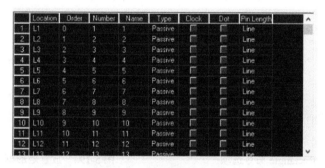

图 5-198　单击空白位置

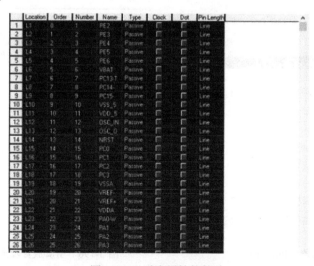

图 5-199　引脚属性的复制

（5）编辑该表格。对 Excel 表格进行全选，按快捷键"Ctrl+C"进行复制，回到 OrCAD 中的"Edit Properties"对话框，按快捷键"Shift+Ins"将表格粘贴到该对话框中，单击"OK"按钮，如图 5-200 所示。

图 5-200　引脚属性的粘贴

5.13.4　原理图设计

原理图设计是各个功能模块的原理图组合的结果，通过各个功能模块的组合构成一份完整的产品原理图。模块的原理图设计方法是类似的，这里以 Power 模块的原理图设计为例进行详细说明，其他模块方法类似。

1．元器件的放置

（1）执行菜单命令"Place"→"Part"，如图 5-201 所示，或者单击右侧菜单栏放置元器件的图标，调出放置元器件的窗口，如图 5-202 所示。

（2）在放置元器件之前，需要在下面的库路径中指定封装库的路径，如图 5-203 所示，选择"Add Library"选项，添加库路径。

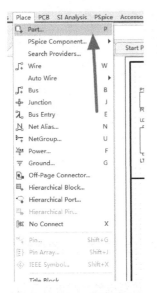

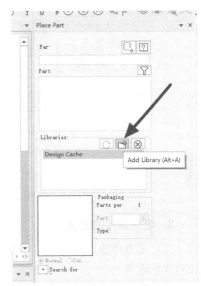

图 5-201　Part 菜单选项　　　图 5-202　放置元器件菜单栏　　　图 5-203　添加库路径示意图

（3）在库路径下选中元件库，上面的 Part List 表中就会出现这个元件库中所包含的元器件，双击元器件可以将此元器件放置到原理图中。如果是多 Part 的元器件，则在下面的参数中选择需要放置的 Part 部分。

按照每个功能模块需要用到的元器件分开放置好，Power 模块的元器件放置如图 5-204 所示。

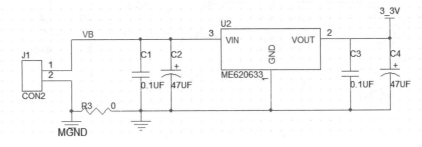

图 5-204　Power 模块的元器件放置

2．元器件的复制和放置

有时候在设计时需要用到多个同类型的元器件，这时就不需要在库里再执行放置了，可以从原理图中任意选中电路或者元器件，按"Ctrl+C"复制后，在新的原理图页面中按快捷键"Ctrl+V"进行粘贴，大大提高了原理图绘制的效率。

根据实际需要放置元器件，原理图元器件的放置讲究与功能模块的整体性及均匀美观。MCU 模块的完整元器件放置如图 5-205 所示。元器件放置好之后，请注意电阻、电容、三极管等的 Comment 值的更改。

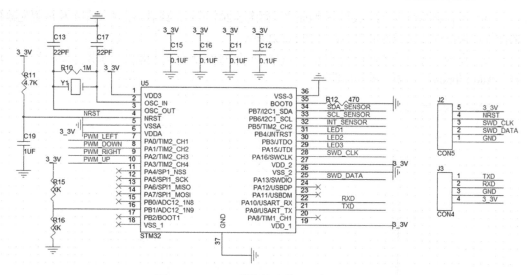

图 5-205　MCU 模块的完整元器件放置

3．电气连接的放置

（1）元器件放置好之后，需要对元器件之间的连接关系进行处理，这项工作也是原理图设计的重要环节。

（2）对于元器件附近的连接，执行菜单命令"Place"→"Wire"，放置电气导线进行连接。

（3）对于远端连接的导线，采取放置"Net Alias"的方式进行连接。

（4）对于电源和地，采取放置"Place Power""Place ground"全局连接方式。Power 模块电气连接的放置如图 5-206 所示。

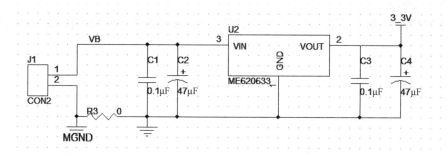

图 5-206　Power 模块电气连接的放置

4．非电气性能标注的放置

有时候需要对功能模块进行一些标注说明，或者添加特殊元器件的说明，从而增强原理图的可读性。可以执行菜单命令"Place"→"Text"，如图 5-207 所示；放置字符标注，如"MCU"，如图 5-208 所示。

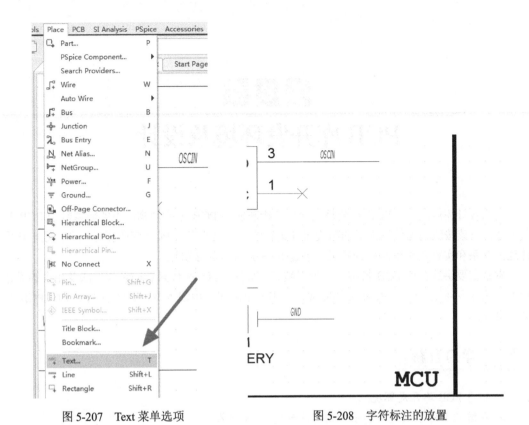

图 5-207　Text 菜单选项　　　　　　　　图 5-208　字符标注的放置

按照上述类似的方法，把该开发板的其他功能模块的原理图设计都完成好。

5.14　本章小结

本章介绍了原理图编辑界面，并通过原理图设计流程化讲解的方式，对原理图设计的过程进行了详细讲述，目的是让读者一步一步地根据本章所讲内容设计出自己需要的原理图；同时，也对层次原理图的设计进行了讲述；最后以一个实例教程结束，让读者可以结合实际练习，理论联系实际，融会贯通。

第6章

PCB 库开发环境及设计

电路设计完成之后，PCB 封装是元器件实物映射到 PCB 上的产物。不能随意赋予 PCB 封装尺寸，应该按照元器件规格书的精确尺寸进行绘制。元件库与 PCB 库的相互结合，是电路设计连接关系和实物电路板衔接的桥梁，创建 PCB 封装有其必要性。

本章主要讲述标准 PCB 封装、异形封装、集成库、3D PCB 封装的设计方法及相关的设计标准，从开发环境介绍到 PCB 库的完成，一步一个脚印，由浅入深，让读者充分了解 PCB 封装的设计。

 学习目标

➢ 熟悉 PCB 库开发环境。
➢ 熟练利用向导创建法和手工创建法创建 PCB 封装。
➢ 能熟练依据元器件封装数据手册，处理好各类封装数据，准确地对各类数据进行输入，充分考虑到元器件封装的补偿值。
➢ 熟悉异形封装的组合方式及转换方式，注意异形封装层属性与标准焊盘的不同。
➢ 了解 PCB 封装的设计规范，并能充分应用到自身设计中。
➢ 熟悉简单 3D 模型创建法及 STEP 模型导入法。
➢ 熟悉集成库的创建、离散、安装、移除及封装的路径匹配。

6.1 PCB 封装的组成

一般来说，对于 Allegro 软件，完整的封装是由许多不同元素组成的，不同的器件所需的组成元素也不同。封装组成元素包含：沉板开孔尺寸、尺寸标注、倒角尺寸、焊盘、阻焊、孔径、花焊盘、反焊盘、引脚号、引脚间距、引脚跨距、丝印、装配线、禁止布线区、禁止布孔区、位号字符、装配字符、1 脚标识、安装标识、占地面积、元器件高度等。其中，必须注意的是，下面几项是必须包含的：

● 焊盘（包括阻焊、孔径等内容）。
● 丝印。
● 装配线。
● 位号字符。
● 1 脚标识。
● 安装标识。

- 占地面积。
- 元器件最大高度。
- 极性标识。
- 原点。

PCB 封装的组成如图 6-1 所示。

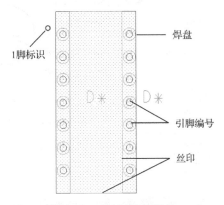

图 6-1　PCB 封装的组成

6.2　焊盘编辑界面

封装编辑界面主要包含孔类型、多孔、孔符、中心偏离、设计层、阻焊钢网设计等。丰富的信息及绘制工具组成了非常人性化的交互界面。

（1）"Start"面板参数含义如下（见图 6-2）：

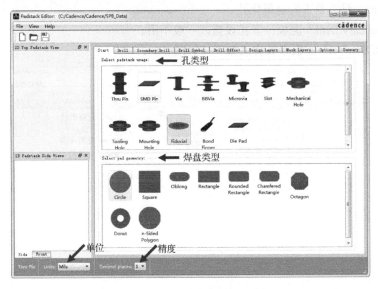

图 6-2　"Start"面板参数示意图

Select padstack usage：孔类型
Select pad geometry：焊盘类型
Units：制作焊盘时使用的单位。

Decimal places：设置尺寸时可取的精度到小数点后几位。

（2）"Drill"面板参数含义如下（见图6-3）：

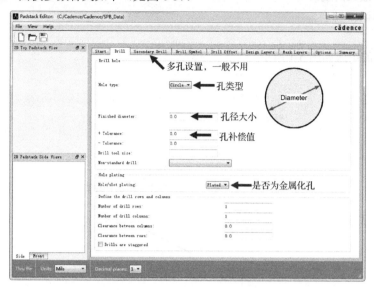

图6-3 "Drill"面板参数示意图

Hole type：孔类型。

Finished diameter：孔径大小。

Tolerance：孔补偿值，一般不设置。如果器件为压接器件，对应的孔才需设置，公差值为±0.05mm。

Non-standard drill：非标准钻孔，一般不设置。

Hole plating：钻孔是否为金属化孔。

（3）"Secondary Drill"面板：多孔设置，一般不用。

（4）"Drill Symbol"面板参数含义如下（见图6-4）：

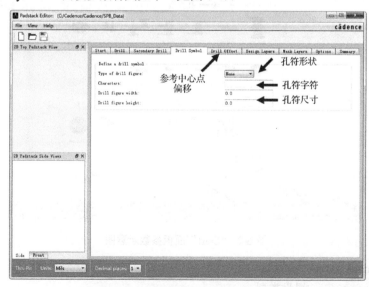

图6-4 "Drill Symbol"面板参数设置

Type of drill figure：孔符形状。

Characters：孔符字符标识。

Drill figure width：孔符宽尺寸。

Drill figure height：孔符高尺寸。

（5）"Drill Offset"面板：参考中心点偏移设置界面。

（6）"Design Layers"面板参数含义如下（见图6-5）：

图6-5 "Design Layers"面板参数示意图

BEGIN LAYER：焊盘的开始层，一般指 TOP 层焊盘。

DEFAULT INTERNAL：焊盘的默认层，一般指焊盘的内层。

END LAYER：焊盘的结束层，一般指 BOTTOM 层。

Geometry：焊盘的几何形状。

Shape symbol：焊盘使用自己画的 Shape 时，可指定到选定 Shape。

Flash name：负片层可指定对应钻孔的 Flash 文件，一般 Regular Pad 不用管，在 Thermal relief 里指定。

Width：焊盘的宽尺寸。

Height：焊盘的高尺寸。

Offset x（y）：钻孔相对于焊盘中心横向 x 轴（纵向 y 轴）的偏移值。

Anti Pad：反焊盘。

（7）Mask Layers "面板参数含义如下：

SOLDERMASK_TOP：阻焊顶层。

SOLDERMASK_BOTTOM：阻焊底层。

PASTERMASK_TOP：钢网顶层。

PASTERMASK_BOTTOM：钢网底层。

6.3　焊盘封装的创建

6.3.1　贴片封装焊盘的创建

Allegro 软件绘制 PCB 封装，较其他 EDA 软件相对复杂一些，步骤更多一些。在 Allegro 软件中，常规表贴焊盘可按图 6-6 所示进行设置。

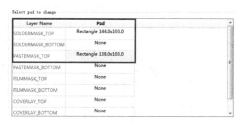

图 6-6　常规表贴焊盘示意图

一般只需要设置 TOP、SOLDERMASK_TOP、PASTEMASK_TOP 三层。其对应关系可参考以下公式：

- ➢ SOLDERMASK_TOP=TOP + 0.15 mm 或 TOP + 0.10 mm（BGA 器件）
- ➢ PASTEMASK_TOP=TOP

6.3.2　插件封装焊盘的创建

插件封装焊盘制作过程可参考 6.3.4 节。须注意的是，插件封装焊盘的制作需设置阻焊，防止绿油覆盖，裸露焊盘才能焊接，所以阻焊的设计是非常重要的。

（1）打开 Padstack Editor17.4，按过孔封装的设置方法设置单位、精度后，在"Pad Designer"界面设置钻孔信息以及焊盘信息，通孔焊盘只需设置孔径大小、孔符、Flash（负片工艺）、焊盘、反焊盘、阻焊，如图 6-7～图 6-12 所示。

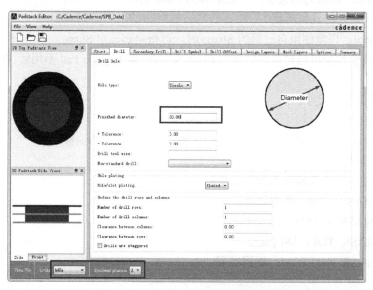

图 6-7　钻孔参数设置示意图

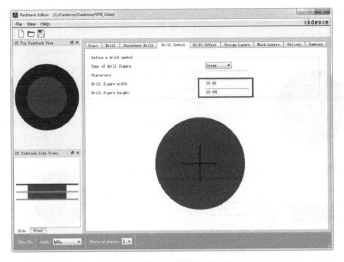

图 6-8　孔符参数设置示意图

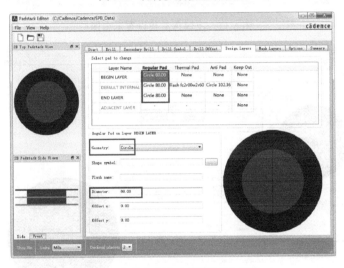

图 6-9　钻孔焊盘参数设置示意图

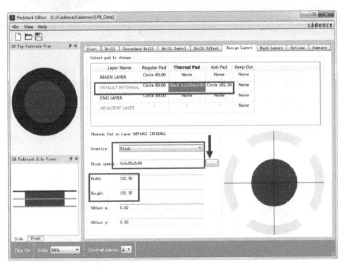

图 6-10　Flash 焊盘参数设置示意图

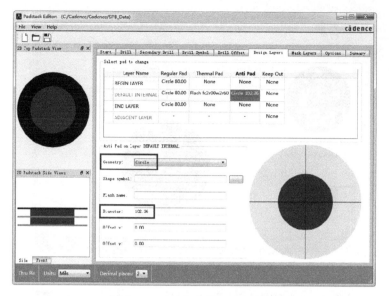

图 6-11　反焊盘参数设置示意图

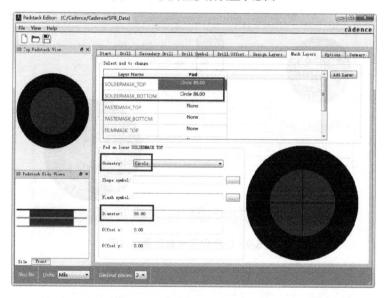

图 6-12　阻焊参数设置示意图

（2）Flash 按照过孔封装的方法设置单位、精度以及格点，执行菜单命令"Add"→"Flash"，按照器件规格尺寸进行设置，具体参数的含义如图 6-13 所示。

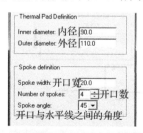

图 6-13　设置 Flash 相关参数示意图

（3）设置好后单击"OK"按钮即可。设置参数经验值为：外径比内径大 20mil 左右，开口宽为孔径的 1/4 左右但大于 8mil。Flash 绘制完成示意图如图 6-14 所示。

图 6-14　Flash 绘制完成示意图

Flash 的尺寸大小可按以下公式计算：

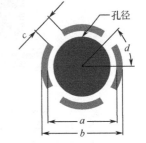

$a =$ 孔径 $+ 0.4mm$

$b =$ 孔径 $+ 0.8mm$

$c = 0.4mm$

$d = 45°$

6.3.3　Flash 焊盘的创建

打开程序，新建 Flash，执行菜单命令"Shape"→"Filled Shape"，画出所需要的图案，如图 6-15 所示。

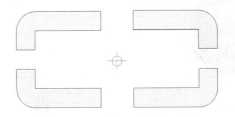

图 6-15　新建槽孔 Shape 示意图

画的尺寸可按以下公式计算：

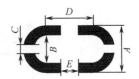

$B =$ 孔高$+ 0.5mm$

$D =$ 孔宽$+ 0.5mm - B$

$A = B + 1mm$

$C = 0.5mm$

$E = 0.5mm$

6.3.4　过孔封装的创建

过孔也称金属化孔。在双面板和多层板中，为连通各层之间的印制导线，在各层连通导线的交汇处需要钻上一个公共孔，这个公共孔一般被称为过孔。过孔制作可按以下步骤进行（以 10/22 大小过孔为例）：

（1）打开 Padstack Editor17.4，在"Start"面板选择"Via"。左下角"Decimal places（精度）"选择"2"，精确到小数点后两位，如图 6-16 所示。"Drill Symbol"面板设置如图 6-17 所示。

（2）"Design Layers"面板"Regular Pad"一列中样式选为"Circle"，参数如图 6-18 所示。

可以设置一个后复制粘贴到下面的"DEFAULT INTERAL"和"END LAYER"中。

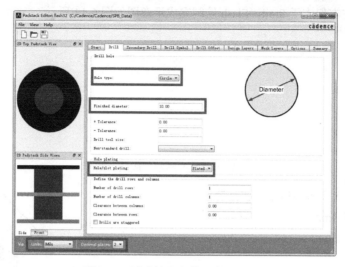

图 6-16　过孔钻孔参数示意图（1）

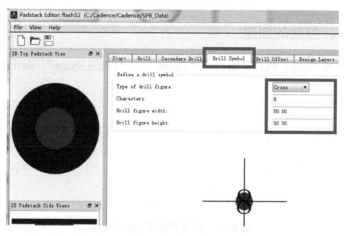

图 6-17　过孔钻孔参数示意图（2）

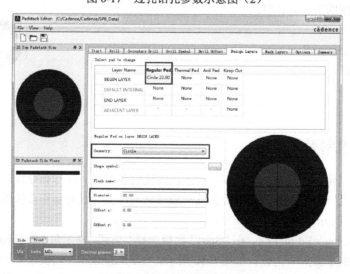

图 6-18　焊盘钻孔参数示意图

（3）在"Thermal Pad"一列中设置参数宽度与高度，都设置为"32.00"，单击如图 6-19 所示箭头位置，指定"Flash symbol"。

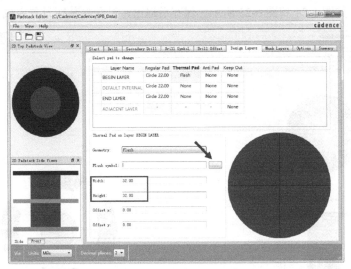

图 6-19　Flash 焊盘参数设置

（4）在弹出的窗口中，输入名字"Via32"，如图 6-20 所示，单击"OK"按钮。在跳转的 PCB 界面中执行菜单命令"Add"→"Flash"，如图 6-21 所示。在"Thermal Pad Symbol Defaults"界面中设置如图 6-22 所示的参数，完成界面如图 6-23 所示。保存后退出。

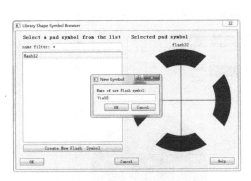

图 6-20　Flash 焊盘名字定义

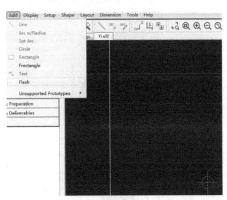

图 6-21　"Add"→"Flash"命令示意图

图 6-22　Flash 焊盘参数设置

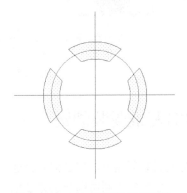

图 6-23　Flash 焊盘完成示意图

（5）返回 Padstack Editor17.4，此时"Flash symbol"中已经填上了"Via32"的名字，同样复制并粘贴；"Anti Pad"一列中设置参照（2）"Regular Pad"一列的设置方法，将"Diameter"一栏设置为 32，如图 6-24 和图 6-25 所示。保存后退出，过孔封装即设置完成。

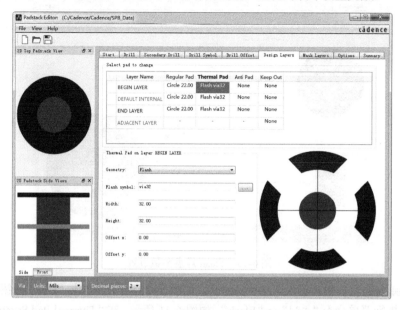

图 6-24　创建 Flash 示意图

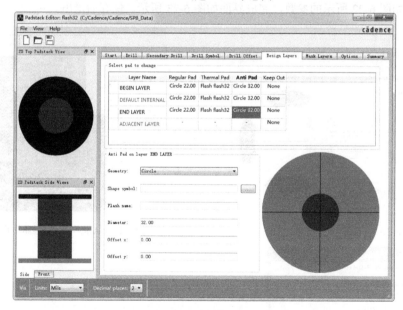

图 6-25　焊盘参数设置完成示意图

6.4　2D 标准封装创建

常见的封装创建方法包含向导创建法和手工创建法。对于一些引脚数目比较多、形状规范的封装，一般倾向于利用向导创建法创建封装；对于一些引脚数目比较少或者形状不规范的封装，一般倾向于利用手工创建法创建封装。下面以两个实例分别说明这两种方法的步骤及不同之处。

6.4.1 向导创建法

Allegro 软件中新建文件时包含一个元器件向导。此处以创建 DIP14 封装为例详细讲解向导创建法的步骤。

（1）打开 PCB Editor 程序，执行菜单命令"File"→"New"，在弹出的对话框中进行如图 6-26 所示设置。

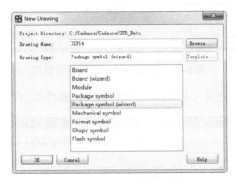

图 6-26　向导创建示意图

（2）根据向导流程，选择创建 DIP 系列，单位选择"mm"，如图 6-27 所示。

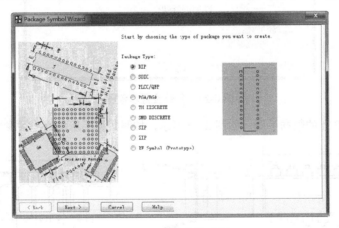

图 6-27　向导参数选择

DIP：双列引脚器件。

SOIC：小外形集成电路。

PLCC：塑料封装有引线芯片载体。

QFP：方形扁平封装。

TH DISCRETE：通孔分立元件。

SMD DISCRETE：贴片分立元件。

SIP：单排引脚器件。

ZIP：ZIP 类型连接器封装。

（3）加载需要的模板，一般使用默认即可，如图 6-28 所示。

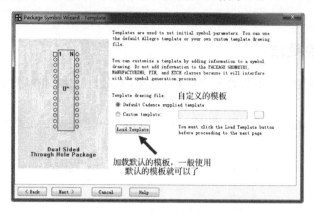

图 6-28　加载封装使用模板示意图

（4）设置单位（mm）、精度（4 位）、位号标识（按器件类型设置），如图 6-29 所示。

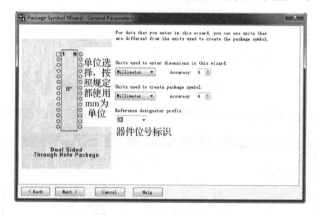

图 6-29　参数设置示意图

（5）下载 DIP14 的数据手册，如图 6-30 所示，按照数据手册填写相关参数。

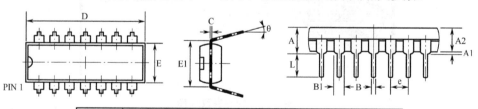

Symbol	Dimensions In Millimeters			Dimensions In Inches		
	Min	Nom	Max	Min	Nom	Max
A	—	—	4.31	—	—	0.170
A1	0.38	—	—	0.015	—	—
A2	3.15	3.40	3.65	0.124	0.134	0.144
B	—	0.46	—	—	0.016	—
B1	—	1.52	—	—	0.060	—
C	—	0.25	—	—	0.010	—
D	19.00	19.30	19.60	0.748	0.760	0.772
E	6.20	6.40	6.60	0.244	0.252	0.260
E1	—	7.62	—	—	0.300	—
e	—	2.54	—	—	0.100	—
L	3.00	3.30	3.65	0.118	0.130	0.142
θ	0°	—	15°	0°	—	15°

图 6-30　DIP14 的数据手册

（6）焊盘参数：内径为 B—0.46mm，但是为了考虑余量，一般比数据手册的数据大，此处选择 0.8mm；外径为 B1—1.52mm，填入向导参数栏。

焊盘间距参数：纵向间距为 e—2.54mm，横向间距为 e1—7.62mm。

剩下的选项按照向导默认即可，选择需要的焊盘数量为 14，如图 6-31 所示。

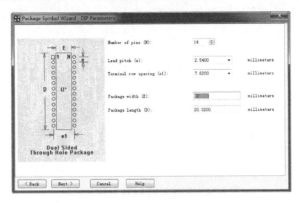

图 6-31　参数设置示意图

（7）设置所使用的焊盘，须先做好焊盘，此处才能调用，如图 6-32 所示。

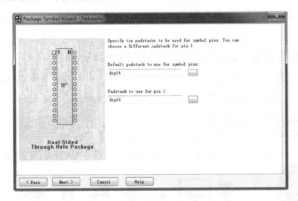

图 6-32　调用焊盘设置示意图

Default padstack to use for symbol pins：封装常规引脚使用默认的焊盘型号。

Padstack to use for pin 1：封装引脚 1 使用的焊盘型号。

（8）设置原点所在位置，一般按默认的设置即可，如图 6-33 所示。

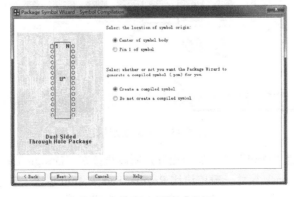

图 6-33　原点设置示意图

（9）单击"Next"按钮后，单击"Finish"按钮，完成创建。创建完成后，如果系统自建后产生一些不必要的元素，则需要对生成的封装进行修改，使之符合规范。创建好的 PCB 封装如图 6-34 所示。

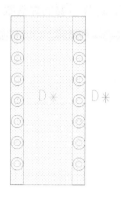

图 6-34　创建好的 PCB 封装示意图

6.4.2　手工创建法

Allegro 软件手工绘制 PCB 封装，较其他 EDA 软件相对复杂一些，步骤更多一些，具体的操作步骤如下：

（1）需要先制作贴片焊盘。打开焊盘设计组件 Padstack Editor17.4，如图 6-35 所示，选择需要创建的焊盘类型。以贴片焊盘为例，此处选择"SMD Pin"，"Select pad geometry"区选择"Oblong"椭圆焊盘。"Units"设置为"mm"，"Decimal places"设置为"4"。

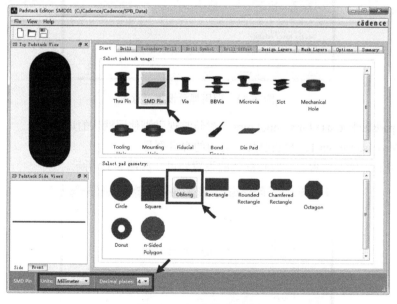

图 6-35　焊盘类型选择

（2）由于贴片焊盘"Drill"中不需要设置，所以直接在"Design Layers"中设置焊盘尺寸1.0mm×2.7mm；Soldermask 尺寸一般单边比 Regular Pad 大 4mil 以上（推荐 5mil），而 Pastemask与 Regular Pad 一致，如图 6-36 和图 6-37 所示，设置完成之后保存。

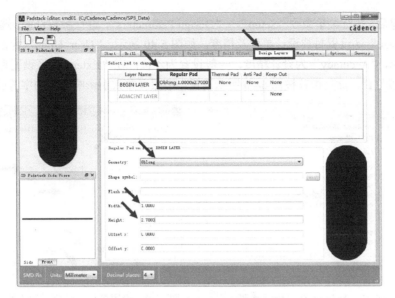

图 6-36　焊盘信息参数示意图

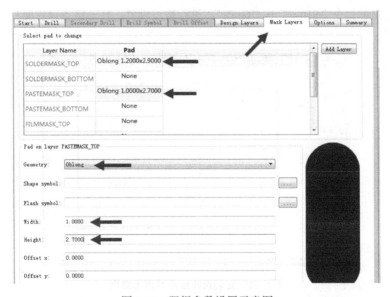

图 6-37　阻焊参数设置示意图

（3）建立焊盘前，先设置文件夹路径，执行菜单命令"Set Up"→"User Preferences"，进行设置，如图 6-38 所示。

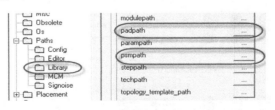

图 6-38　焊盘路径调用设置示意图

（4）打开 PCB Editor 程序，执行菜单命令"File"→"New"，在弹出的对话框中进行如图 6-39 所示设置。

（5）新建后，执行菜单命令"Setup"→"Design Parameters"，进行参数设置。选择"Design"选项，在"Size"区设置封装设计单位及精度，如图 6-40 所示，"User Units"为设计单位，一般设置为 mm，"Accuracy"为设计精度，一般设置为 4 位；在"Extents"区设置整个画布的面积大小及原点位置，此处推荐按图 6-40 所示设置，不然画布太小影响之后的字符放置。

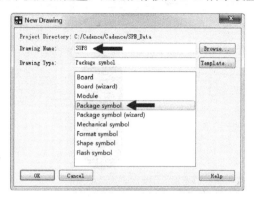

图 6-39　新建 PCB 封装示意图

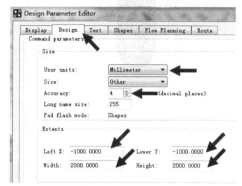

图 6-40　设置单位、精度、原点位置示意图

（6）执行菜单命令"Setup"→"Grids"，进行格点设置，打开格点设置面板，按如图 6-41 所示进行设置。

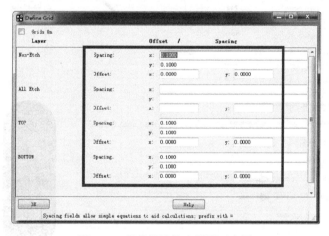

图 6-41　封装设计格点设置示意图

（7）执行菜单命令"Layout"→"Pins"，按照绘制封装规格书给出的焊盘的相应位置，把焊盘放到对应位置，如图 6-42 所示。

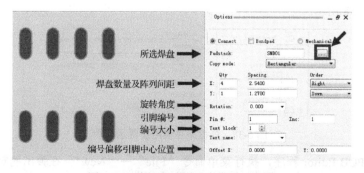

图 6-42　将焊盘放到对应位置示意图

（8）放置焊盘后，接下来画装配线，执行菜单命令"Add"→"Line"，在"Options"面板中选择绘制的层及线宽，如图 6-43 所示。

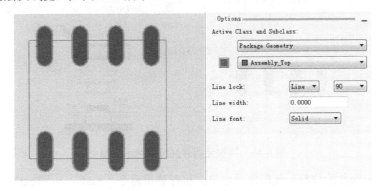

图 6-43　绘制装配线示意图

（9）绘制完装配线以后，执行菜单命令"Add"→"Line"，画丝印框：执行菜单命令"Add"→"Circle"，画 1 脚标识。在"Options"面板中选择绘制的层及线宽，丝印线宽为 4mil 以上（一般用 0.15mm 或者 0.2mm），如图 6-44 所示。

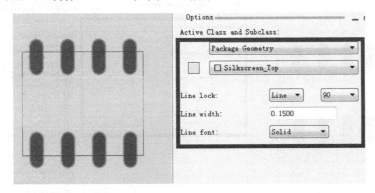

图 6-44　绘制丝印线示意图

（10）画好丝印及 1 脚标识后，执行菜单命令"Shape"→"Ectangular"，绘制设置实体的范围和高度，先画 Place_bound，设置好占地面积，在"Options"面板中设置绘制的层，如图 6-45 所示。画好 Place_bound 之后一定不要右键选择"Done"结束。接着执行菜单命令"Setup"→"Araes"→"Package Height"，单击所画的 Place_bound，设置最大高度，如图 6-46 所示。

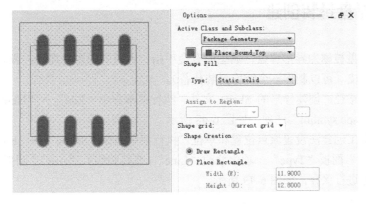

图 6-45　绘制占地面积示意图

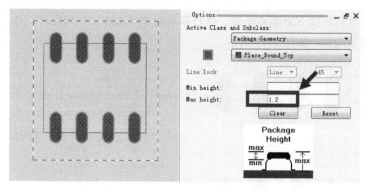

图 6-46　添加元器件高度信息示意图

（11）添加元器件的装配和丝印位号字符。执行菜单命令"Add"→"Text"，在"Options"面板选择对应的层及字号，在 PCB 中单击对应的位置，然后直接输入装配字符，如"D*"，添加成功后，保存退出，如图 6-47 所示。

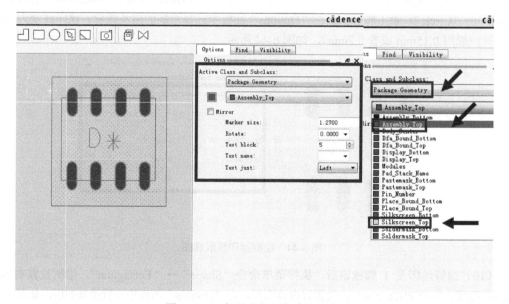

图 6-47　添加丝印位号信息示意图

6.5　异形焊盘封装创建

不规则的焊盘被称为异形焊盘，典型的有金手指、大型的元器件焊盘，或者板子上需要添加特殊形状的铜皮（可以制作一个特殊封装代替）。

（1）指定库路径，创建异形的 Shape 文件。执行菜单命令"File"→"New"，在弹出的对话框中选择"Shape symbol"选项，如图 6-48 所示。

（2）按照手工创建法设置原点位置和单位。执行菜单命令"Shape"→"Filled Shape"，绘制时在"Options"面板"Type"一项中修改"Line"（直角画线）、"Arc"（圆弧设计），绘制所需要的图形，再进行保存，如图 6-49 所示。

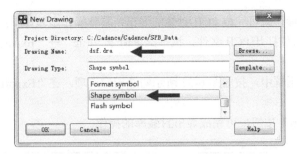

图 6-48　创建异形表贴焊盘示意图

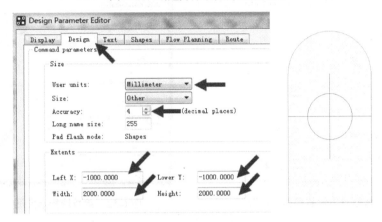

图 6-49　异形焊盘参数设置示意图

（3）一般使用 Shape 制作焊盘，除了要制作 Regular Pad 所用的 Shape，还要制作 Soldermask 所用的 Shape，Soldermask 尺寸一般单边比 Regular Pad 大 4mil 以上，而 Pastemask 与 Regular Pad 一致。

（4）打开 Pad 制作软件，使用 Shape 对其进行设置，设置 TOP、SOLDERMASK_TOP、PASTEMASK_TOP 三层，如图 6-50 所示。

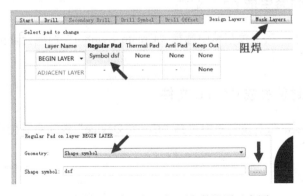

图 6-50　异形焊盘阻焊、钢网参数设置示意图

6.6　PCB 文件生成 PCB 库

有时自己或客户会提供放置好元器件的 PCB 文件，这时就不必一个一个地创建 PCB 封装，而直接从已存在的 PCB 文件导出 PCB 库即可。从 PCB 中导出封装只需要有 PCB 文件（.Brd

格式）就行，按以下操作就可完成 PCB 封装的导出，具体操作步骤如下：

（1）用 Allegro 软件打开 PCB 文件，执行菜单命令"File"→"Export"→"Libraries"，如图 6-51 所示。

（2）在弹出的对话框中，按如图 6-52 所示勾选相应选项，在"Export to directory"的下方选择导出的库路径。

（3）单击"Export"按钮，可完成导出封装库的操作。

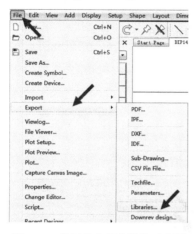

图 6-51　执行导出封装操作示意图

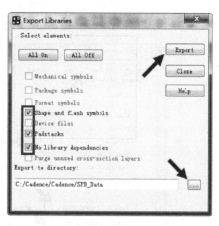

图 6-52　参数选择示意图

6.7　PCB 封装生成其他文件

在设计时，经常会碰到网表导入的情况。网表导入 PCB 时，第三方网表需要指定 PCB 封装库文件，并产生 device 文件；第一方网表只需要 psm 与 pad 文件，不需要 device 文件。

6.7.1　PCB 封装生成 psm 文件

单击"File"选项，在下拉菜单中选择"Create Symbol"选项会直接产生 psm 文件，如图 6-53 所示。

6.7.2　PCB 封装生成 device 文件

单击"File"选项，在下拉菜单中选择"Create Device"选项会直接产生 device 文件，如图 6-54 所示。

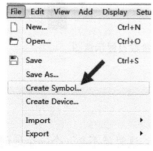

图 6-53　产生 psm 文件

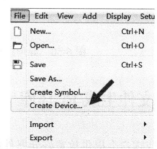

图 6-54　产生 device 文件

6.8 常见 PCB 封装的设计规范及要求

PCB 封装是元器件物料在 PCB 上的映射。封装设计是否规范会影响元器件的贴片装配，应正确地处理封装数据，满足实际生产的需求。如有的封装无法满足手工贴片，有的无法满足机器贴片，还有的未创建 1 脚标识，手工贴片时无法识别正反，造成 PCB 短路，这时就需要设计工程师对已创建的封装进行一定的约束。

封装设计应统一采用公制单位，对于特殊元器件，资料上没有采用公制标注的，为了避免英制到公制的转换误差，可以采用英制单位。精度要求：采用 mil 为单位时，精度为 2；采用 mm 为单位时，精度为 4。

6.8.1 SMD 贴片封装设计

1. 无引脚延伸型 SMD 贴片封装设计

图 6-55 给出了无引脚延伸型 SMD 贴片封装尺寸数据，给出如下数据定义说明。

A——元器件的实体长度。　　　　　　　X——PCB 封装焊盘宽度。

H——元器件的可焊接高度。　　　　　　Y——PCB 封装焊盘长度。

T——元器件的可焊接长度。　　　　　　S——两个焊盘之间的距离。

W——元器件的可焊接宽度。

注：A、T、W 均取数据手册推荐的平均值。

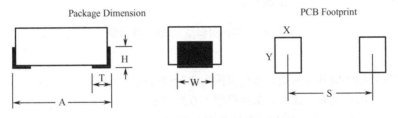

图 6-55　无引脚延伸型 SMD 贴片封装

定义：

T1 为 T 尺寸的外侧补偿常数，取值范围为 0.3～1mm。

T2 为 T 尺寸的内侧补偿常数，取值范围为 0.1～0.6mm。

W1 为 W 尺寸的侧边补偿常数，取值范围为 0～0.2mm。

通过实践经验并结合数据手册参数得出以下经验公式：

X=T1+T+T2

Y=W1+W+W1

S=A+T1+T1-X

实例演示如图 6-56 所示，根据图上数据及结合经验公式，可以得到如下实际封装的创建数据。

X=0.6mm（T1）+0.4mm（T）+0.3mm（T2）=1.3mm

Y=0.2mm（W1）+1.2mm（W）+0.2mm（W1）=1.6mm

S=2.0mm（A）+0.6mm（T1）+0.6mm（T1）-1.3mm（X）=1.9mm

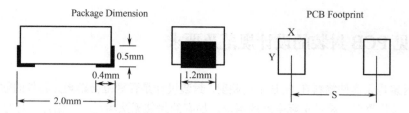

图 6-56　无引脚延伸型 SMD 贴片封装实例数据

2. 翼形引脚型 SMD 贴片封装设计

图 6-57 给出了翼形引脚型 SMD 贴片封装尺寸数据，给出如下数据定义说明。

A——元器件的实体长度。　　　　　　　X——PCB 封装焊盘宽度。

T——元器件引脚的可焊接长度。　　　　Y——PCB 封装焊盘长度。

W——元器件引脚宽度。　　　　　　　　S——两个焊盘之间的距离。

注：A、T、W 均取数据手册推荐的平均值。

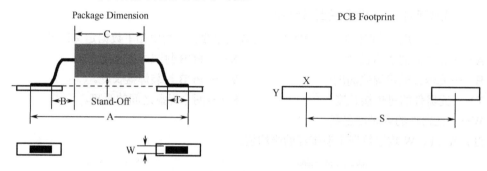

图 6-57　翼形引脚型 SMD 贴片封装

定义：

T1 为 T 尺寸的外侧补偿常数，取值范围为 0.3～1mm。

T2 为 T 尺寸的内侧补偿常数，取值范围为 0.3～1mm。

W1 为 W 尺寸的侧边补偿常数，取值范围为 0～0.2mm。

通过实践经验并结合数据手册参数得出以下经验公式：

X=T1+T+T2

Y=W1+W+W1

S=A+T1+T1−X

3. 平卧型 SMD 贴片封装设计

图 6-58 给出了平卧型 SMD 贴片封装尺寸数据，给出如下数据定义说明。

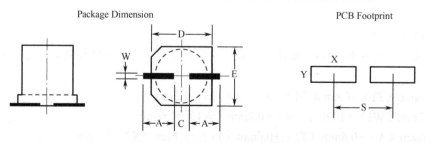

图 6-58　平卧型 SMD 贴片封装

A——元器件引脚的可焊接长度。   X——PCB 封装焊盘宽度。

C——元器件引脚间隙。   Y——PCB 封装焊盘长度。

W——元器件引脚宽度。   S——两个焊盘之间的距离。

注：A、C、W 均取数据手册推荐的平均值。

定义：

A1 为 A 尺寸的外侧补偿常数，取值范围为 0.3～1mm。

A2 为 A 尺寸的内侧补偿常数，取值范围为 0.2～0.5mm。

W1 为 W 尺寸的侧边补偿常数，取值范围为 0～0.5mm。

通过实践经验并结合数据手册参数得出以下经验公式：

X=A1+A+A2

Y=W1+W+W1

S=A+A+C+A1+A1－X

4．J 形引脚型 SMD 贴片封装设计

图 6-59 给出了 J 形引脚型 SMD 贴片封装尺寸数据，给出如下数据定义说明。

A——元器件的实体长度。   X——PCB 封装焊盘宽度。

D——元器件引脚中心间距。   Y——PCB 封装焊盘长度。

W——元器件引脚宽度。   S——两个焊盘之间的距离。

注：A、D、W 均取数据手册推荐的平均值。

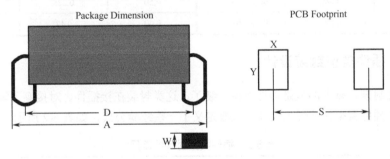

图 6-59　J 形引脚型 SMD 贴片封装

定义：

T 为元器件引脚的可焊接长度。

T1 为 T 尺寸的外侧补偿常数，取值范围为 0.2～0.6mm。

T2 为 T 尺寸的内侧补偿常数，取值范围为 0.2～0.6mm。

W1 为 W 尺寸的侧边补偿常数，取值范围为 0～0.2mm。

通过实践经验并结合数据手册参数得出以下经验公式：

T=（A-D）/2

X=T1+T+T2

Y=W1+W+W1

S=A+T1+T1－X

5．圆柱式引脚型 SMD 贴片封装设计

圆柱式引脚型 SMD 贴片封装如图 6-60 所示，其尺寸数据公式可以参考无引脚延伸型 SMD 贴片封装的经验公式。

6. BGA 类型 SMD 贴片封装设计

常见 BGA 类型 SMD 贴片封装模型如图 6-61 所示。此类封装可以根据 BGA 的 Pitch 间距来进行常数的添加补偿，如表 6-1 所示。

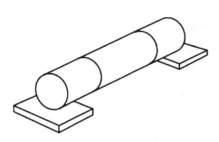

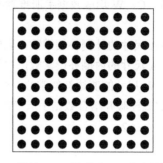

图 6-60　圆柱式引脚型 SMD 贴片封装　　　　图 6-61　常见 BGA 类型 SMD 贴片封装模型

表 6-1　常见 BGA 焊盘补偿常数推荐

Pitch 间距/mm	焊盘直径/mm		Pitch 间距/mm	焊盘直径/mm	
	最　小	最　大		最　小	最　大
1.50	0.55	0.6	0.75	0.35	0.375
1.27	0.55	0.60（0.60）	0.65	0.275	0.3
1.00	0.45	0.50（0.48）	0.50	0.225	0.25
0.80	0.375	0.40（0.40）	0.40	0.17	0.2

6.8.2　插件类型封装设计

除了贴片封装，剩下的就是插件类型封装了，这类封装在接插件、对接座子等元器件上比较常见。对于插件类型封装焊盘尺寸，大概定义了一些经验公式，如表 6-2 所示。

表 6-2　插件类型封装焊盘尺寸

焊盘尺寸计算规则	Lead Pin	Physical Pin
圆形引脚，使用圆形钻孔 $$D' = \begin{cases} 引脚直径D + 0.2\text{mm}（D < 1\text{mm}）\\ 引脚直径D + 0.3\text{mm}（D \geq 1\text{mm}）\end{cases}$$		
矩形或正方形引脚，使用圆形钻孔 $$D' = \sqrt{W^2 + H^2} + 0.1\text{mm}$$		
矩形或正方形引脚，使用矩形钻孔 $$W' = W + 0.5\text{mm}$$ $$H' = H + 0.5\text{mm}$$		
矩形或正方形引脚，使用椭圆形钻孔 $$W' = W + H + 0.5\text{mm}$$ $$H' = H + 0.5\text{mm}$$		
椭圆形引脚，使用圆形钻孔 $$D' = W + 0.5\text{mm}$$		

焊盘尺寸计算规则	Lead Pin	Physical Pin
椭圆形引脚，使用椭圆形钻孔 $W' = W + 0.5mm$ $H' = H + 0.5mm$		

6.8.3　沉板元器件的特殊设计要求

沉板元器件即元器件的引脚不是在其底部位置，而在本体的中间位置。它不像常规的元器件，可以直接安装到 PCB 上，而是需要在 PCB 上进行挖槽处理，将其凸起的部分透过 PCB，让其引脚可以正常地贴装到 PCB 上，如图 6-62 所示。

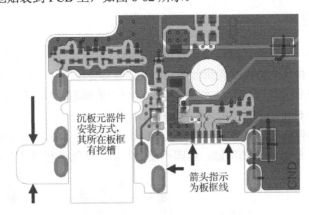

沉板元器件
安装方式，
其所在板框
有挖槽

箭头指示
为板框线

图 6-62　沉板元器件处理示意图

需要沉板处理的元器件封装一般可按以下方法进行：

- 开孔尺寸：元器件四周开孔尺寸应保证比元器件最大尺寸单边大 0.2mm(8mil)；保证能正常放进去。
- 开孔尺寸标注：开孔标注通常标注在 Board_Geometry/Demension 层，线宽为 0。挖了洞的地方要在 Dimension 层标注所挖洞的长、宽尺寸，非金属化孔处用文字 Nodrill 标注，所挖器件体用三号大写 NPTH 标注；为了实现在板上挖洞角的加工，应将四角都画成半径为 0.5mm 的圆弧，并标注圆弧直径。
- 假接地引脚：沉到板外的接地脚在原理图库上要手工画上假接地引脚；封装库中相应位置用 Mechanical Pin 来实现。
- 丝印标注：为了在板上能清楚地看到该射频器件所处位置，它的丝印在原有基础上应外扩 0.25mm，保证丝印在板上；有些元器件的个别引脚带偏角，丝印要画出来，方便识别方向；丝印须避让焊盘的 Soldermask，根据具体情况向外让或切断丝印。
- RouteKeepout 层画法：挖了洞的地方要放一个比洞大 0.25mm 的 RouteKeepout；不能压在焊盘上。
- ViaKeepout 层画法：挖了洞的地方要放一个比洞大 0.50mm 的 ViaKeepout；不能压在焊盘上。
- ASSEMBLY 层画法：ASSEMBLY_TOP 层包括焊盘；ASSEMBLY_BOTTON 层不包括焊盘。
- PLACE_BOUND 层画法：PLACE_BOUND_TOP 层包括焊盘；PLACE_BOUND_BOTTOM 层不包括焊盘。

6.8.4 阻焊设计

阻焊就是 Soldermask，是指印制电路板上要上绿油的部分。实际上，阻焊使用的是负片输

图 6-63　阻焊层单边开窗 2.5mil

出，所以在阻焊层的形状映射到板子上以后，并不是上了绿油阻焊，反而露出了铜皮。阻焊层的主要目的是防止波峰焊焊接时桥连现象的产生。

常规设计时，采取单边封装 2.5mil 的方式即可，如图 6-63 所示。如果有特殊要求，则需要在封装里面设计。

6.8.5 丝印设计

（1）元器件丝印，一般默认字符线宽为 0.2032mm（8mil），建议不小于 0.127mm（5mil）。

（2）焊盘在元器件体之内时，轮廓丝印应与元器件体轮廓等大，或者丝印比元器件体轮廓外扩 0.1～0.5mm，以保证丝印与焊盘之间保持 6mil 以上的间隙；焊盘在元器件体之外时，轮廓丝印与焊盘之间保持 6mil 及以上的间隙，如图 6-64 所示。

（3）引脚在元器件体的边缘上时，轮廓丝印应比元器件体大 0.1～0.5mm，丝印为断续线，丝印与焊盘之间保持 6mil 以上的间隙；丝印不要上焊盘，以免引起焊接不良，如图 6-65 所示。

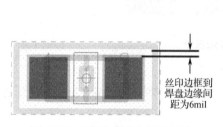

丝印边框到焊盘边缘间距为6mil

图 6-64　丝印与焊盘之间的间隙

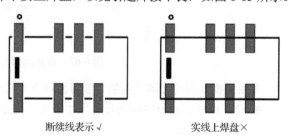

断续线表示✓　　　　　实线上焊盘×

图 6-65　丝印为断续线的表示方法

6.8.6 元器件 1 脚标识的设计

元器件 1 脚标识可以表示元器件的方向，防止在装配时出现芯片、二极管、极性电容等装反的现象，有效地提高了生产效率和良品率。

在制作封装时，1 脚标识一般用字母"1"或者圆圈"○"表示，放在 1 脚附近。BGA 一般至少需要注明"A""1"的位置，如表 6-3 所示。

表 6-3　元器件 1 脚、极性及安装方向的设计

文 字 描 述	图 形 描 述
圆圈"○"	

文 字 描 述	图 形 描 述
正极极性符号"+"	
片式元器件、IC 类元器件等的安装标识端用 0.6～0.8mm 的 45°斜角表示	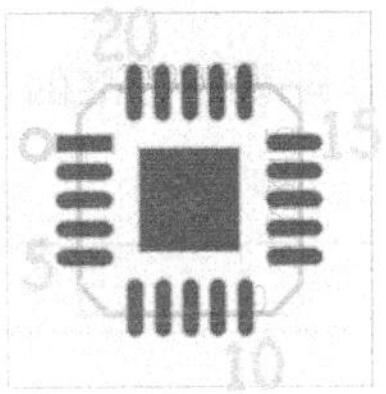
BGA 的"A""1"（2 号字）	
IC类元器件引脚超过64时，应标注引脚分组标识符号。分组标识符号用线段表示，逢5、逢10分别用长为0.6mm、1mm 的线段表示	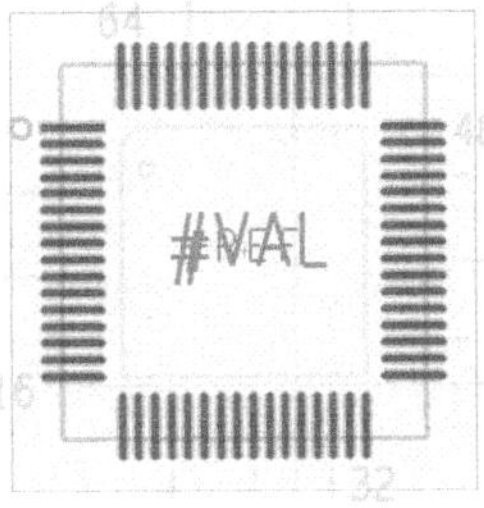
接插件等类型的元器件一般用文字"1""2""N-1""N"标识第 1、2 和第 N-1、N 脚	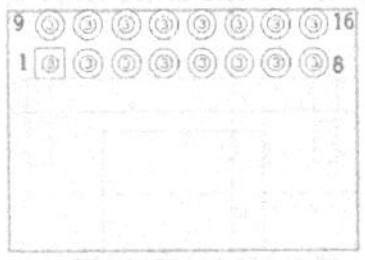 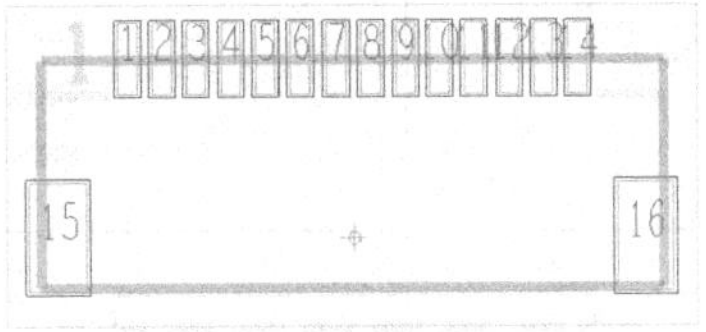

6.8.7 元器件极性标识的设计

做 PCB 封装时，对于有极性的元器件，如二极管、蜂鸣器、电解电容、钽电容、电池等，需要标识正、负号。一般我们习惯添加正极标识"+"。具体标识方法可参考以下几个元器件封装，如图 6-66 所示。

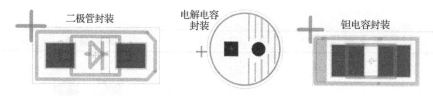

图 6-66　极性封装添加极性示意图

6.8.8　常用元器件丝印图形式样

为了方便设计师设计标准的封装，表 6-4 列出了常用元器件丝印图形式样。

表 6-4　常用元器件丝印图形式样

元器件类型	常见图形式样	备 注
电阻		无
电容		（1）无极性； （2）中间丝印未连接
钽电容		（1）要标出正极极性符号； （2）有双线一边为正极
二极管		要标出正极极性符号
三极管 / MOS 管		
SOP		（1）1 脚标识清晰； （2）引脚序号正确
BGA		用字母"A"及数字"1"标出元器件 1 脚及方向

元器件类型	常见图形式样	备 注
插装电阻	水平安装　　　　　立式安装	注意安装空间
插装电容	极性电容　　　　　非极性电容	注意极性方向标识

6.9 3D 封装创建

传统 PCB 设计都是以 2D 方式创建的二维设计，然后人工手动标注后转给机械设计工程师，机械设计工程师再采用 CAD 软件，通过标注的信息进行 3D 图形的绘制。由于整个过程是人工标注且完全手动操作，所以这种方法非常耗时，也容易出错。

而 3D 封装能使设计师直观地看到元器件的占地面积，能规避安装问题及元器件干涉问题。

3D 模型有以下 3 种来源：

（1）用 Cadence Allegro 自带的 Package Height，创建简单的 3D 模型构架。

（2）在相关网站供应商处下载 3D 模型，导入 3D Body。

（3）用 SolidWorks 等专业三维软件来建立。

用 Cadence Allegro 自带的 Package Height，可以创建简单的 3D 模型构架：

（1）打开一个 PCB 封装，将"Package Geometry/Place_Bound_Top"层显示出来，如图 6-67 所示。

图 6-67　显示元器件占地面积示意图

（2）执行菜单命令"Setup"→"Areas"→"Package Height"，如图 6-68 所示。

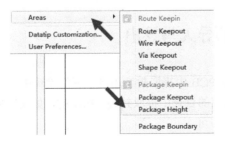

图 6-68　设置元器件高度信息示意图

（3）选择"Package Geometry/Place_Bound_Top"层的 Shape，单击完成后在右侧的对话框中输入高度信息，如图 6-69 所示。

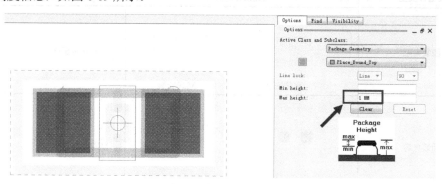

图 6-69　输入高度信息示意图

（4）单击鼠标右键，在弹出来的菜单中选择"Done"选项，完成操作，完成后保存封装，如图 6-70 所示。

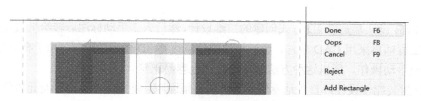

图 6-70　完成元器件高度信息示意图

（5）执行菜单命令"View"→"3D Canvas"，可查看 3D 封装示意图，如图 6-71 所示。

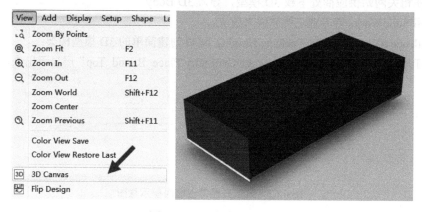

图 6-71　3D 封装示意图

6.10　PCB 封装库的导入与导出

PCB 设计时，常需要从 PCB 中提取封装用到现有的设计中。一般可以先在 PCB 中导出封装到指定的目录中，再到相应的目录中提取封装。相反的，如果需要在 PCB 文件中用到指定的封装库，则直接指定库路径即可。

6.10.1 PCB 封装库的导入

由于 Allegro 软件中每个封装都是单独的文件，因此通常的 Allegro 封装库是将所有的封装放置在同一个文件夹下面，并在 PCB 中指定对应的文件夹位置，即库路径位置。

（1）打开 PCB Editor17.4 软件，执行菜单命令"Setup"→"User Preferences"，进行参数设置，如图 6-72 所示，在弹出的窗口中，执行菜单命令"Paths"→"Library"，进入封装库指定，需要指定三个封装库路径：

devpath：指定封装的 device 文件。

padpath：指定封装的焊盘文件。

psmpath：指定封装的 psm 文件。

（2）单击如图 6-72 所示中"devpath""padpath""psmpath"对应的 [...] 图标，在弹出的"Devpath Items"界面中单击箭头所示的位置即可设置库路径。

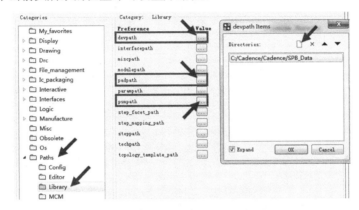

图 6-72　封装库路径指定示意图

6.10.2 PCB 封装库的导出

（1）执行菜单命令"File"→"Export"→"Libraries"，如图 6-73 所示。

（2）在弹出的"Export Libraries"对话框中勾选所有内容，并在"Export to directory"下方选择封装库导出的文件夹，单击"Export"按钮，将封装库导入设置好的文件夹内，如图 6-74 所示。

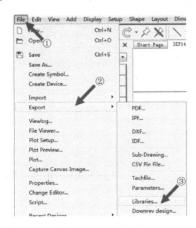

图 6-73　选择封装库导出选项示意图

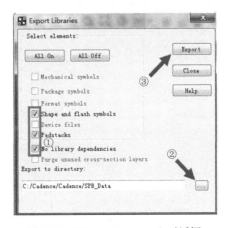

图 6-74　"Export Libraries"对话框

6.11 本章小结

本章主要讲述了 PCB 库编辑界面、标准 PCB 封装与异形 PCB 封装的创建方法、PCB 封装的设计规范及要求，详细讲述了使用 Allegro 软件来绘制 PCB 封装库的方法及注意事项，旨在通过本章的学习，熟练掌握使用 Allegro 软件绘制 PCB 封装库文件，熟练掌握使用 Allegro 软件，熟练掌握绘制 PCB 封装库的一些小技巧，熟练掌握 PCB 封装库绘制的基本标准及注意事项。

第 7 章

PCB 设计开发环境及快捷键

Cadence Allegro 集成了相当强大的开发管理环境，能够有效地对设计的各项文件进行分类及层次管理。本章通过图文的形式介绍 PCB 设计开发环境最常用的视图和命令，并对各类操作的快捷键和自定义快捷键进行介绍。

 学习目标

> 了解常用窗口、面板的调用方式和路径。
> 掌握 PCB 设计常用操作命令。
> 了解系统快捷键的组合方式。
> 学会快捷键自定义的方法。
> 学会解决设置过程中快捷键的冲突问题。

7.1 PCB 设计交互界面

与 PCB 库编辑界面类似，PCB 设计交互界面主要包含菜单栏、工具栏、工作面板、状态信息显示窗口及绘制工作区域等，如图 7-1 所示。丰富的信息及绘制工具组成了非常人性化的交

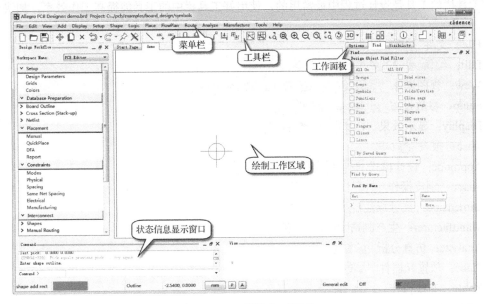

图 7-1　PCB 设计交互界面

互界面。状态信息及工作面板会随绘制工作的不同而有所不同，读者可以根据自己的操作进行实时体验。

7.2 菜单栏与工具栏

7.2.1 菜单栏

打开 Allegro 软件，最上面一栏就是常用的菜单栏，所有的功能及命令都在每个菜单下面，如图 7-2 所示。菜单栏下面分散着一些工具栏，是设计时常用的一些命令。

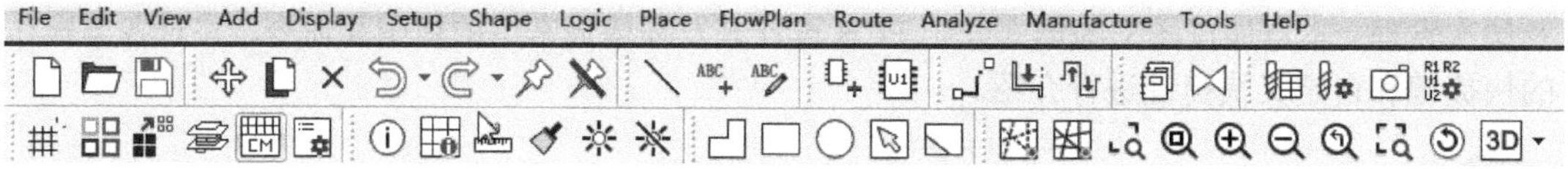

图 7-2　Allegro 软件菜单栏示意图

File：文件。

Edit：编辑。

View：视图。

Add：添加。

Display：显示。

Setup：设置。

Shape：铜皮。

Logic：逻辑。

Place：放置。

FlowPlan：规划。

Route：布线。

Analyze：分析。

Manufacture：制造。

Tools：工具。

Help：帮助。

7.2.2 工具栏

工具栏的工具是设计过程中最常用的，使用好工具栏中的工具能提高工作效率，加快设计速度。

File：文件  。

Edit：编辑  。

View：视图操作 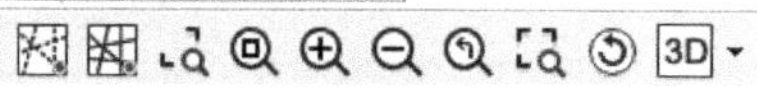 。

Setup：参数设置  。

Display：显示效果  。

Misc：报表 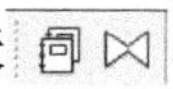 。

Appmode：设计模式  。

Shape：铜皮操作  。

Dimension：尺寸标注 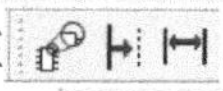 。

Manufacturer：生产制造  。

Analyze：仿真分析  。

Place：放置元器件  。

Route：布线操作  。

Add：添加 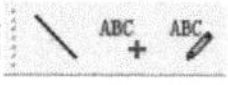 。

FlowPlan：设计规划 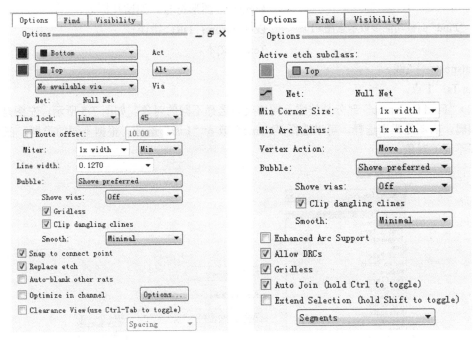 。

Logic:网络编辑 。

7.3 工作面板

Allegro 软件中，功能面板一共分为三项，分别是"Find"面板、"Options"面板、"Visibility"面板。这三个功能菜单可以吸附在 PCB 设计窗口的左右两侧，并自动弹出或者隐藏，下面我们将介绍每个面板的具体含义与作用

7.3.1 "Options"面板

"Options"面板是参数设置选项面板，显示正在使用的命令参数选项。执行具体的命令之后，在"Options"面板会显示与当前命令相关的一些参数，进行对应的设置即可。如图 7-3 所示，左右两图分别是执行菜单命令"Route"→"Connections"与"Route"→"Slide"之后的"Options"面板。

图 7-3 "Options"面板

7.3.2 "Find"面板

"Find"面板是对象选择面板，由两部分组成，一部分是"Design Object Find Filter"，另一部分是"Find By Name"，如图 7-4 所示。

（1）"Design Object Find Filter"部分是选择执行具体命令的对象，每个具体对象的含义如下：

Groups：群组。

图 7-4 "Find"面板功能参数示意图（1）

Comps：从原理图导入的元器件，有编号。

Symbols：所有元器件，无论有无编号。

Functions：原理图或者封装中定义的功能引脚，高亮 FPGA 的 bank 时会用到。

Nets：网络。

Pins：元器件的引脚。

Vias：过孔。

Fingers：IC 封装基本设计中的焊盘。

Clines：具有电气连接属性的整根同层线。

Lines：没有电气属性的整根线，如元器件的丝印框。

Bond wires：IC 封装基本设计中的金线。

Shapes：铜皮。

Voids：铜皮内部的挖空形状。

Cline Segs：具有电气连接属性的线段。

Other Segs：没有电气连接属性的线段。

Figures：图形符号，如钻孔标记。

DRC errors：DRC 错误。

Text：文本。

Ratsnests：飞线。

Rat Ts：T 点。

（2）"Find By Name"部分是按照不同的类型选择不同的对象。如图 7-5 所示，左图是类型选择编辑，右图是类别选择，可以选择"Name"或者"List"选项，根据不同的类型，在 PCB 上选择不同的对象。

图 7-5 "Find"面板功能参数示意图（2）

（3）在类别选择中，单击"More"按钮，弹出过滤窗口，如图 7-6 所示，在"Object type"中选择不同的对象类型后，PCB 上所有符合该类型的对象都会显示在左侧列表中，通过单选或者单击"ALL→"按钮加入右侧列表中。这个功能对需要选择多个分散的对象是非常有用的，免去了在 PCB 上四处修改，同时可以让使用者准确地了解某个类型下所包含的对象名称及数量。

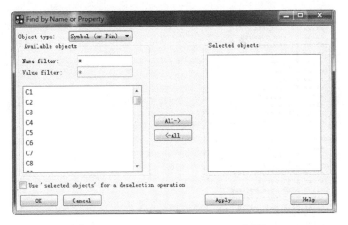

图 7-6 "Find by Name or Property"窗口

7.3.3 "Visibility"面板

"Visibility"面板是常用的显示层面的快速切换开关,如图 7-7 所示,可以在复选框选择需要打开的层面及对象,如过孔、走线、DRC 等。

(1) Views:可以用于快速切换不同的窗口显示,其中的列表选项内容需要在光绘设置中定义光绘层叠。

(2) Conductors:所有布线层的显示与隐藏。

(3) Planes:所有电源/地层的显示与隐藏。

(4) Masks:钢网、阻焊、丝印层的显示与隐藏。

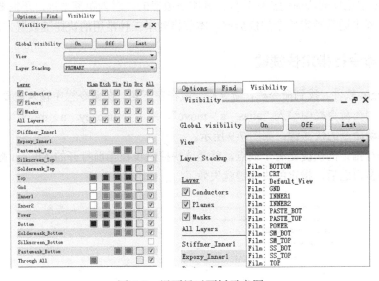

图 7-7 层面显示面板示意图

7.4 常用系统快捷键

Cadence Allegro 自带快捷键,使用这些快捷键有利于 PCB 设计效率的提高。系统默认快捷键如图 7-8 所示。

```
#-----------------------------------------------------------------
# F1 is normally reserved by the system for Help so we don't use it
alias F2 zoom fit
alias F3 add connect
alias F4 show element
alias F5 redraw
alias F6 done
alias F7 next
alias F8 oops
alias F9 cancel
alias F10 grid toggle
alias F11 zoom in
alias F12 zoom out
alias SF2 property edit
alias SF3 slide
alias SF4 show measure
alias SF5 copy
alias SF6 move
alias SF7 dehilight all
alias SF8 hilight pick
alias SF9 vertex
alias SF10 save_as temp
alias SF11 zoom previous
alias SF12 zoom world
alias CF2 next
alias CF5 color192
alias CF6 layer priority
alias CSF5 status
alias ~N new
alias ~O open
alias ~S save
alias ~D delete
alias ~Z undo
funckey + subclass -+
funckey - subclass --
```

图 7-8　系统默认快捷键

7.5　快捷键的自定义

系统自带的快捷键除了一些功能键，如 F2 到 F12 等，还有快捷键，如"Ctrl+字母"，或者"Shift+F1"。使用这样的快捷键操作软件，其实是很慢的，因为距离太远，还需要按两个键位，所以在设计过程中通常指定单个的快捷键。本节将列举三种常用的快捷键设置方法。

7.5.1　命令行指定快捷键

打开 Allegro 软件，找到命令栏，命令栏一般在左下角。在命令栏中输入需要定义的快捷键及命令即可，如在命令栏中输入"alias　a　move"，或者"funckey　a　move"，即把小写的字母 a 定义为移动命令的快捷键，如图 7-9 所示。

使用命令行指定的快捷键有个缺点，就是该快捷键仅在当前打开的 Allegro 软件窗口有效，关闭这个软件窗口之后，指定的快捷键就失效了。

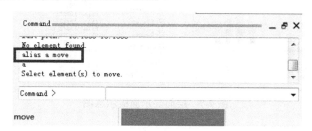

图 7-9　命令行指定快捷键示意图

7.5.2　env 文件指定快捷键

在 env 文件中指定快捷键也是最常用的方法。env 文件的路径为："C:\Cadence\SPB_17.4\

share\pcb\text"，C 盘是安装盘符，找到对应的路径即可。找到 env 文件后，用写字板打开这个文件，进行编辑并保存。指定快捷键的方法与命令行指定快捷键的方法相同，如图 7-10 所示。

```
funckey + subclass -+
funckey - subclass --
funckey 1      assign color
funckey 2      undo
funckey 3       copy
funckey 4      change
funckey 5      dehilight
funckey 6      swap components
funckey 7      swap functions
funckey 8      zoom points
funckey a      zoom out
funckey b      rotate
```

图 7-10　env 文件指定快捷键示意图

7.5.3　Relay 命令指定快捷键

Replay 命令就是录制 script 定义的快捷键时用到的命令。7.6 节会讲解如何去录制 script 文件及其调用。如使用快捷键调用 script 录制的格点为 5 的录制文件 Grid5.scr，需要在 env 文件中指定"Alias a Replay Grid5"，这样使用快捷键"a"就能自动设置格点为 5 了。但是需要保证的是录制的文件需要放置在 Cadence 系统默认的配置文件夹中，路径为"C:\Cadence\SPB_17.4\share\local\pcb\scripts"，否则在 Replay 后面需要加上完整的路径。

在指定快捷键时，通常前面是"Alias"或者"funckey"，中间是指定的快捷键，最后是执行的命令。很多初学者不清楚这些命令的语句是什么，其实，在 Allegro 软件中是可以查询的。执行菜单命令"Tools"→"Utilities"，在下拉菜单中选择"Keyboard Commands"选项，如图 7-11 所示。

执行上述命令之后，会弹出"Command Browser"对话框，如图 7-12 所示。"Command Browser"窗口显示的是可以指定快捷键的命令，以及使用快捷键定义时所写的命令语句。

图 7-11　命令菜单示意图

图 7-12　可以指定快捷键的命令示意图

7.6 录制及调用 script 文件

7.6.1 录制 script 文件

script 文件的作用：记录命令和鼠标操作的过程，可以重复使用，具体操作步骤如下：

（1）录制 script 文件：执行菜单命令"File"→"Script"，弹出"Scripting"对话框，单击"Browse"按钮，在弹出的窗口中直接设置记录文件的名称为"Grid5.scr"，文件路径会保存在 Cadence 系统默认的配置文件夹中，路径为"C:\Cadence\SPB_17.4\share\local\pcb\scripts"，系统可以直接调用，也可以指定别的路径，如图 7-13 所示。录制完毕后，还需要更改到 Cadence 系统默认的配置文件夹中，这样才可以进行调用。

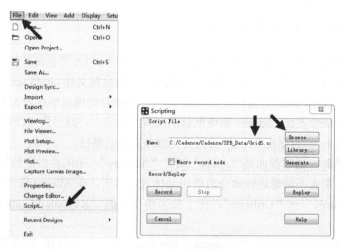

图 7-13 录制 Script 文件示意图

（2）指定文件的路径后，单击"Record"按钮，进行录制。比如，录制设置布线的格点为"5"，在单击"Record"按钮后，执行菜单命令"Setup"→"Grids"，进行格点设置，将格点设置为"5"，如图 7-14 所示。

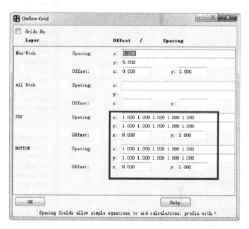

图 7-14 格点设置示意图

（3）整个操作完毕之后，格点设置完成，整个录制 script 文件的过程也就结束了。再次执行菜单命令"File"→"Script"，单击"Stop"按钮，即可完成整个 script 文件的录制。

7.6.2 调用 script 文件

录制 script 文件之后，需要对 script 文件进行调用，具体操作步骤如下：

（1）执行菜单命令"File"→"Script"，调出如图 7-15 所示的窗口。

（2）输入正确的 script 文件的路径和文件名称，也可以通过 Browse 或者 Library 进行查找，Library 即是在系统默认的路径下进行查收。

（3）单击"Replay"按钮，进行调用即可。

使用快捷键调用 script 文件的方法如下：

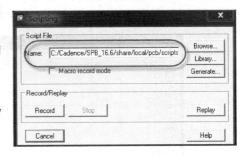

图 7-15　script 文件回放示意图

（1）录制的 script 文件要放置在 Cadence 系统默认的配置文件夹中，路径为"C:\Cadence\SPB_17.4\share\local\pcb\scripts"。如果路径不在此处，则需要复制。

（2）在 env 文件中添加调用的语句，如"Alias a Replay Grid5"，指定调用 script 文件的快捷键。

（3）重启 Allegro 软件，即可使用快捷键进行调用。

7.7　Stoke 快捷键设置

7.5 节讲解了使用键盘命令去设置快捷键。在 Allegro 软件中，还可以使用鼠标设置快捷键，这就 Stoke 功能，具体操作步骤如下：

（1）执行菜单命令"Tools"→"Utilities"→"Stroke Editor"，如图 7-16 所示，进行 Stoke 命令的编辑，然后进行调用即可。

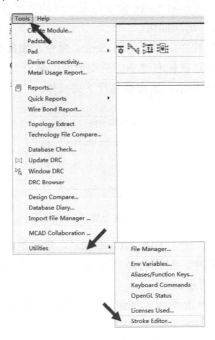

图 7-16　Stroke 命令编辑示意图（1）

（2）执行上述命令后，会弹出如图 7-17 所示的界面，右栏是定义好的 Stoke 命令，左栏是绘制区域。在左边的区域绘制一些图形，在下方的"Command"栏输入执行命令的名称，单击"Add"按钮，新添加的 Stoke 命令就会在右栏中出现。

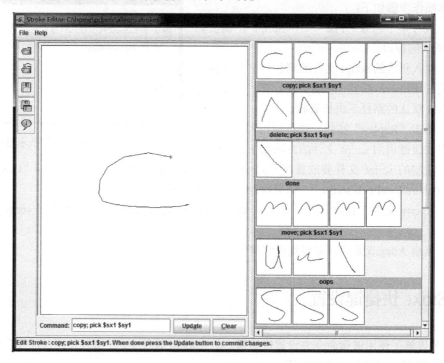

图 7-17   Stroke 命令编辑示意图（2）

（3）要编辑或者修改 Stoke 命令，首先选择右栏的 Stoke 命令，修改后单击"Update"按钮，进行更新保存即可重新调用。要删除 Stoke 命令也是一样的处理方法，选择右栏的 Stoke 命令，单击鼠标右键，选择"Delete"选项即可。

（4）设置完成之后，重启软件，即可调用 Stoke 命令。如果在软件重启之后，调用 Stoke 命令时发现鼠标右键不能滑动，鼠标右键不能滑动的原因是因为在用户参数设置时右键滑动的使能命令没有开启，如图 7-18 所示，则需要执行下列操作。

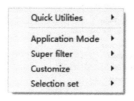

图 7-18   右键不能滑动示意图

（5）执行菜单命令"Setup"→"User Preferences"，进行参数设置，如图 7-19 所示。

（6）在用户参数设置选项中，左栏选择"Input"选项，在右栏"Input"选项中勾选"no_dragpopup"选项，如图 7-20 所示。

（7）执行上述命令之后，单击"OK"按钮。重启 Allegro 软件，这时就可以右键使用 Stroke 命令进行操作了。

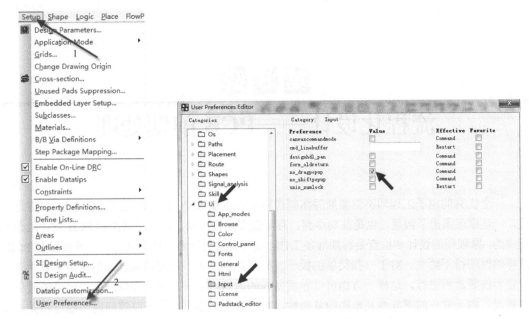

图 7-19　用户参数设置示意图（1）　　　　　图 7-20　用户参数设置示意图（2）

7.8　本章小结

　　本章主要介绍了 Cadence Allegro 的 PCB 设计工作界面、常用系统快捷键和自定义快捷键，让读者对各个面板及快捷键有一个初步的认识，为后面进行 PCB 设计及提高设计效率打下一定的基础。

第 8 章

流程化设计——PCB 前期处理

一个优秀的电子工程师不但要原理图制作完美，也要求 PCB 设计完美，而 PCB 画得再完美，一旦原理图出了问题，也是前功尽弃，有可能要从头再来。原理图制作和 PCB 设计是相辅相成的，原理图的设计和检查是前期准备工作，经常见到初学者直接跳过这一步开始绘制 PCB，这样的做法得不偿失。对于一些简单的板子，如果熟悉流程，则可以跳过。但对初学者而言，一定要按照流程进行，这样一方面可以养成良好的习惯，另一方面处理复杂电路时也能避免出现错误。由于软件的差异性及电路的复杂性，有些单端网络、电气开路等问题不经过相关检测工具检查就盲目生产，等板子生产完毕，错误就无法挽回了，所以 PCB 流程化设计是很必要的。

 学习目标

➢ 掌握原理图的常见编译检查及 PCB 的完整导入方法。
➢ 掌握板框的绘制定义及叠层。
➢ 掌握交互式布局及模块化布局操作。
➢ 掌握常用类及规则的创建与应用。
➢ 掌握常用走线技巧及铜皮的处理方式。
➢ 掌握差分线的添加及应用。
➢ 熟悉蛇形线的走法及常见等长方式处理。

8.1 原理图封装完整性检查

在执行原理图导入 PCB 操作之前，通常需要对原理图封装的完整性进行检查，以确保所有的元器件都存在封装或者路径匹配好，以避免出现无法导入或者导入不完全的情况。

8.1.1 封装的添加、删除与编辑

对于封装检查，一个一个地检查是非常麻烦的。在 OrCAD 中，我们可以在属性中批量检查元器件是否具有封装属性。

（1）切换到原理图目录页，选中原理图根目录或者其中某一页的原理图，单击右键，编辑元器件属性，如图 8-1 所示。

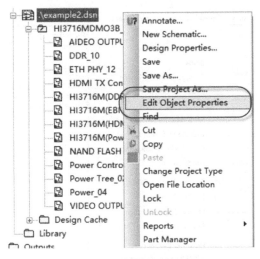

图 8-1　编辑元器件属性示意图（1）

（2）打开元器件的属性框，找到"PCB Footprint"一栏，批量检查元器件是否具有封装属性，若是检查到没有添加封装的元器件，则可以在该界面的"PCB Footprint"属性栏双击填入，如图 8-2 所示。

		Part Number	Part Reference	PARTS	PCB Footprint
2	HI3716MDMO3B_VER_		C28	1	HSC0402
3	HI3716MDMO3B_VER_		C38	1	SC0805
4	HI3716MDMO3B_VER_		C57		SC0402
5	HI3716MDMO3B_VER_		C60		SC0402
6	HI3716MDMO3B_VER_		C75	1	SC0402
7	HI3716MDMO3B_VER_		C134		C0402
8	HI3716MDMO3B_VER_		C180	1	SC0402
9	HI3716MDMO3B_VER_		C181	1	SC0402
10	HI3716MDMO3B_VER_		C203	1	CAPC2-100-250

图 8-2　编辑元器件属性示意图（2）

8.1.2　库路径的全局指定

对于 Allegro 软件，所有封装是保存在一个库文件夹内的，因此需要在 PCB 中指定该库路径，以便调用原理图中所用到的封装。

一般会在 Allegro 软件中指定下面几个与封装库有关的路径。

（1）选择 Allegro 软件的"Setup"选项的最后一项"User Preferences"，如图 8-3 所示。

（2）在弹出的对话框中，选择"Library"中的"devpath""padpath""psmpath"三项设置路径，如图 8-4 所示。

devpath：第三方网表（Other 方式导出的网表）导入 PCB 时需设置的路径，如果是用第一方网表导入的，就不用进行设置。它的作用是指定导入网表时需要的 PCB 封装的 device 文件，文件里有记录 PCB 封装的引脚信息，导入第三方网表时会将 device 文件中的内容与网表中的引脚信息进行比对。

padpath：PCB 封装的焊盘存放路径。

psmpath：PCB 封装文件、PCB 封装焊盘中使用的 Flash 文件、PCB 封装焊盘使用的 Shape 文件等内容的存放路径。

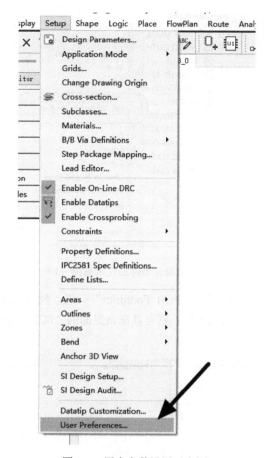

图 8-3　用户参数设置示意图

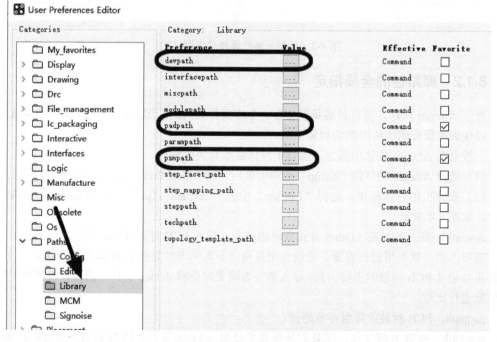

图 8-4　封装库路径指定示意图

8.2 网表及网表的生成

8.2.1 网表

网表，顾名思义，就是网络连接和联系的表示，其内容主要是电路图中各个元器件类型、封装信息、连接流水序号等数据信息。在使用 Allegro 进行 PCB 设计时，可以通过导入网络连接关系进行 PCB 网表的导入。在 Allegro 软件中使用到的有第一方网表和第三方网表。

Allegro 的第一方网表与第三方网表有以下几点区别：

● 能与 Allegro 实现交互式操作的是第一方网表，第三方网表不可以实现交互式操作。

● 第三方网表不能将元器件的 Value 属性导入 PCB 中，输出时以封装属性来代替 Value 属性，而第一方网表是可以的。

● 网表导入 PCB 中时，第三方的网表需要事先指定 PCB 封装库文件，并产生 device 文件，这样才可以将网表导入 PCB 中，第一方网表则可以直接导入。

8.2.2 第一方网表的生成

OrCAD 产生 Cadence Allegro 第一方网表的操作步骤如下：

（1）选择原理图根目录，执行菜单命令"Tools"→"Create Netlist"，或者单击菜单栏上的 图标，调出产生网表的界面，如图 8-5 所示。

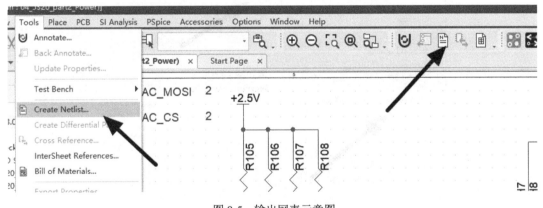

图 8-5　输出网表示意图

（2）在弹出的"Create Netlist"界面中，选择 PCB 选项，产生 Allegro 的第一方网表，如图 8-6 所示。

（3）输入 Allegro 第一方网表需要注意下面几个地方：

① 需要勾选"Creat PCB Editor Netlist"选项，才能生成网表。

② 下面的"Netlist Files"是输出网表的存储路径，不进行更改的话，是在当前原理图目录下，会自动产生 Allegro 的文件夹，里面就是输出的网表。

③ 单击右侧的"Setup"按钮，如图 8-7 所示，勾选"Ignore Electrical constraints"选项，则忽略原理图中所添加的规则。

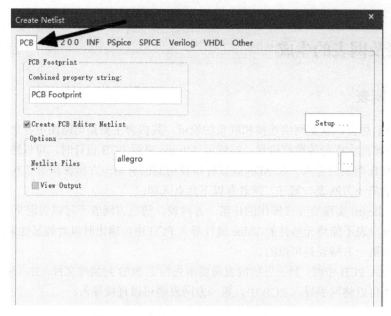

图 8-6　输出第一方网表参数设置示意图

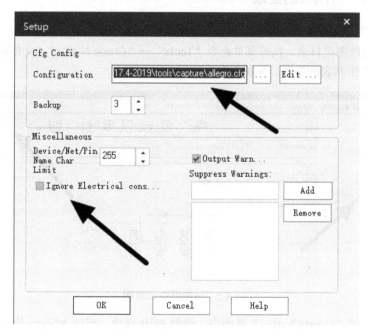

图 8-7　输出网表设置示意图

8.2.3　第三方网表的生成

OrCAD 产生 Cadence Allegro 第三方网表的操作步骤如下：

（1）选择原理图根目录，执行菜单命令"Tools"→"Create Netlist"，或者单击菜单栏上的 图标，调出产生网表的界面，如图 8-8 所示。

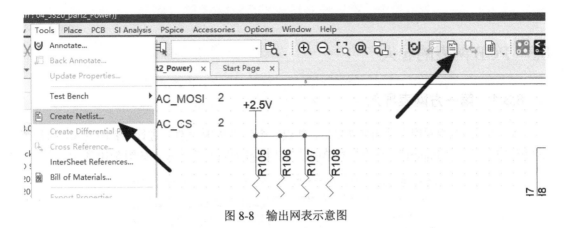

图 8-8　输出网表示意图

（2）在弹出的输出网表界面中选择"Other"选项，来输出第三方网表，如图 8-9 所示。在"Formatters"栏中选择"orTelesis64.dll"选项，上面的"Part Value"栏需要用"PCB Footprint"代替，不然会产生错误。

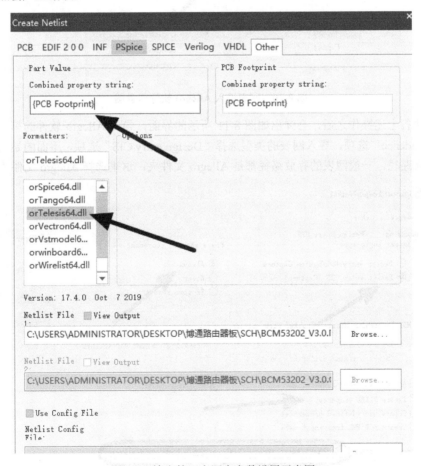

图 8-9　输出第三方网表参数设置示意图

（3）按第二步所说的设置好参数以后，在下方的路径中可以选择网表存储的路径，参见图 8-9，默认路径是当前原理图所处的路径。单击"确定"按钮，即可输出第三方网表文件，后缀为.NET 的文件就是网表文件。

8.3 PCB 网表的导入

8.3.1 第一方网表导入

（1）在原理图中对网表输出成功以后，新建一个新的 PCB 文件，进行网表的调入，执行菜单命令"File"→"Import"，在下拉菜单中选择"Logic/Netlist"选项，如图 8-10 所示。

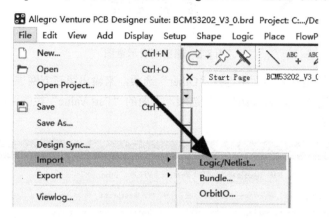

图 8-10　网表调入 Allegro 软件示意图

（2）执行上述操作之后，会弹出如图 8-11 所示的界面，导入 Allegro 软件的第一方网表需要选择"Cadence"选项，导入网表的类型选择"Design entry CIS"选项，下面的导入路径需要选择文件夹路径，一般网表的存放路径都是 Allegro 文件夹，这里选择 Allegro 文件才可以。

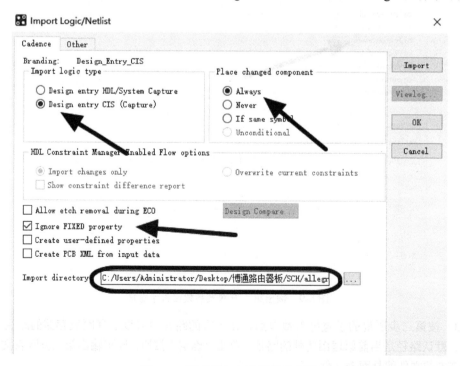

图 8-11　网表调入参数设置示意图

（3）按照如图 8-11 所示的参数设置，将网表调入的路径以及参数设置完毕，单击右上角的"Import"按钮，就可以将第一方网表导入 Allegro 软件中。导入完毕后会弹出提示对话框，如果没有错误，则表示网表已经成功导入；如果有错误，则表示导入有问题，需要将问题解决后，再重新导入。

 小 助 手 提 示

对于导入中一些常见问题的解决办法，作者在 PCB 联盟网论坛的百问百答板块进行了详细的说明，大家可以以问答的方式学习。

8.3.2　第三方网表导入

（1）第三方网表输出完成后，需新建一个 PCB 文件，将第三方网表导入 PCB 文件中。在导入之前，首先需要指定封装库路径，而第一方网表不是必需的。执行菜单命令"Setup"→"User Preferences"，进行参数设置，如图 8-12 所示。在弹出的窗口中，在左侧选择"Paths"选项，接着选择"Library"选项，进入封装库指定，需要指定三个封装库路径：

devpath：指定封装的 device 文件。

padpath：指定封装的焊盘文件。

psmpath：指定封装的 psm 文件。

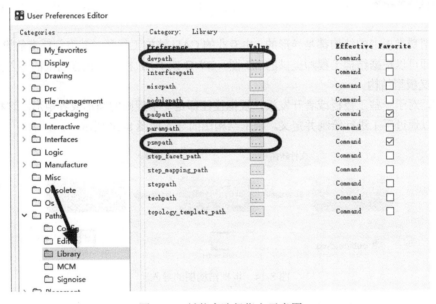

图 8-12　封装库路径指定示意图

（2）指定封装库的路径之后，就可以导入第三方网表了。执行相同的导入网表操作，执行菜单命令"File"→"Import"，进行导入网表的操作，在下拉菜单中选择"Logic"选项，进行网表的调入，在弹出的窗口中选择"Other"选项，如图 8-13 所示，在左侧的复选框中勾选第二、三、五项，其他的不勾选。"Import netlist"后面的方框内选择第三方的网表文件，文件后缀为.net。需要注意的是，在存储网表文件的路径下，不能出现类似括号、*号等非法字符。设置参数之后，单击"Import"按钮，进行第三方网表的导入。

（3）导入之后，会有导入的报告显示，如果没有错误，则表示导入成功；如果有错误，则

表示导入不成功，需要解决提示的错误后重新导入。

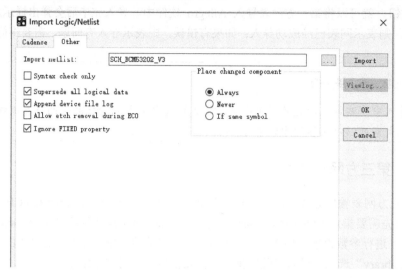

图 8-13　第三方网表调入示意图

8.4　板框定义

很多消费类板卡的结构都是异形的，由专业的 CAD 结构工程师对其进行精准的设计，PCB 布线工程师可以根据结构工程师提供的 2D 图（DWG 或 DXF 格式）进行精准的导入操作，在 PCB 中定义板型结构。

同时，对于一些工控板或者开发板，板框往往都是一个规则的圆形或者矩形，这种类型的板框，可以通过手工进行绘制并定义。板框结构图的导入如图 8-14 所示。

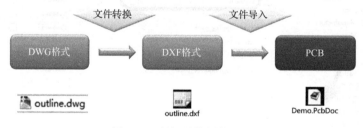

图 8-14　板框结构图的导入

8.4.1　DXF 结构图的导入

在进行 PCB 设计之前，除了将原理图的网表导入，将元器件放置在 PCB 上，还需要将结构文件导入 PCB 中，进行结构器件的定位。具体操作步骤如下：

（1）需要结构工程师提供结构文件，结构文件一般都是用 AutoCAD 绘制的 2D 的文件，也可能是后缀为.DWG 的文件。.DWG 文件不能直接导入 PCB 文件，需要使用 AutoCAD 打开，另存为 DXF 文件。

（2）执行菜单命令"File"→"Import"，在下拉菜单中选择"DXF"选项，对结构文件进行导入，如图 8-15 所示。

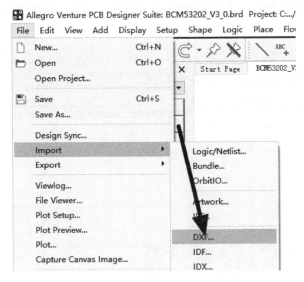

图 8-15　导入 DXF 文件示意图

（3）执行上述命令后，会弹出如图 8-16 所示的界面，进行参数选择：

DXF file：DXF 文件导入路径，选择需要导入的 DXF 文件。

DXF units：DXF 文件单位，只与 DXF 文件的单位有关，如 DXF 文件的单位是 mm，则选择 mm，跟当前 PCB 设计的单位无关。

Use default text table：勾选这个选项，是指导入文件后，DXF 文件包含的文本类型，使用默认的文本字号。

Incremental addition：勾选这个选项，是指以添加的形式将 DXF 文件导入 PCB 中，不勾选则是新建一个 PCB 文件进行导入。

Fill shape：将导入的 Shape 类型的文件进行填充，一般不用勾选。

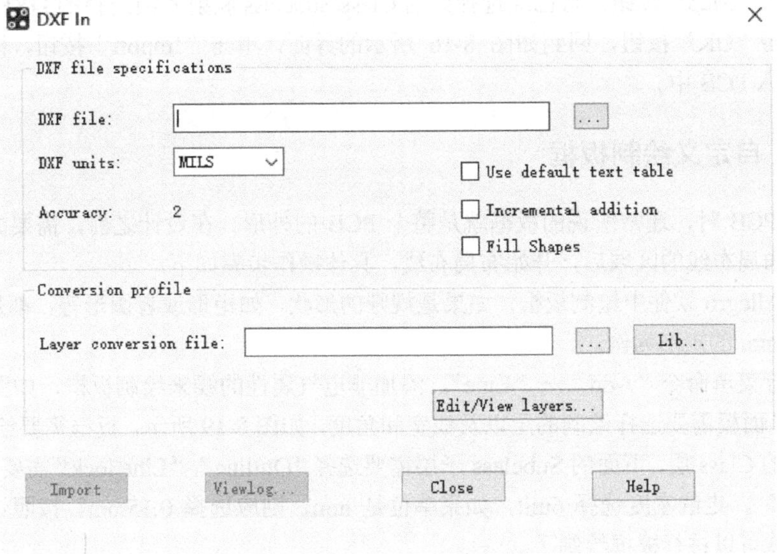

图 8-16　导入 DXF 文件选项界面示意图

（4）上述参数设置完成后，单击"Edit/View Layers"按钮，进行导入层叠信息的设置，如图 8-17 所示。

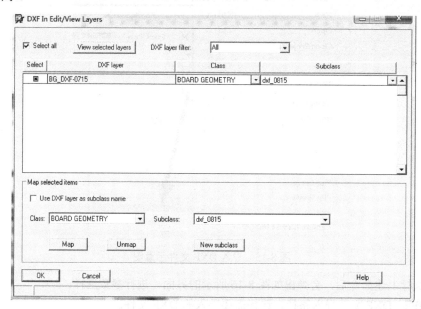

图 8-17　DXF 层叠信息设置示意图

（5）勾选左上角的"Select all"选项，可以选择 DXF 文件中的所有图层进行导入，也可以单击每一个复选框进行选择，导入需要的图层。

（6）"Map selected items"选项栏下侧，在"Class"下拉列表中选需要导入 DXF 的层，一般是选择"BOARD GEOMETRY"层，在右侧的"Subclass"下拉列表中选需要导入 DXF 的小层，一般新建层，方便查找，单击"New subclass"按钮新建即可。一般命令的方式是"dxf_0815"，简明释义，是 8 月 15 日导入的 DXF 文件。

（7）单击"Map"按钮，将已经选择好的 Class/Subclass 映射到所选择的 DXF 图层中。

（8）单击"OK"按钮，回到如图 8-16 所示的界面，单击"Import"按钮，即将所选择的 DXF 文件导入 PCB 中。

8.4.2　自定义绘制板框

在绘制 PCB 时，通常所说的板框就是整个 PCB 的外形。在设计之前，需要先将板框绘制好，设置好布局布线的区域后，开始布局布线。具体操作步骤如下：

（1）在 Allegro 软件中绘制板框，如果是规则的形状，如矩形或者圆形等，都是可以的，这里以 80×100mm 的矩形为例。

（2）执行菜单命令"Add"→"Line"，添加非电气属性的线来绘制板框，如图 8-18 所示。在"Options"面板需要选择绘制的层以及线宽和角度，如图 8-19 所示，板框需要绘制在"Board Geomertry"的 Class 层，下面的 Subclass 子层需要选择"Outline"，"Line lock"需要选择"Line"，角度选择 90°，走线宽度选择 6mil，如果单位是 mm，则应选择 0.15mm。按照这个参数设置完成之后，就可以进行板框绘制了。

（3）绘制板框一般将原点设置为起始点，执行上述命令之后，在 Command 命令行输入起始点的坐标"x 0 0"，然后按回车键，如图 8-20 所示。

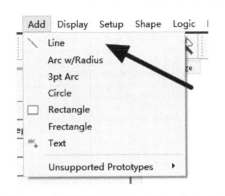

图 8-18　执行菜单命令"Add"→"Line"

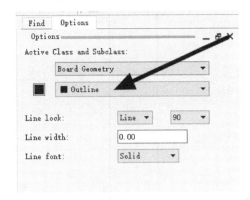

图 8-19　绘制 PCB 板框设置示意图

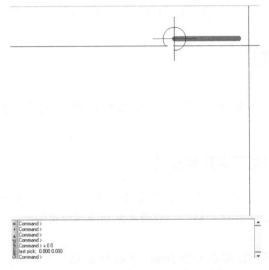

图 8-20　定义板框起始点坐标示意图

（4）定义好起始点的坐标后，用偏移的方法将板框的长和宽绘制好。在 Command 命令行输入偏移量，这里使用的单位是 mils（80mm=3149.6mils，100mm=3937mils），先输入"ix 3149.6"，然后输入"iy 3937"，格式一定要按照偏移的格式输入，如图 8-21 所示。

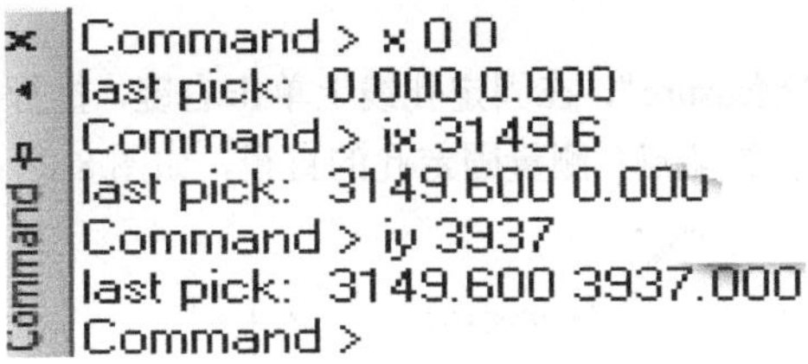

```
Command > x 0 0
last pick: 0.000 0.000
Command > ix 3149.6
last pick: 3149.600 0.000
Command > iy 3937
last pick: 3149.600 3937.000
Command >
```

图 8-21　定义板框偏移量示意图

（5）因为整个板框是矩形，所以输入长和宽的偏移量之后，在 Command 命令行直接定义结束点的坐标即可；同理，在 Command 命令行输入"x 0 0"。这样，整个板框就绘制完毕，如图 8-22 所示。

上述举例讲述了如何绘制标准形状的板框。如果板子的外形是异形的，则通常先由结构工程师在 AutoCAD 软件中将外形图绘制好，然后导入 DXF 文件来获取板框。

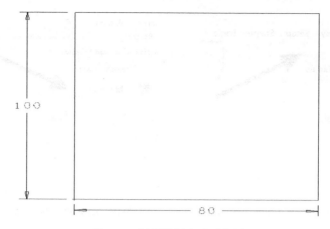

图 8-22　板框绘制完成示意图

8.5　固定孔的放置

对于固定孔的放置，一般分为两种类型：开发板类型固定孔的放置；导入型板框固定孔的放置。

8.5.1　开发板类型固定孔的放置

对于开发板，因为不需要考虑外壳，只需 PCBA 即可，所以对于固定孔的位置及大小要求不那么严格，一般按照常规进行设置即可，如图 8-23 所示。

（1）位置要求：放置在距原点 X 轴 5mm、Y 轴 5mm 的位置。

（2）大小要求：一般采用直径为 3mm 的非金属化孔。

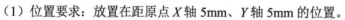

图 8-23　固定孔的位置及大小要求

8.5.2　导入型板框固定孔的放置

对于导入型板框，其有实物结构模型，固定孔的位置及大小已经定义好，只能严格按照要求的位置和大小精准地放置。

（1）执行菜单命令"Display"→"Measure"，在固定孔线上单击右键，执行菜单命令"Snap pick to"→"Segment Vertex"。抓取线段的端点，测量固定孔的直径，如图 8-24 和图 8-25 所示。

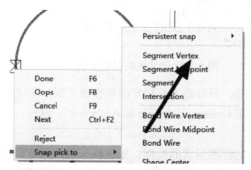

图 8-24　执行"Segment Vertex"命令

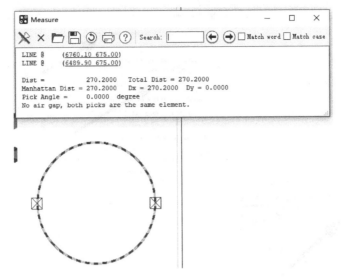

图 8-25　固定孔标识信息读取

（2）在 Padstack Editor 软件中对固定孔进行创建，如图 8-26 所示。

① 金属化和非金属化的选择：固定孔一般为非金属化，但也有例外，这个应根据实际需求进行选择。

② 焊盘的大小和形状设置：一般非金属化孔，焊盘和孔等大小设置。

图 8-26　焊盘属性设置

（3）将创建好的固定孔保存至 PCB 所指定的封装库中，执行菜单命令"Place"→"Manually"，如图 8-27 所示，在"Advanced Settings"面板中勾选"Library"选项，即可直接从库中进行调用，然后在"Placement List"面板中找到所创建的固定孔进行放置即可，如图 8-28 所示。

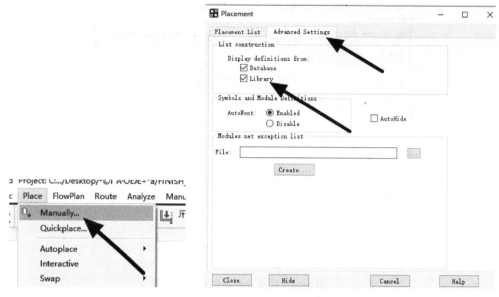

图 8-27 执行"Place"→"Manually"命令　　　　图 8-28 固定孔的调用

8.6 叠层的定义及添加

对高速多层板来说，默认的两层设计无法满足布线信号质量及走线密度要求，这时需要对 PCB 叠层进行添加，以满足设计的要求。

8.6.1 正片层与负片层

正片层就是平常用于走线的信号层（直观上看到的地方就是铜线），可以用"线""铜皮"等进行大块铺铜与填充操作，如图 8-29 所示。

图 8-29 正片层

负片层则正好相反，即默认铺铜，就是生成一个负片层之后整层就已经被铺铜了，走线的地方是分割线，没有铜存在。要做的事情就是分割铺铜，再设置分割后铺铜的网络即可，如图 8-30 所示。

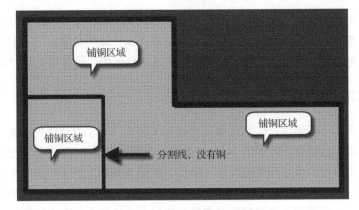

图 8-30　负片层

8.6.2　内电层的分割实现

（1）在 Allegro 中，用线条在 Anti Etch 层进行分割。分割线不宜太细，可以选择 15mil 及以上，如图 8-31 所示。

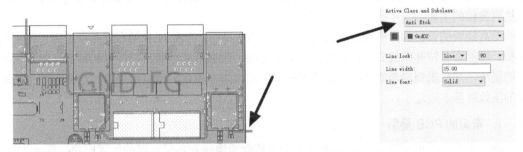

图 8-31　铜皮分割示意图

（2）铜皮分割完成之后，可以通过选中铜皮单击右键进行网络的分配，如图 8-32 所示。

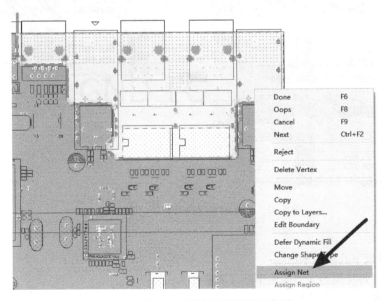

图 8-32　铜皮分配网络示意图

正、负片都可以用于内电层，负片的好处在于默认大块铺铜填充，再进行添加过孔、改变铺铜大小等操作都不需要重新"Rebuild"，省去了重新铺铜计算的时间。中间层用电源层和 GND 层（也称地层、地线层、接地层）时，层面上大多是大块铺铜，这样用负片的优势就很明显。

8.6.3　PCB 叠层的认识

随着高速电路的不断涌现，PCB 的复杂度也越来越高，为了避免电气因素的干扰，信号层和电源层必须分离，这样就涉及多层 PCB 的设计。在设计多层 PCB 之前，设计者首先需要根据电路的规模、电路板的尺寸和电磁兼容（EMC）的要求来确定所采用的电路板结构，也就是决定采用 4 层、6 层，还是更多层数的电路板。这就是设计多层板的一个简单概念。

确定层数之后，再确定内电层的放置位置及如何在这些层上分布不同的信号。这就是多层 PCB 叠层结构的选择问题。叠层结构是影响 PCB 的 EMC 性能的一个重要因素，一个好的叠层设计方案将会大大减小电磁干扰（EMI）及串扰的影响。

板的层数不是越多越好，也不是越少越好，确定多层 PCB 的叠层结构需要考虑较多的因素。从布线方面来说，层数越多越利于布线，但是制板成本和难度也会随之增加。对生产厂家来说，叠层结构对称与否是 PCB 制造时需要关注的焦点。所以，层数的选择需要考虑各方面的需求，以达到最佳的平衡。

对有经验的设计人员来说，在完成元器件的预布局后，会对 PCB 的布线瓶颈处先进行重点分析，再综合有特殊布线要求的信号线（如差分线、敏感信号线等）的数量和种类来确定信号层的层数，然后根据电源的种类、隔离和抗干扰的要求来确定内电层的层数。这样，整个电路板的层数就基本确定了。

1. 常见的 PCB 叠层

确定了电路板的层数后，接下来的工作便是合理地排列各层电路的放置顺序。图 8-33 和图 8-34 分别列出了常见的 4 层板和 6 层板的叠层结构。

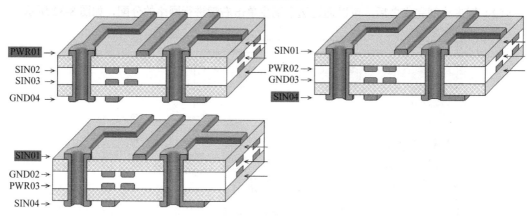

图 8-33　常见的 4 层板的叠层结构

2. 叠层分析

叠层一般遵循以下几点基本原则：

① 元器件面、焊接面为完整的地平面（屏蔽）。

② 尽可能无相邻平行布线层。

③ 所有信号层应尽可能与地平面相邻。

④ 关键信号与地层相邻，不跨分割区。

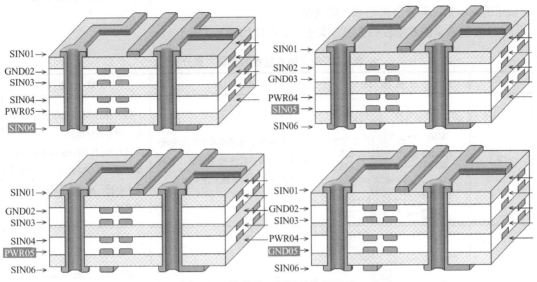

图 8-34 常见的 6 层板的叠层结构

根据以上原则，对如图 8-33 和图 8-34 所示的常见叠层方案进行分析，分析情况如下。

（1）3 种常见的 4 层板的叠层方案优缺点对比如表 8-1 所示。

表 8-1 常见的 4 层板的叠层方案分析

方案图示		优 点	缺 点
方案 1	PWR01 SIN02 SIN03 GND04	此方案主要为了达到一定的屏蔽效果，把电源、地平面分别放在顶层、底层	（1）电源、地相距过远，电源平面阻抗过大； （2）电源、地平面由于元器件焊盘等影响，极不完整； （3）由于参考面不完整，信号阻抗不连续，预期的屏蔽效果很难实现
方案 2	SIN01 GND02 PWR03 SIN04	在元器件面下有一个地平面，适用于主要元器件在顶层布局或关键信号在顶层布线的情况	—
方案 3	SIN01 PWR02 GND03 SIN04	与方案 2 类似，适用于主要元器件在底层布局或关键信号在底层布线的情况	—

通过方案 1 到方案 3 的对比发现，对于 4 层板的叠层，通常选择方案 2 或者方案 3，请结合板子的实际情况和叠层原则来正确选择。

（2）4 种常见的 6 层板的叠层方案优缺点对比如表 8-2 所示。

表 8-2　常见的 6 层板的叠层方案分析

	方　案　图　示	优　　点	缺　　点
方案 1	SIN01 GND02 SIN03 SIN04 PWR05 SIN06	采用 4 个信号层和两个内部电源/地线层，具有较多的信号层，有利于元器件之间的布线工作	（1）电源层和地线层分隔较远，没有充分耦合； （2）信号层 SIN03 和 SIN04 直接相邻，信号隔离性不好，容易发生串扰，在布线的时候需要错开布线
方案 2	SIN01 SIN02 GND03 PWR04 SIN05 SIN06	电源层和地线层耦合充分	表层信号层的相邻层也为信号层，信号隔离性不好，容易发生串扰
方案 3	SIN01 GND02 SIN03 GND04 PWR05 SIN06	（1）电源层和地线层耦合充分； （2）每个信号层都与内电层直接相邻，与其他信号层均有有效的隔离，不易发生串扰； （3）信号层 SIN03 和两个内电层 GND2 和 GND04 相邻，可以用来传输高速信号。两个内电层可以有效地屏蔽外界对 SIN03 的干扰和 SIN03 对外界的干扰	—
方案 4	SIN01 GND02 SIN03 PWR04 GND05 SIN06	（1）电源层和地线层耦合充分； （2）每个信号层都与内电层直接相邻，与其他信号层均有有效的隔离，不易发生串扰	—

通过方案 1 到方案 4 的对比发现，在优先考虑信号的情况下，选择方案 3 和方案 4 会明显优于前面两种方案。但是在实际设计中，产品都是比较在乎成本的，又因为布线密度大，通常会选择方案 1 来做叠层结构，所以在布线时一定要注意相邻两个信号层的信号交叉布线，尽量让串扰降到最低。

（3）常见的 8 层板的叠层推荐方案如图 8-35 所示，优选方案 1 和方案 2，可用方案 3。

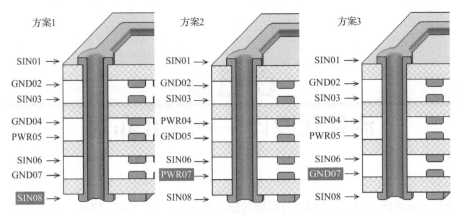

图 8-35　常见的 8 层板的叠层推荐方案

8.6.4　层的添加及编辑

（1）执行菜单命令"Setup"→"Cross Section"，进入如图 8-36 所示的叠层管理器，进行相关参数设置。

#	Objects		Types		Thickness		Physical		Embedded		Signal Integrity		
	Name	Layer	Layer Function		Value		Layer ID	Material	Embedded Status		Conductivity	Dielectric Constant	SI Ignore
					mil						mho/cm		
*	*			▸	*		*	*	*		*		*
		Surface										1	
1	TOP	Conductor	Conductor		0		1	Copper	Not embedded		0	1	☐
		Dielectric	Dielectric		8			Fr-4			0	4.5	☐
2	GND02	Plane	Plane		1.2		2	Copper	Not embedded		595900	4.5	☐
		Dielectric	Dielectric		8			Fr-4			0	4.5	☐
3	PWR03	Plane	Plane		1.2		3	Copper	Not embedded		595900	4.5	☐
		Dielectric	Dielectric		8			Fr-4			0	4.5	☐
4	BOTTOM	Conductor	Conductor		0		4	Copper	Not embedded		0	1	☐
		Surface										1	

单击右键添加层

厚板修改

正、负片的修改

图 8-36　叠层管理器

（2）单击右键选择"Add Layer"选项，可以进行添加层操作。

（3）双击相应的 Name，可以更改名称，一般可以改为 TOP、GND02、SIN03、SIN04、PWR05、BOTTOM 等，即采用"字母+层序号"，这样方便读取识别。

（4）根据叠层结构设置板层厚度。

　　建议信号层采取正片的方式处理，电源层和地线层采取负片的方式处理，这样可以在很大程度上减小文件数据量的大小和提高设计速度。

8.7　本章小结

　　本章主要描述了 PCB 设计开始的前期准备，包括原理图的检查、封装的检查、网表的生成、PCB 网表的导入、叠层结构的设计等。只有把前期工作做好了，才能更好地把握好后面的设计，保证设计的准确性和完整性。

第9章

流程化设计——PCB 布局

一块好的电路板，除能够实现电路原理功能之外，还要考虑 EMI、EMC、ESD（静电释放）、信号完整性等电气特性，也要考虑机械结构、大功耗芯片的散热问题，在此基础上再考虑电路板的美观问题，就像艺术雕刻一样，对每一个细节都要斟酌。

9.1 常见 PCB 布局约束原则

在对 PCB 元器件布局时常会有以下几个方面需要考虑：

（1）PCB 板形与整机是否匹配？

（2）元器件之间的间距是否合理？有无水平或高度冲突？

（3）PCB 是否需要拼版？是否预留工艺边？是否预留安装孔？如何排列定位孔？

（4）如何进行电源模块的放置及散热？

（5）需要经常更换的元器件放置位置是否方便替换？可调元器件是否方便调节？

（6）热敏元器件与发热元器件之间是否考虑距离？

（7）整板 EMC 性能如何？如何布局能有效增强抗干扰能力？

对于元器件之间的间距问题，基于不同封装的距离要求不一样及 Allegro 自身的特点，通过规则设置进行约束，设置太过复杂，较难实现，这时可以在 Dimension 层通过画线来标出元器件的外围尺寸，如图 9-1 所示，当其他元器件靠近时，就大概知道间距了。这对于初学者非常实用，也能使初学者养成良好的 PCB 设计习惯。

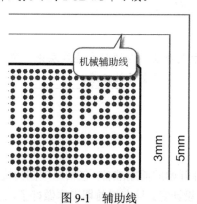

图 9-1 辅助线

通过以上的考虑分析，可以对常见 PCB 布局约束原则进行如下分类。

1．元器件排列原则

（1）在通常条件下，所有的元器件均应布置在 PCB 的同一面上。只有在顶层元器件过密时，才能将一些高度有限并且发热量小的元器件（如贴片电阻、贴片电容、贴片 IC 等）放在底层。

（2）在保证电气性能的前提下，元器件应放置在栅格上且相互平行或垂直排列，以求整齐、美观。一般情况下，不允许元器件重叠，元器件排列要紧凑，输入元器件和输出元器件尽量分开远离，不要出现交叉。

（3）某些元器件或导线之间可能存在较高的电压，应加大之间的距离，以免因放电、击穿而引起意外短路，布局时应尽可能注意所有信号的布局空间。

（4）带高电压的元器件应尽量布置在调试时手不易触及的地方。

（5）位于板边缘的元器件，应该尽量使其距板边缘保持两倍板厚。

（6）元器件在整个板面上应分布均匀，不要一块区域紧密，一块区域疏松，以提高产品的可靠性。

2．按照信号走向布局原则

（1）放置固定元器件之后，按照信号的流向逐个安排各个功能电路单元的位置，以每个功能电路的核心元器件为中心，围绕它进行局部布局。

（2）元器件的布局应便于信号流通，使信号尽可能保持一致的方向。在多数情况下，信号的流向安排为从左到右或从上到下，与输入、输出端直接相连的元器件应当放在靠近输入、输出接插件或连接器的地方。

3．防止电磁干扰

（1）对于辐射电磁场较强的元器件及对电磁感应较灵敏的元器件，应加大相互之间的距离，或考虑添加屏蔽罩。

（2）尽量避免高、低电压元器件相互混杂及强、弱信号的元器件交错在一起。

（3）对于会产生磁场的元器件，如变压器、扬声器、电感等，布局时应注意减少磁感线对印制导线的切割；相邻元器件磁场方向应相互垂直，减少彼此之间的耦合。图 9-2 所示为电感与电感垂直 90°进行布局。

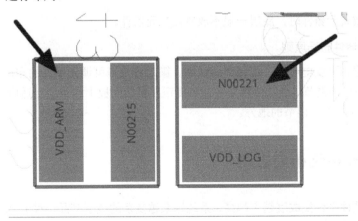

图 9-2　电感与电感垂直 90°

（4）对干扰源或易受干扰的模块进行屏蔽，屏蔽罩应有良好的接地。屏蔽罩的规划如图 9-3 所示。

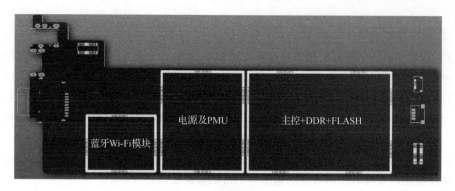

图 9-3 屏蔽罩的规划

4．抑制热干扰

（1）对于发热元器件，应优先安排在利于散热的位置，必要时可以单独设置散热器或小风扇，以降低温度，减少对邻近元器件的影响，如图 9-4 所示。

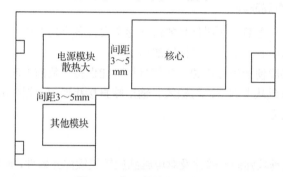

图 9-4 布局的散热考虑

（2）一些功耗大的集成块、大功率管、电阻等，要布置在容易散热的地方，并与其他元器件隔开一定距离。

（3）热敏元器件应紧贴被测元器件并远离高温区域，以免受到其他发热元器件影响，引起误动作。

（4）双面放置元器件时，底层一般不放置发热元器件。

5．可调元器件布局原则

对于电位器、可变电容器、可调电感线圈、微动开关等可调元器件的布局，应考虑整机的结构要求：若是机外调节，则其位置要与调节旋钮在机箱面板上的位置相适应；若是机内调节，则应放置在 PCB 上便于调节的地方。

9.2 PCB 模块化布局思路

面对如今硬件平台集成度越来越高、系统越来越复杂的电子产品，对于 PCB 布局应该具有模块化的思维，要求无论是在硬件原理图的设计中还是在 PCB 布线中均使用模块化、结构化的设计方法。作为硬件工程师，在了解系统整体架构的前提下，首先应该在原理图和 PCB 布线设计中自觉融合模块化的设计思想，结合 PCB 的实际情况，规划好对 PCB 进行布局的基本思路，如图 9-5 所示。

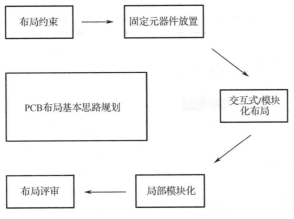

图 9-5　PCB 布局基本思路规划

9.3　固定元器件的放置

固定元器件的放置类似于固定孔，也是讲究一个精准的位置放置，主要根据设计结构进行放置。元器件的丝印和结构的丝印进行归中、重叠放置，如图 9-6 所示。板子上的固定元器件放好后，可以根据飞线就近原则和信号优先原则对整个板子的信号流向进行梳理。

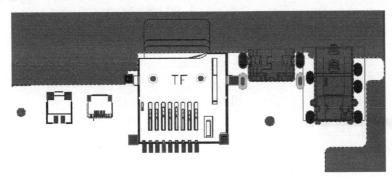

图 9-6　固定元器件的放置

9.4　原理图与 PCB 的交互设置

为了方便元器件的找寻，需要把原理图与 PCB 对应起来，使两者之间能相互映射，简称交互。利用交互式布局可以比较快速地定位元器件，从而缩短设计时间，提高工作效率。

（1）为了达到原理图与 PCB 之间的交互，需要在 OrCAD 中勾选允许交互。执行菜单命令"Options"→"Preference"，打开参数界面，选择"Miscellaneous"选项，勾选交互模式，如图 9-7 所示。

（2）打开 OrCAD 软件绘制的原理图，对原理图输出第一方网表，执行菜单命令"Tools"→"Create Netlist"，单击"确定"按钮输出，如图 9-8 所示。

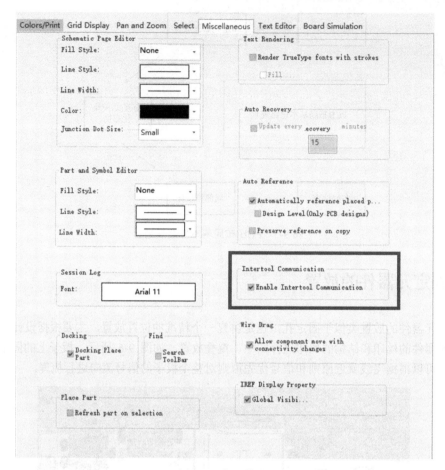

图 9-7　交互模式

图 9-8　第一方网表输出

（3）将第一方网表导入 PCB，执行菜单命令"File"→"Import Logic/Netlist"，在箭头所指的地方选择第一方网表所在路径，如图 9-9 所示。

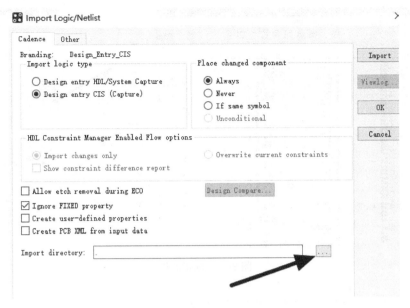

图 9-9　导入第一方网表

（4）执行上述两个步骤后，原理图与 PCB 的交互就完成了。在进行交互前，需要先在 PCB 中执行"Move"命令，相应的元器件才会被选中，如图 9-10 所示。

（5）在 PCB 选中元器件并在原理图中进行交互时，需要先在 PCB 中执行高亮命令，这样原理图中相应元器件才会被选中，如图 9-11 所示。

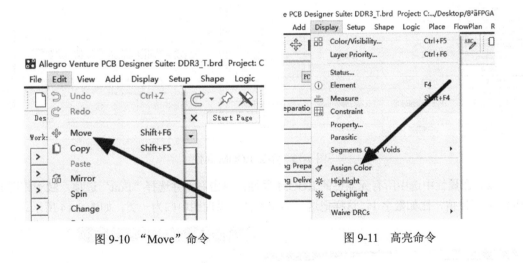

图 9-10　"Move"命令　　　　　　　　图 9-11　高亮命令

9.5　模块化布局

这里介绍一个元器件排列的功能，即 ROOM 放置框，可以在布局初期结合元器件的交互，方便地把一堆杂乱的元器件按模块分开并摆放在一定的区域内。

（1）在原理图中选择一个模块的元器件，单击右键，选择"Edit Properties"选项，进入属性编辑界面，如图 9-12 所示，查看属性中是否有 ROOM 属性，若没有，则需要手动添加，如图 9-13 所示。

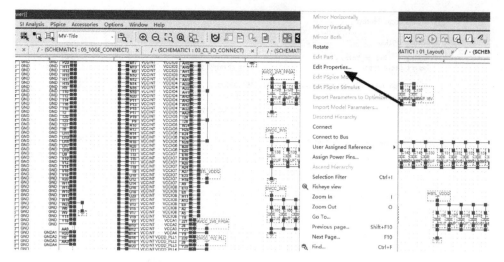

图 9-12　编辑属性

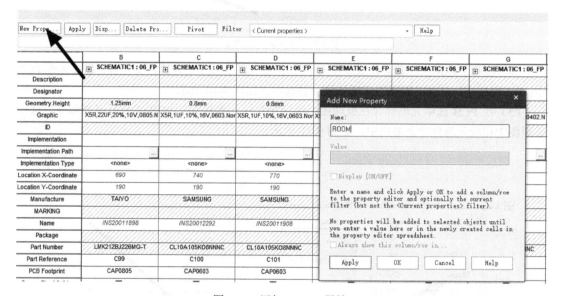

图 9-13　添加 ROOM 属性

（2）在属性中选中所有元器件的 ROOM 属性，单击右键并选择"Edit"选项，赋予相同的 ROOM 属性值，比如数字 1，这样把这一类元器件在原理图中归为一类，如图 9-14 所示。

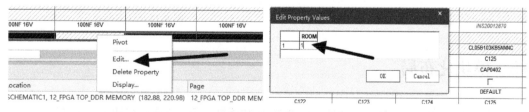

图 9-14　赋予 ROOM 属性

（3）在 PCB 中指定库路径，将原理图第一方网表导入 PCB，如图 9-15 所示。

（4）在 Outline 层绘制板框，如图 9-16 所示。

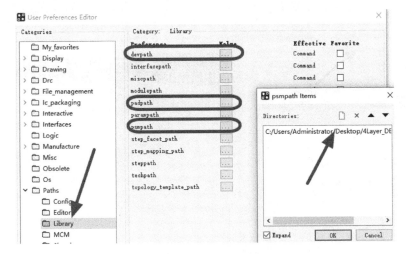

图 9-15　指定库路径

图 9-16　板框的绘制

（5）ROOM 的绘制，执行菜单命令"Setup"→"Outlines"→"ROOM Outline"，绘制一个 ROOM 框，如图 9-17 所示。

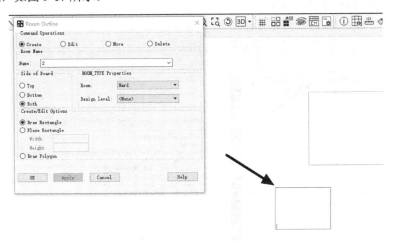

图 9-17　ROOM 框的绘制

（6）放置元器件，执行菜单命令"Place"→"Quickplace"，单选"Place by room"选项进行放置，如图 9-18 所示。

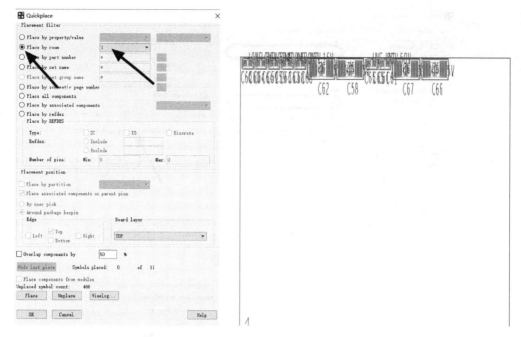

图 9-18　ROOM 放置元器件

（7）重复之前的步骤，即可完成按照模块进行元器件的放置。

9.6　布局常用操作

9.6.1　Move 命令的使用

在布局时，常常需要移动一些元素的位置以方便进行设计。

（1）执行菜单命令"Edit"→"Move"，此时 PCB 界面的左下角会显示"move"，就表示正在执行移动命令，如图 9-19 所示。

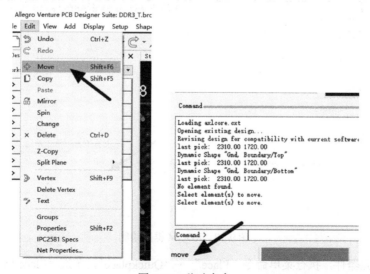

图 9-19　移动命令

（2）在 PCB 界面右边的"Find"面板中选择需要进行移动的元素，如图 9-20 所示，面板中未变灰的都可以选择。

（3）在"Options"面板中可以进行移动命令的相关设置，如图 9-21 所示。

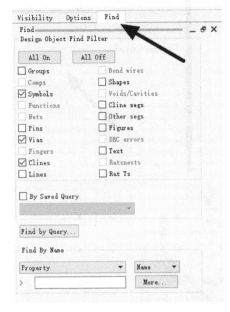

图 9-20　"Find"面板

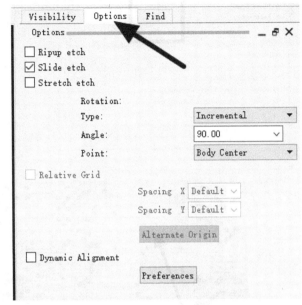

图 9-21　"Options"面板

面板参数如下：

Ripup etch：移动对象时去除所连走线、过孔。

Slide etch：移动对象时保留所连走线、过孔，走线随着对象平滑移动。

Stretch etch：移动对象时保留所连走线、过孔，走线随着对象以任意角度移动。

当上述三项都不勾选，表示仅移动对象，不能影响其他走线、过孔。

Type：以相对坐标或绝对坐标的方式旋转，一般选相对坐标。

Angle：旋转的角度设置，根据实际需要选择，一般选 90°

Point：设置旋转时的基准点，有以下几种方式，可根据实际情况灵活选择。

● Sym Origin：以元器件封装原点为基准点，软件默认该选项。

● Body Center：以元器件 place_bound 几何中心为基准，常用于元器件原地旋转。

● User Pick：以鼠标单击选择点为基准，常用于多个元器件的整体旋转。

● Sym Pin#：以元器件引脚编号为基准点，常用于元器件结构定位。

Sym Origin 和 Body Center 与封装建立是否规范直接相关。

Dynamic Alignment：新增功能，单击"Preferences"按钮进入"User Preferences"界面，通过相应的设置，可以在移动元器件时与其他元器件进行对齐操作，如图 9-22 所示。

9.6.2　旋转命令

在 Allegro 软件中，旋转命令有 Spin 命令和 Rotate 命令。

（1）Spin 命令

执行菜单命令"Edit"→"Spin"，当 PCB 左下角显示"Spin"时表示正在执行命令。此时，同样可以在"Find"面板和"Options"面板中进行相关设置，如图 9-23 所示。

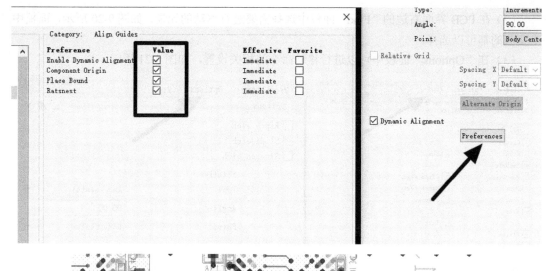

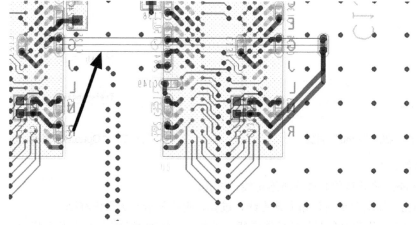

图 9-22　Dynamic Alignment 介绍

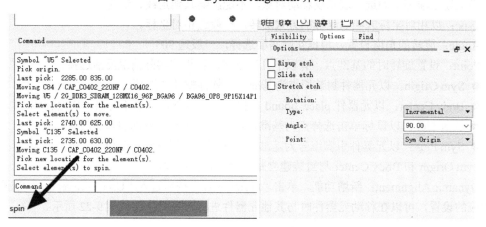

图 9-23　"Spin" 命令

相关参数含义请参考 9.6.1 节。

（2）Rotate 命令

Rotate 命令与 Spin 命令的区别：

Rotate 命令需要先执行"Move"命令，选中元器件之后单击右键选择"Rotate"选项，如图 9-24 所示，而 Spin 命令可以在菜单命令中直接执行，同样可以在"Find"面板和"Options"面板中进行相关设置，相关参数含义请参考 9.6.1 节。

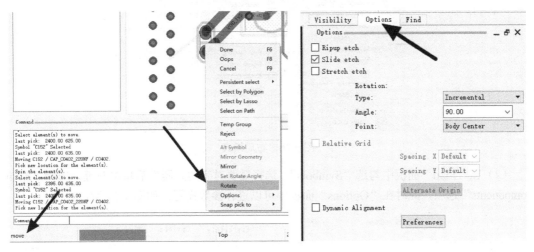

图 9-24 "Rotate"命令

9.6.3 镜像命令

在布局时，将顶层元器件布局至底层时就需要用到"Mirror"命令。执行菜单命令"Edit"→"Mirror"，当 PCB 界面右下角显示"mirror"时表示正在执行命令，同时在"Find"面板上勾选"Symbols"选项，如图 9-25 所示，单击一下元器件就完成操作了。

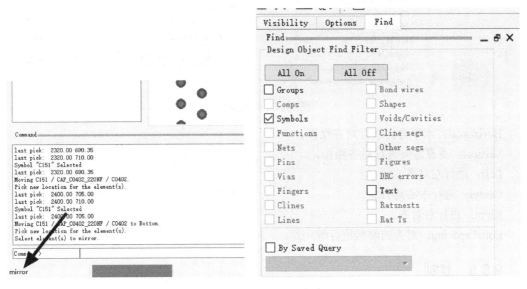

图 9-25 "Mirror"命令

9.6.4 对齐

通常为了整体的美观性，会在布局中使用对齐功能，使元器件整齐摆放。

（1）打开布局模式，执行菜单命令"Setup"→"Application Mode"→"Placement Edit"，如图 9-26 所示。

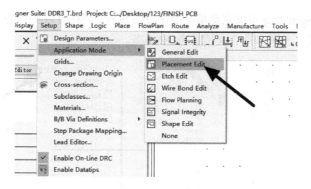

图 9-26　布局模式

（2）在"Find"面板中勾选"Symbols"，选择需要对齐的元器件后单击右键，选择"Align components"选项，此时在"Options"面板中可以进行参数设置，如图 9-27 所示。

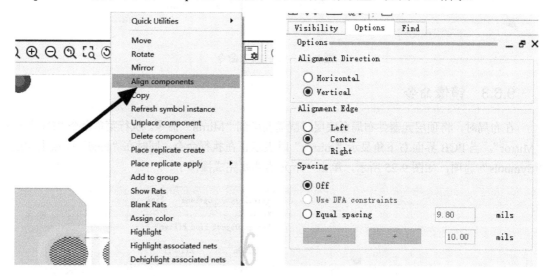

图 9-27　对齐操作

Horizontal：水平方向进行对齐操作。

Vertical：垂直方向进行对齐操作。

Left：进行左对齐。

Center：进行中心对齐。

Right：进行右对齐。

Equal spacing：对齐的时候进行等间距。

9.6.5　复制

执行菜单命令"Edit"→"Copy"，可以实现对元器件、过孔、铜皮等元素的复制。在执行"Copy"命令时，"Options"面板会有相关设置。

（1）在执行"Copy"命令之后，左下角会显示"Copy"，"Options"面板上可以选择复制的参考点，如图 9-28 所示。

Symbol：元器件。

Body Center：元器件中心。

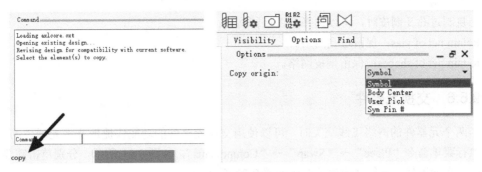

图 9-28　复制参考点

User Pick：用户任意选取一个参考点。

Sym Pin#：元器件的焊盘。

（2）选择需要复制的元素后，左下角会变成"Paste"命令，"Options"面板会自动变化，可以对复制的数目及间距进行设置，图中是在 X 方向上复制 3 个元器件；同时，复制之后的元器件间距为 200mil，方向向右，如图 9-29 所示。

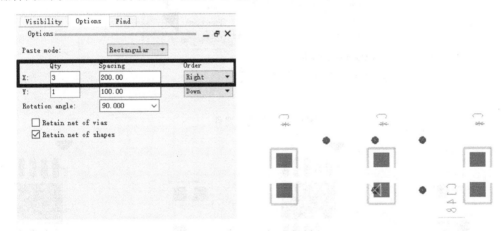

图 9-29　矩形复制

除此之外，还可以进行弧形复制，"Direction"为复制方向，"Copies"为复制数目，"Rotation angle"为复制时元素旋转的角度，如图 9-30 所示。

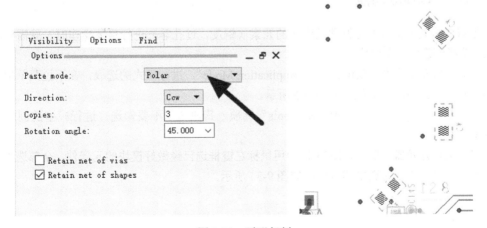

图 9-30　弧形复制

当复制过孔及铜皮时，可以选择是否保留网络：

Retain net of vias：保留过孔网络。

Retain net of shapes：保留铜皮网络。

9.6.6　交换元器件

当两个元器件的网络飞线交叉时，可以使用交换元器件的功能快捷地互换元器件的位置。

执行菜单命令"Place"→"Swap"→"Components"，如图 9-31 所示，分别单击需要交换位置的两个元器件，操作完成后的对比如图 9-32 所示。

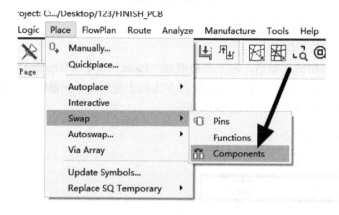

图 9-31　交换元器件

图 9-32　操作完成后的对比

9.6.7　Group 功能

当需要将某一部分的元器件及连接的元素（铜皮，过孔等）进行整体操作时，就需要利用 Group 功能创建成一个模块。

（1）执行菜单命令"Setup"→"Application Mode"，进行模式的选取，在下拉菜单中选择"Placement Edit"布局模式，如图 9-33 所示。

（2）在"Find"面板中选择"Symbols"选项，其他选项不要勾选，进行模型的创建，如图 9-34 所示。

（3）选择好元器件以后，在 PCB 中用鼠标左键框选已经做好模块的元器件，全部选中，这样元器件会呈现出临时选中的颜色，如图 9-35 所示。

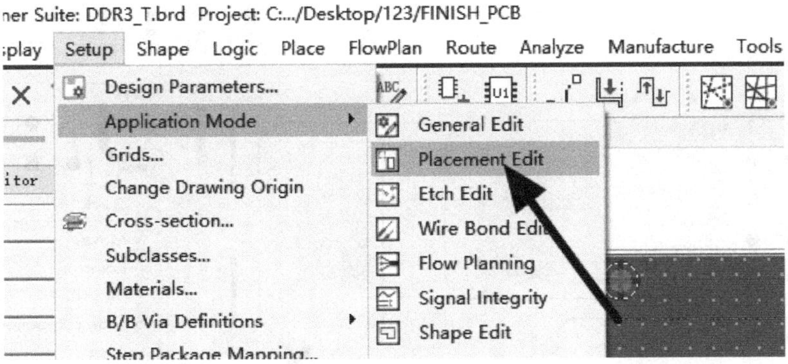

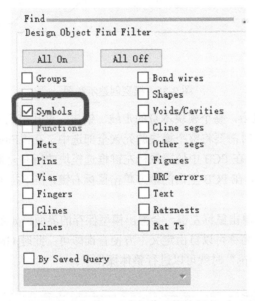

图 9-33　模式选择设置示意图

图 9-34　"Find"面板

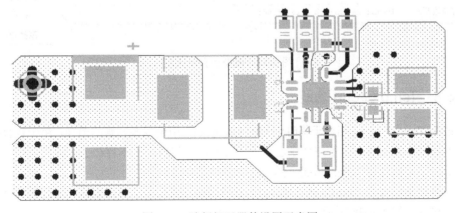

图 9-35　选择好元器件设置示意图

（4）选择好元器件之后，单击鼠标右键，在下拉菜单中选择创建模型"Place replicate create"选项，如图 9-36 所示。

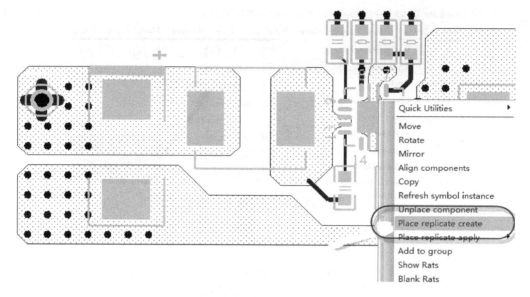

图 9-36　模型创建示意图

（5）单击创建模型以后，整个模块本身的走线、铜皮、过孔等元素有一些会被自动选中，还有一些没有被选中，这时需要将整个模块的元素全部选中。在"Find"面板中勾选"Clines""Vias""Shapes"等选项，在 PCB 中使用鼠标左键框选模块的所有元素，将其全部选中。

（6）选中所有元素后，在 PCB 空白的地方单击鼠标右键，在下拉菜单中选择"Done"选项，结束模块元素的选取。

（7）选取元素之后，单击鼠标左键，会弹出模型保存的界面，如图 9-37 所示，将这个已经创建好的模型保存即可，名称可以自由定义，方便查询即可；此时 Group 就创建完成了，当在"Find"面板上勾选"Groups"时就可以进行整体操作了。

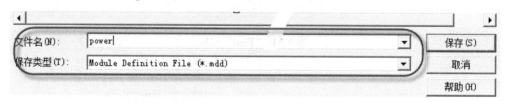

图 9-37　模型保存示意图

9.6.8　Temp Group 功能

所谓的 Temp Group，相当于临时创建的 Group 组，用于很多元素的选择，用于执行某项命令，比如移动、复制等。执行完命令之后，Group 组就打散了，不存在了。我们以移动命令为例，讲解一下如何使用 Temp Group 功能。

（1）执行菜单命令"Edit"→"Move"，在"Find"面板中选择需要移动的元素，比如移动元器件与过孔，如图 9-38 所示。

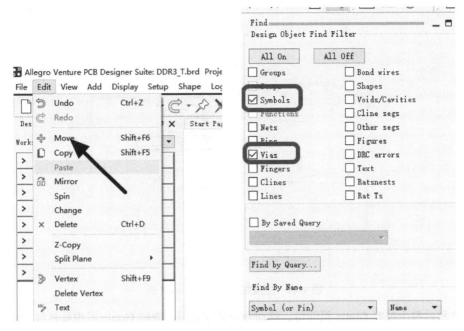

图 9-38　执行移动命令与参数选择示意图

（2）单击鼠标右键，选择"Temp Group"选项，临时选择 Group 组，可以进行多个元素的选择，框选或者单个单击都可以，如图 9-39 所示。

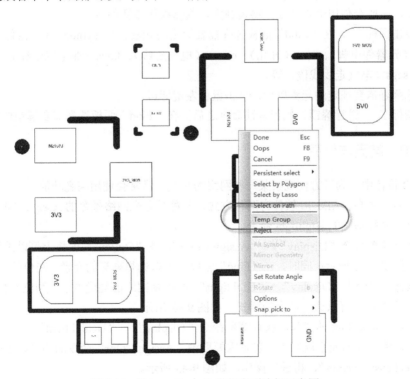

图 9-39　"Temp Group"进行多项选择示意图

（3）选择完成以后，单击右键，选择"Complete"选项，完成多项选择，如图 9-40 所示。

图 9-40　完成临时多项选择示意图

（4）移动整个临时 Group 组即可。移动命令结束之后，临时 Group 组也就打散了。

9.6.9　锁定与解锁功能

使用 Allegro 软件进行布局操作时，会有很多结构器件或者定位孔是固定的，为了防止后面发生误操作，一般会使用锁定命令，将其锁定，具体操作步骤如下：

（1）单击图标![icon]，在"Find"面板选择需要锁定的元素，如 symbols（元器件）、nets（网络）、pins（元器件引脚）、vias（过孔）、clines（电气走线）、lines（非电气走线）、shapes（铜皮）、cline segs（电气走线线段）等。

（2）选择好需要锁定的元素以后，单击鼠标左键即可。

单击图标![icon]，进行解锁。执行解锁命令之后，在"Find"面板选择需要解锁的对象即可。

9.6.10　高亮与低亮

在 PCB 设计中，为了方便观察某一种网络的布线，常常会使用高亮功能。

高亮：对于高亮，Allegro 软件有两种方式，一种是分配网络颜色的 Assign Color 命令，另一种是将亮度进行增强的 Highlight 命令。

（1）执行菜单命令"Display"→"Assign Color"，在"Options"面板上可以进行颜色和样式的选择，如图 9-41 所示；同时，在"Find"面板中可以选择高亮的元素，灰色的不能被选择。

（2）执行菜单命令"Display"→"Highlight"，能够将网络的亮度增强，颜色不会发生改变，在"Options"面板上可以选择高亮的样式，如图 9-42 所示。

低亮：用于取消高亮的操作，执行菜单命令"Display"→"Dehighlight"，在"Dehighlight all"中选择取消高亮的元素就行了。若是需要取消"Assign Color"命令的高亮，则需要先勾选"Retain object custom color"，再进行操作，如图 9-43 所示。

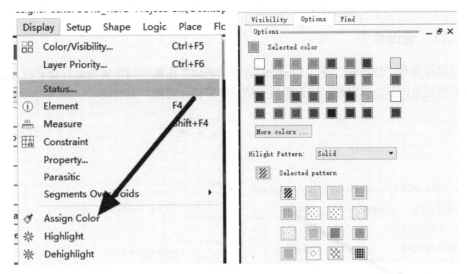

图 9-41 "Assign Color" 命令

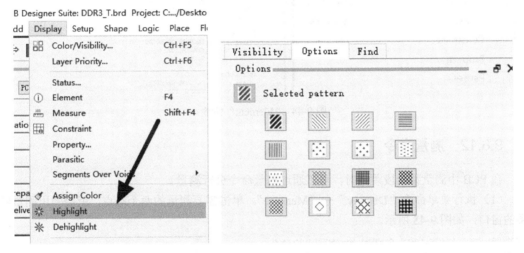

图 9-42 "Highlight" 命令

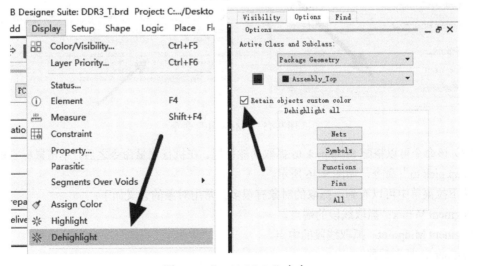

图 9-43 "Dehighlight" 命令

9.6.11 查询命令

执行菜单命令"Display"→"Element"，在"Find"面板中勾选需要进行查看的元素，通过鼠标单击元素，就会弹出显示该元素所有信息的窗口，如图 9-44 所示。

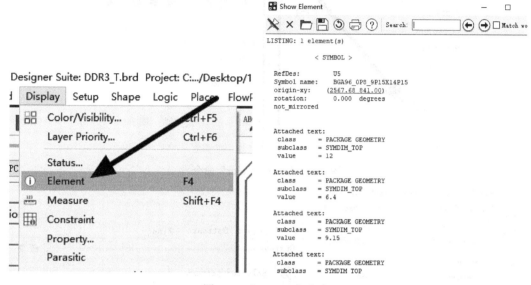

图 9-44 "Element"命令

9.6.12 测量命令

在 PCB 中测量某一段距离时，可以通过测量命令进行测量。

（1）执行菜单命令"Display"→"Measure"，单击需要测量的两个端点，就会弹出测量结果的窗口，如图 9-45 所示。

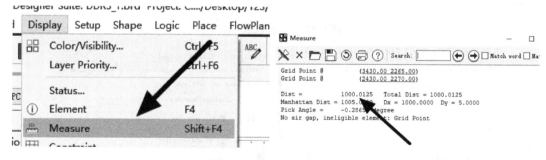

图 9-45 "Measure"命令

（2）该命令可以搭配 Snap pick to 抓取功能使用。在执行测量命令之后，单击鼠标右键并选择"Snap pick to"命令，如图 9-46 所示。

从下拉菜单中可以看到，抓取的对象有很多，常用对象的含义如下：

Segment Vertex：抓取线段的端点。

Segment Midpoint：抓取线段的中点。

Segment：抓取线段。

Shape Center：抓取铜皮的中心。

Arc/Circle Center：抓取圆弧或者圆心。

Symbol Origin：抓取元器件的原点。

Symbol Center：抓取元器件的本体中心。

Pin：抓取焊盘。

Via：抓取过孔。

9.6.13　查找功能

Allegro 查找元器件的方式：在"Find"面板"Find By Name"栏选择"Symbol(or Pin)"选项，输入器件位号，单击"More"按钮，查找的元器件被高亮显示，同时在右下角的导航栏出现一个方框，被查找的元器件就在框中的区域内，若单击该区域，则该区域被放大显示。也可以在"Find By Name"栏先单击"More"按钮，然后在弹出的对话框中输入元器件名进行查找，如图 9-47 所示。

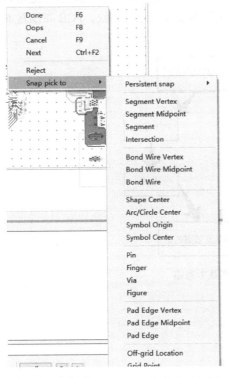
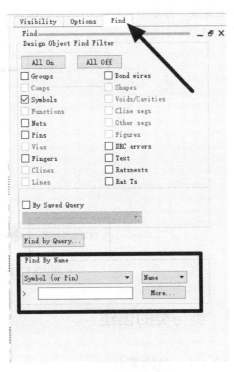

图 9-46　执行"Snap pick to"命令示意图　　　　　图 9-47　查找功能

9.7　本章小结

PCB 布局的好坏直接关系到板子的成败，根据基本原则并掌握快速布局的方法，有利于对整个产品的质量进行把控。

本章讲解了常见 PCB 布局约束原则、PCB 模块化布局、固定元器件的放置、原理图与 PCB 的交互设置及布局常用操作。

第10章

流程化设计——PCB 布线

在 PCB 设计中，布线是完成产品设计的重要步骤，可以说前面的工作都是为它而做的。在整个 PCB 设计中，布线的设计过程要求最高，技巧最细腻，工作量也最大。PCB 布线有单面布线、双面布线及多层布线。布线的方式有两种：自动布线和手工布线。对于一些比较敏感的线、高速的走线，自动布线不再能满足设计要求，一般都需要采用手工布线。

采取高速 PCB 设计人工布线，不是毫无头绪地一条一条地对 PCB 布线，也不是常规简单的横竖走线，而是基于 EMC、信号完整性、模块化等布线方式进行布线。PCB 布线基本思路如图 10-1 所示。

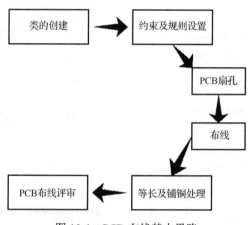

图 10-1　PCB 布线基本思路

10.1　类与类的创建

10.1.1　类的简介

Net Class 就是网络类，同一属性的网络或差分放置在一起构成一个类别，即常说的网络类。把相同属性的网络放置在一起，就是网络类，如 GND 网络和电源网络放置在一起构成电源网络类。属于 90Ω 的 USB 差分、HOST、OTG 的差分放置在一起，构成 90Ω 差分类。分类的目的在于可以对相同属性的类进行统一规则的约束或编辑管理。

在 Allegro 软件中，执行菜单命令"Setup"→"Constraints"→"Constraint Manager"（CM），进入规则模型管理器，在管理器中进行类的创建，如图 10-2 和图 10-3 所示。

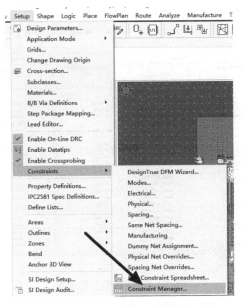

图 10-2　执行"Constraint Manager"命令

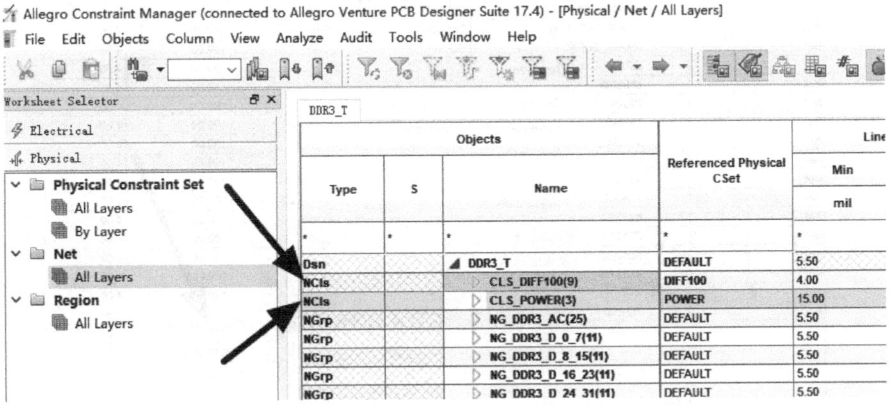

图 10-3　类的定义

10.1.2　Class 的创建

网络类就是按照模块总线的要求，把相应的网络汇总到一起，如 DDR 的数据线、TF 卡的数据线等，创建步骤如下：

（1）执行菜单命令"Setup"→"Constraints"→"Constraint Manager"，进入规则模型管理器。

（2）选择规则模型管理器中"Physical"选项中的"Net"选项，这个窗口显示 PCB 中所有网络，如图 10-4 所示。

（3）利用"Ctrl+鼠标左键"或"Shift+鼠标左键"进行多选网络操作，单击鼠标右键，进行类的创建，如图 10-5 所示。

（4）在弹出的窗口中对所建类进行命名，单击"OK"按钮，类的创建就完成了，如图 10-6 所示。

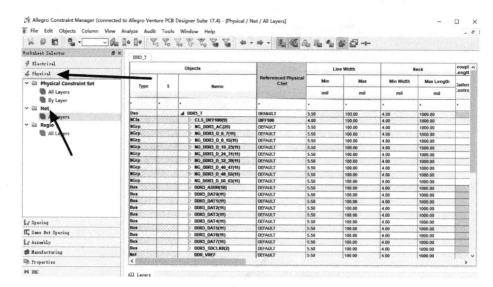

图 10-4　规则模型管理器

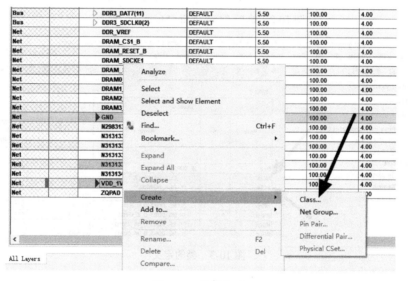

图 10-5　类的创建

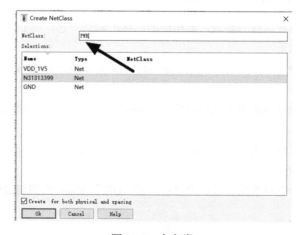

图 10-6　命名类

10.1.3 Net Group 的创建

Net Group 是归纳某一类信号的集合，比如 DDR 颗粒，是同一组的 D0～D7 数据线就可以创建为一组 Net Group，方法与类的创建相似，创建步骤如下：

（1）执行菜单命令"Setup"→"Constraints"→"Constraint Manager"，进入规则模型管理器。

（2）选择规则模型管理器中"Physical"选项中的"Net"选项。

（3）利用"Ctrl+鼠标左键"或"Shift+鼠标左键"进行多选网络操作，单击鼠标右键并选择"Net Group"选项进行创建，如图 10-7 所示。

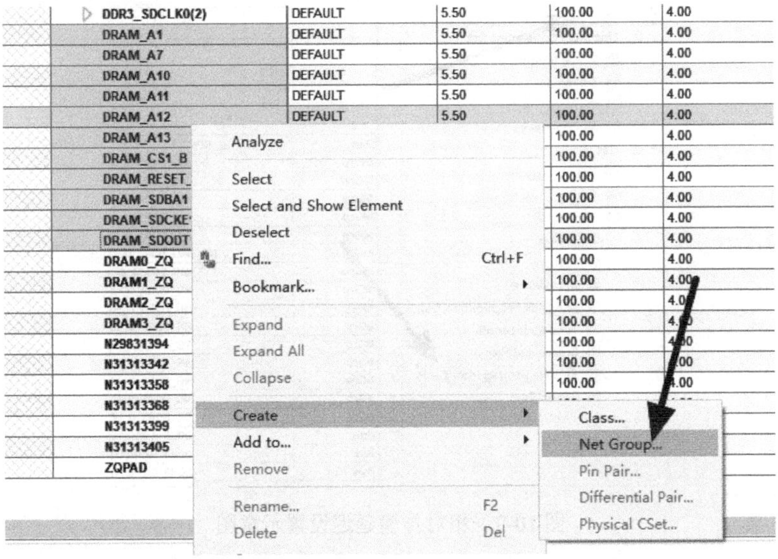

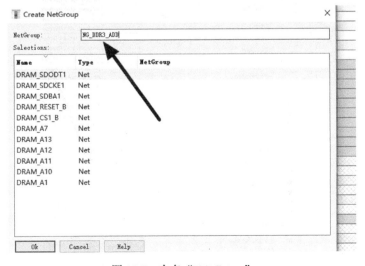

图 10-7 "Net Group"的创建

（4）在弹出的窗口中对所建"Net Group"进行命名，单击"OK"按钮，"Net Group"的创建就完成了，如图 10-8 所示。

图 10-8 命名"Net Group"

10.1.4　Pin Pair 的创建

在 Allegro 软件中，不论是做绝对传输延迟还是做相对传输延迟，其本质都是从元器件的一个引脚连接到另一个引脚的长度，也就是所说的 Pin Pair 到 Pin Pair 的长度。创建等长集合，其实也是创建 Pin Pair 的集合。Pin Pair 创建步骤如下：

（1）执行菜单命令"Setup"→"Constraints"→"Constraint Manager"，进入规则模型管理器。

（2）进入规则模型管理器之后，在 CM 左侧的目标栏中选择"Net"，在"Net"中选择相对传输延迟选项"Relative Propagation Delay"，如图 10-9 所示。

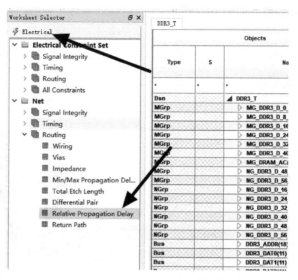

图 10-9　相对传输延迟设置示意图

（3）选择其中一根需要做等长的信号线，单击鼠标右键，选择"Create"选项，在下拉菜单中选择"Pin Pair"选项，如图 10-10 所示。

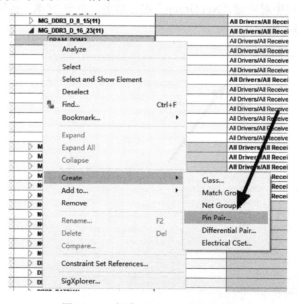

图 10-10　创建"Pin Pair"示意图

（4）执行上述命令之后，会弹出该网络连接的所有引脚，如图 10-11 所示，如果是点对点，则直接单击"OK"按钮；如果是多个连接点，则选择需要做等长的两个连接点，单击"OK"按钮。

图 10-11 "Pin Pair"选项示意图

（5）把所有需要做等长的信号线都按照上述所描述的方法添加 Pin Pair，添加完成之后，选中所有的 Pin Pair，创建等长集合，一起做等长即可。

10.1.5 Xnet 的创建

Xnet 是指在无源器件的两端，两个看似不同的网络，本质上却是同一个网络的情况，如一个源端串联电阻或者串联电容两端的网络。在实际设计中，需要进行 Xnet 的设置，以方便进行时序等长的设计。一般信号传输要求都是信号的传输总长度达到要求，而不是分段信号等长，这时采用 Xnet 就可以非常方便地实现这一功能，具体操作步骤如下：

（1）执行菜单命令"Analyze"→"Model Assignment"，进行模型的指定，如图 10-12 所示。

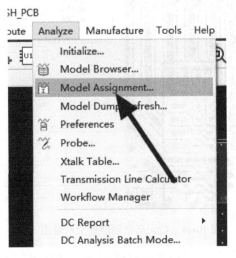

图 10-12 创建模型示意图

（2）单击指定模型之后，会弹出如图 10-13 所示的对话框，这些是没有解决的问题，一般是电压的问题，系统会显示这是一个电源，但是并没有赋予电压值，因此会显示错误。通过添加 Xnet，可以忽略这些错误，直接单击 "OK" 按钮即可。

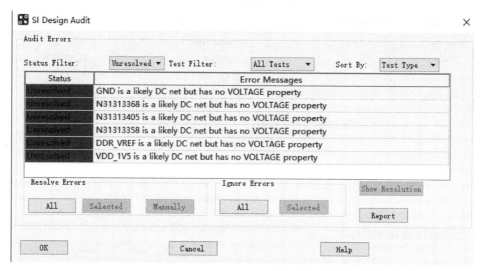

图 10-13 "SI Design Audit" 对话框

（3）在 PCB 界面中单击需要设置 Xnet 模型的元器件，右侧对应列表中会同步选中，也可以将同一类型的元器件全部选中，如图 10-14 所示。

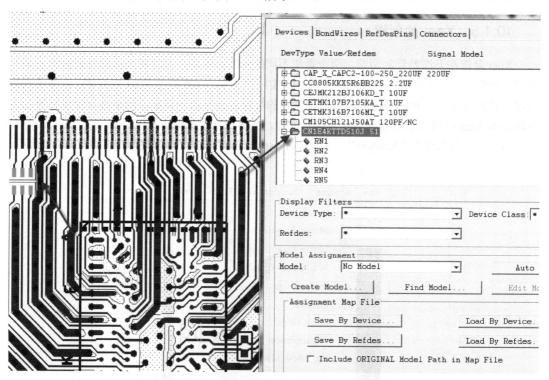

图 10-14 给元器件创建模型示意图（1）

（4）选中需要创建模型的元器件之后，选择 "Create Model" 选项，进行模型的创建。在弹出的窗口中，按照默认选择"Create ESpiceDevice model"选项，如图 10-15 所示。

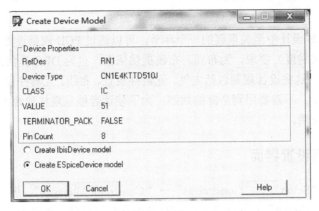

图 10-15　给元器件创建模型示意图（2）

（5）在弹出的对话框中，如图 10-16 所示，需要填写的项目："Value"按照实际值填写，仿真时会用到这个数据；"Single Pins"需要对应好电阻的关系，应与图 10-15 中的内容一致，如 1 8 表示一个电阻，电阻两端的网络是同一个网络，以此类推，这里添加的排阻有 4 个 Xnet。

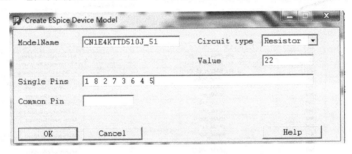

图 10-16　设置模型参数示意图

（6）添加完成以后，返回 PCB 界面，单击查询按钮，可以查询该网络是否添加了 Xnet，如图 10-17 所示。

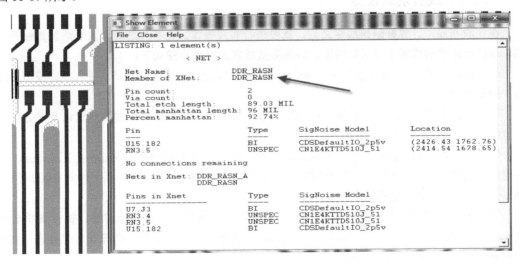

图 10-17　Xnet 显示示意图

10.2　常用 PCB 规则设置

规则设置是 PCB 设计中至关重要的一个环节，可以通过 PCB 规则设置，保证 PCB 符合电气要求和机械加工（精度）要求，为布局、布线提供依据，也为 DRC 提供依据。

对于 PCB 设计，这些设计规则包括电气、元器件放置、布线、元器件移动和信号完整性等。对于常规的电子设计，不需要用到全部的规则，为了使读者能直观快速地上手，这里只对最常用的规则设置进行说明。

10.2.1　规则设置界面

执行菜单命令"Setup"→"Constraints"→"Constraint Manager"，进入规则模型管理器，在左边"Worksheet Selector"里面的选项中进行常用规则的设置，如图 10-18 所示。

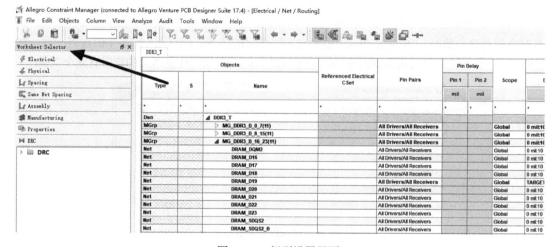

图 10-18　规则设置界面

10.2.2　线宽规则设置

在完成布局，计算好阻抗线宽之后，就要进行布线操作。在布线之前，需要添加走线的规则，这样走出来的线宽才是阻抗线宽。添加阻抗线宽的操作步骤如下：

（1）执行菜单命令"Setup"→"Constraints"→"Constraint Manager"，进入规则模型管理器，如图 10-19 所示。

（2）单击左栏"Physical"，进行物理规则设置，它主要管控信号走线的线宽以及差分信号线宽线距，如图 10-20 所示。

（3）添加走线的阻抗线宽，单端阻抗线宽为 6mil，差分阻抗线宽为 5mil，线距为 8mi。单端阻抗直接使用默认的 DEFAULT 规则添加，在"Line Width"的"Min"栏中输入 6.000 即可，"Max"表示 PCB 允许走的最大线宽。

（4）差分线宽的添加。新建一个规则，单击默认的规则，单击鼠标右键，执行菜单命令"Create"→"Physical CSet"，如图 10-21 所示，在弹出的对话框中输入物理规则的名称，例如 DIFF100，然后定义差分的规则即可。

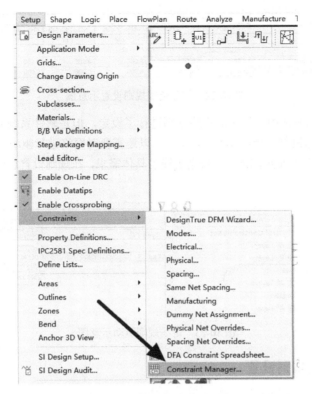

图 10-19 规则模型管理器示意图

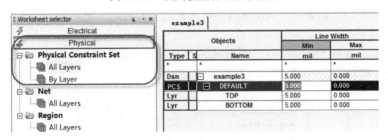

图 10-20 物理走线线宽设置示意图

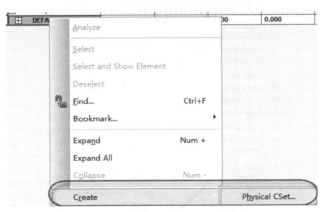

图 10-21 创建新的物理规则示意图

（5）差分规则的定义与单端的规则定义是一致的。在"Line Width"的"Min"栏中输入 5.000，表示差分走线的线宽，在"Primary Gap"中输入 8.000，表示差分走线的间距，如图 10-22 所示。

Objects			Line Width		Neck		Min Line Spac	Primary Gap
			Min	Max	Min Width	Max Length		
Type	S	Name	mil	mil	mil	mil	mil	mil
		*	*	*	*	*	*	*
Dsn	⊟	example3	5.000	0.000	5.000	0.000	0.000	8.000
PCS	⊞	DEFAULT	5.000	0.000	5.000	0.000	0.000	8.000

图 10-22　差分走线规则设置示意图

（6）在上述规则添加中，只是对走线规则进行了设定，但是软件系统并不知晓哪些网络需要走 50Ω 阻抗，哪些网络需要走 100Ω 阻抗，所以还需要对网络进行驱动。先在左栏选取 Net，然后在右侧会显示整个 PCB 的网络，根据走线的具体需求，在规则设置栏中选择对应的驱动规则即可，如图 10-23 所示。

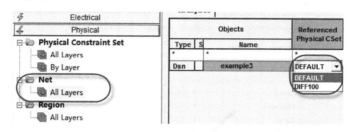

图 10-23　走线规则驱动示意图

10.2.3　间距规则设置

添加走线的阻抗线宽后，PCB 的信号就会按照所设置的物理走线线宽走线。除了添加走线的线宽，还需要添加间距规则，以便规范不同元素之间的间距，满足生产的需求。添加间距规则的操作步骤如下：

（1）执行菜单命令"Setup"→"Constraints"→"Constraint Manager"，进入规则模型管理器，如图 10-24 所示。

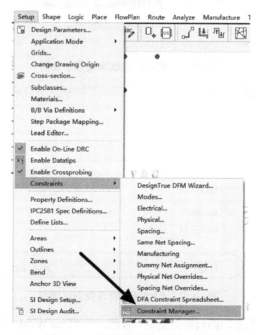

图 10-24　规则模型管理器示意图

（2）在左栏中选择 Spacing，如图 10-25 所示，单击打开"All Layers"，可以看到 PCB 上所有需要设置间距规则的元素，在元素的下方设置间距大小。

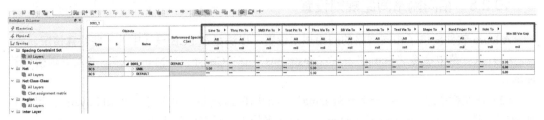

图 10-25　间距规则设定示意图

（3）一般推荐设置间距规则时应大一些。例如，走线到过孔、焊盘等元素的间距设置为 6mil，铜皮到其他元素之间的间距设置为 15mil，定位孔到其他元素之间的间距设置为 20mil。

10.2.4　多种间距规则设置

在 PCB 设计中，往往在某些地方需要设置特殊的间距规则，因此需要添加多个间距规则，以方便后面设置区域规则时用于驱动。

（1）在间距规则设置界面的 SCS 栏处单击右键，创建一个新的间距规则，如图 10-26 所示。

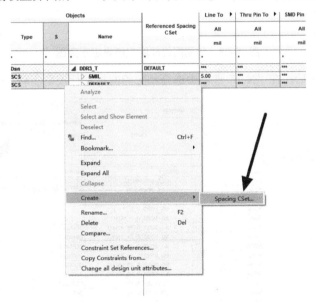

图 10-26　创建间距规则

（2）在弹出的窗口中对新建的规则进行命名，如图 10-27 所示。

图 10-27　新规则命名

（3）对新建的规则设置各种元素之间的间距大小，具体数值根据实际设计进行设置。

10.2.5　相同网络间距规则设置

Allegro 软件提供了相同网络的间距规则设置，以满足在 PCB 设计中的一些特殊情况。

（1）执行菜单命令"Setup"→"Constraints"→"Constraint Manager"，进入规则模型管理器。

（2）在左栏中选择"Same Net Spacing"，如图 10-28 所示，单击打开"All Layers"，可以看到 PCB 上所有需要设置间距规则的元素，在元素的下方设置间距大小。

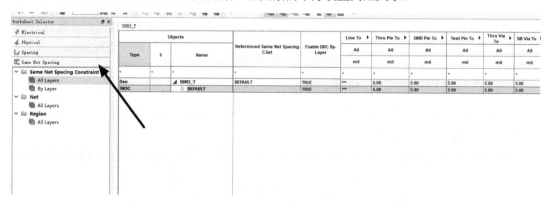

图 10-28　相同网络间距规则设定示意图

（3）设置完成之后，在"Net"选项中选择相应的网络进行规则驱动，如图 10-29 所示。

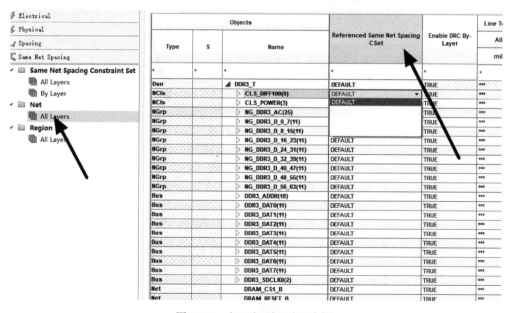

图 10-29　间距规则驱动示意图

10.2.6　特殊区域规则设置

区域规则就是在整个 PCB 的规则内，有一块独立区域服从另一个规则。添加区域规则的操作步骤如下：

（1）需要设置区域规则的内容，物理走线与间距都可以添加区域规则。以走线为例，默认的规则走线是 5mil，定义区域内的走线为 4mil，单击右键新建一个物理规则，设置走线的宽度为 4mil，如图 10-30 所示。

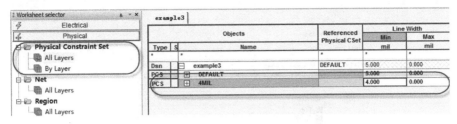

图 10-30　定义 4mil 走线的物理规则示意图

（2）定义 4mil 走线的物理规则后，还需要定义一个区域，在这个区域内满足的规则就是 4mil，在 CM 左栏中选择"Region"选项，选中"example3"一栏并单击鼠标右键，执行"Create"→"Region"命令，如图 10-31 所示，然后在弹出的对话框中输入名称，如 BGA，说明这是 BGA 区域所使用的规则。

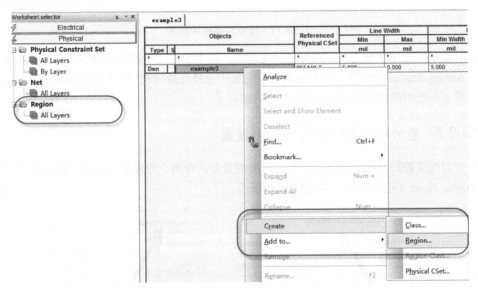

图 10-31　定义规则应用区域示意图

（3）定义好区域后，要对这个区域的规则进行指定。在规则驱动栏中选择之前添加好的 4mil 规则，这样 BGA 区域就符合 4mil 的规则要求了，在这个区域内走出来的线宽就是 4mil，如图 10-32 所示。

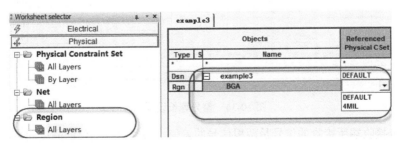

图 10-32　规则驱动示意图

（4）区域规则设定完毕后，直接在 PCB 上添加区域框即可，在需要添加区域规则的地方放置铜皮。需要注意的是，绘制铜皮的层必须是 Constraint Region 层。Subclass 层应根据需要选择。如果在所有层生效，则选择"All"；如果只在对应的层生效，则选择对应的层即可，如图 10-33 所示。

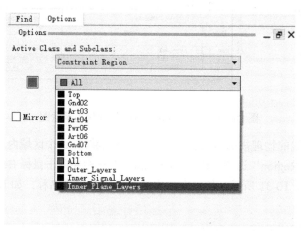

图 10-33　绘制区域框示意图

（5）绘制完成区域框之后，还需要指定名称。选中刚才绘制好的区域框，单击鼠标右键，选择"Assign Region"选项，在"Options"面板中选择在规则模型管理器中添加好的 BGA 即可。这样，所绘制的区域就满足 BGA 区域的规则了。

10.2.7　差分动态和静态等长规则设置

差分对用来控制两根差分线之间对内长度的误差，有两个设置项：Static Phase（静态等长）和 Dynamic Phase（动态等长），如图 10-34 所示。

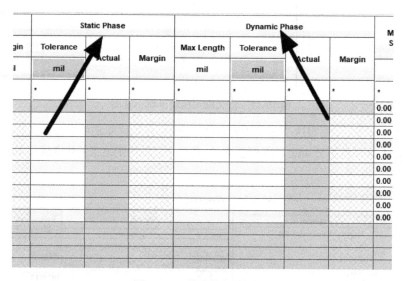

图 10-34　差分等长设置项

因为差分接收端所接收的信号是两根信号的差值，必须保证相位的高度同步，所以它们的对内等长要求一般都是通用的。差分对内等长要求如下：

（1）差分对内整体控制等长≤5mil。

（2）如果有换层，则每一层的走线差分对内控制等长≤5mil（考虑不同层传输延时的差别）。

（3）大于5Gbit/s的高速串行总线，考虑实时等长，也就是当走线的偏差大于25mil时，必须在600mil以内补偿，可以用反向拐角来补偿，也可以按照3W规则小波浪绕线补偿。

（4）Break Out区域，偏差可以放大到30mil，不等长的范围可以增加到800mil，如果换层，则每层走线之间的不等长偏差也可从≤5mil加大到≤10mil。

第1点可以直接通过Static Phase来进行约束，实际上平常所处理的差分对内等长设置的都是静态规则，只要保证整体等长即可，至于是绕大波浪还是绕小波浪，在哪儿绕波浪，这些都还是有讲究的。

第2点无法通过约束设置相应的规则，但是可以在设置一个静态规则时有一个动态思维：因为动态等长就是我们所说的实时等长，它与静态等长不同的是差分对的两个信号无论在哪个位置都满足5mil的等长误差。在处理静态等长时需要有这种思维：两根线的长度在哪里引起的误差，就需要在哪里补偿，保证实时等长。

第3点、第4点就是真正意义上的动态等长，当信号速率比较高的时候，必须设置Dynamic Phase，通过这项约束来保证两根信号的实时等长。

差分等长规则设置操作步骤如下：

执行菜单命令"Setup"→"Constraints"→"Constraint Manager"，进入规则模型管理器。

在Electrical选项中先将"Static Phase"的精度设置为5mil，如图10-35所示。

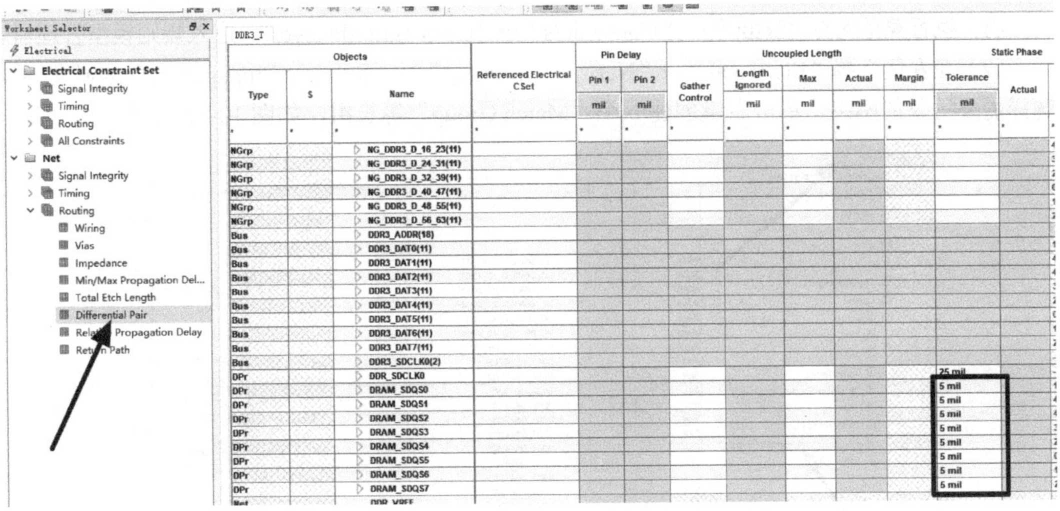

图10-35 静态等长规则设置

当走线的偏差大于25mil时，必须在600mil以内补偿，用Dynamic Phase进行约束，如图10-36所示。

10.2.8 点到点源同步信号相对延迟等长规则设置

相对传输延迟，设置一个相对误差，组内线以某一根目标线为基准，正负偏差在设置的误差范围内即可，不用满足最大最小的限制。这种规则经常用于源同步信号的时序总线，好处在于长度是动态的，如果设计过程中基准线的长度发生了变化，则只需要更改其他信号的信号线长度即可。

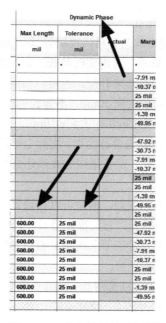

	Dynamic Phase			
Max Length	Tolerance		Actual	Marg
mil	mil			
*	*	*		
				-7.91 m
				-10.37 m
				25 mil
				25 mil
				-1.39 m
				-49.95 m
				-47.92 m
				-30.73 m
				-7.91 m
				-10.37 m
				25 mil
				25 mil
				-1.39 m
				-49.95 m
				25 mil
600.00	25 mil			25 mil
600.00	25 mil			-47.92 m
600.00	25 mil			-30.73 m
600.00	25 mil			-7.91 m
600.00	25 mil			-10.37 m
600.00	25 mil			25 mil
600.00	25 mil			-1.39 m
600.00	25 mil			-49.95 m

图 10-36 动态等长规则设置

点到点源同步信号，就是一根网络只有两个端点，中间没有添加负载。点到点源同步信号相对延迟等长规则设置操作步骤如下：

（1）执行菜单命令"Setup"→"Constraints"→"Constraint Manager"，进入规则模型管理器。

（2）在左侧选择"Electrical"→"Net"→"Routing"→"Relative Propagation Delay"选项，选择需要等长的网络，单击右键创建一个"Match Group"等长组，如图 10-37 所示。

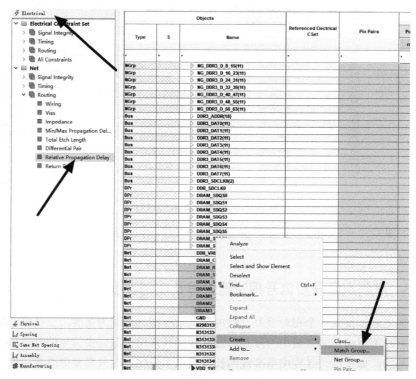

图 10-37 "Match Group"的创建

238

（3）在弹出的窗口中，输入需要创建的等长集合的名称，如"MG_DDR_D"。单击"确定"按钮，等长的集合就创建完毕了。创建好之后，在误差（Tolerance）栏选中最上面的根目录，单击鼠标右键，选择"Change"选项，对所设置的等长集合的误差进行修改即可，如图10-38所示。

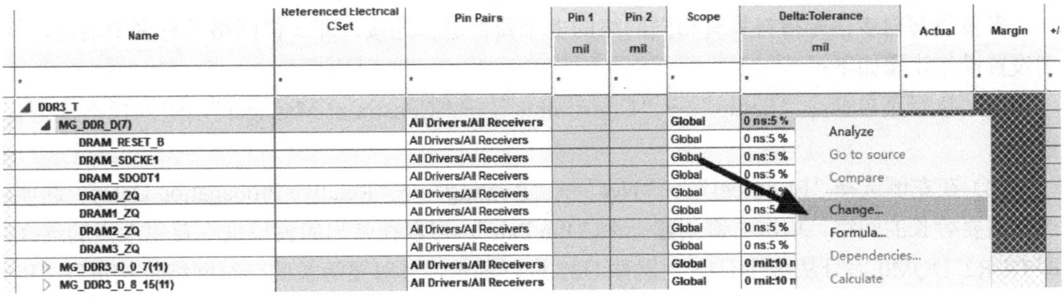

Name	Referenced Electrical CSet	Pin Pairs	Pin 1 mil	Pin 2 mil	Scope	Delta:Tolerance mil	Actual	Margin	+/
*		*	*	*	*				
▲ DDR3_T									
▲ MG_DDR_D(7)		All Drivers/All Receivers			Global	0 ns:5 %		Analyze	
DRAM_RESET_B		All Drivers/All Receivers			Global	0 ns:5 %		Go to source	
DRAM_SDCKE1		All Drivers/All Receivers			Global	0 ns:5 %		Compare	
DRAM_SDODT1		All Drivers/All Receivers			Global	0 ns:5 %			
DRAM0_ZQ		All Drivers/All Receivers			Global	0 ns:5		Change...	
DRAM1_ZQ		All Drivers/All Receivers			Global	0 ns:5		Formula...	
DRAM2_ZQ		All Drivers/All Receivers			Global	0 ns:5 %		Dependencies...	
DRAM3_ZQ		All Drivers/All Receivers			Global	0 ns:5 %		Calculate	
▷ MG_DDR3_D_0_7(11)		All Drivers/All Receivers			Global	0 mil:10 n			
▷ MG_DDR3_D_8_15(11)		All Drivers/All Receivers			Global	0 mil:10 n			

图 10-38 误差设置示意图

（4）设置好误差之后，比如±10mil，单击"OK"按钮，则这组需要做等长信号线的规则就添加好了，如图10-39所示。

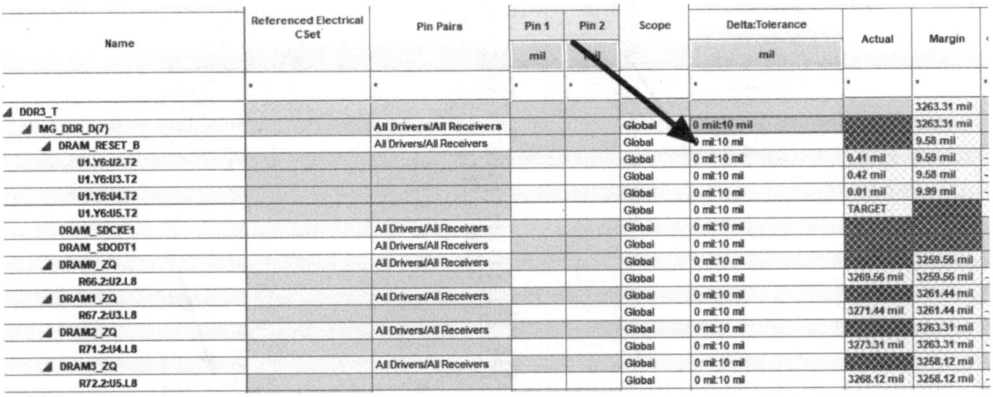

Name	Referenced Electrical CSet	Pin Pairs	Pin 1 mil	Pin 2 mil	Scope	Delta:Tolerance mil	Actual	Margin
*		*	*		*			
▲ DDR3_T								3263.31 mil
▲ MG_DDR_D(7)		All Drivers/All Receivers			Global	0 mil:10 mil		3263.31 mil
▲ DRAM_RESET_B		All Drivers/All Receivers			Global	0 mil:10 mil		9.58 mil
U1.Y6:U2.T2					Global	0 mil:10 mil	0.41 mil	9.58 mil
U1.Y6:U3.T2					Global	0 mil:10 mil	0.42 mil	9.58 mil
U1.Y6:U4.T2					Global	0 mil:10 mil	0.01 mil	9.99 mil
U1.Y6:U5.T2					Global	0 mil:10 mil	TARGET	
DRAM_SDCKE1		All Drivers/All Receivers			Global	0 mil:10 mil		
DRAM_SDODT1		All Drivers/All Receivers			Global	0 mil:10 mil		
▲ DRAM0_ZQ		All Drivers/All Receivers			Global	0 mil:10 mil		3259.56 mil
R66.2:U2.L8					Global	0 mil:10 mil	3269.56 mil	3259.56 mil
▲ DRAM1_ZQ		All Drivers/All Receivers			Global	0 mil:10 mil		3261.44 mil
R67.2:U3.L8					Global	0 mil:10 mil	3271.44 mil	3261.44 mil
▲ DRAM2_ZQ		All Drivers/All Receivers			Global	0 mil:10 mil		3263.31 mil
R71.2:U4.L8					Global	0 mil:10 mil	3273.31 mil	3263.31 mil
▲ DRAM3_ZQ		All Drivers/All Receivers			Global	0 mil:10 mil		3258.12 mil
R72.2:U5.L8					Global	0 mil:10 mil	3268.12 mil	3258.12 mil

图 10-39 等长示意图

（5）等长添加好以后，选择一根合适的信号线，单击右键，选择"Set as target"选项，设置为目标线，则所有的信号线就按照这根线为基准，在误差范围进行等长，如图10-40所示。

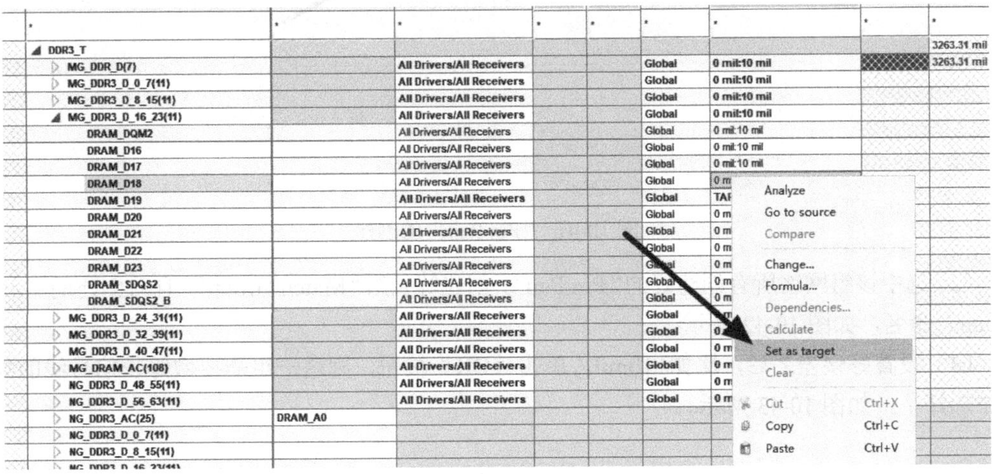

Name	Referenced Electrical CSet	Pin Pairs	Pin 1	Pin 2	Scope	Delta:Tolerance	Actual	Margin
▲ DDR3_T								3263.31 mil
▷ MG_DDR_D(7)		All Drivers/All Receivers			Global	0 mil:10 mil		3263.31 mil
▷ MG_DDR3_D_0_7(11)		All Drivers/All Receivers			Global	0 mil:10 mil		
▷ MG_DDR3_D_8_15(11)		All Drivers/All Receivers			Global	0 mil:10 mil		
▲ MG_DDR3_D_16_23(11)		All Drivers/All Receivers			Global	0 mil:10 mil		
DRAM_DQM2		All Drivers/All Receivers			Global	0 mil:10 mil		
DRAM_D16		All Drivers/All Receivers			Global	0 mil:10 mil		
DRAM_D17		All Drivers/All Receivers			Global	0 mil:10 mil		
DRAM_D18		All Drivers/All Receivers			Global	0 m	Analyze	
DRAM_D19		All Drivers/All Receivers			Global	TAF	Go to source	
DRAM_D20		All Drivers/All Receivers			Global	0 m	Compare	
DRAM_D21		All Drivers/All Receivers			Global	0 m		
DRAM_D22		All Drivers/All Receivers			Global	0 m	Change...	
DRAM_D23		All Drivers/All Receivers			Global	0 m	Formula...	
DRAM_SDQS2		All Drivers/All Receivers			Global	0 m	Dependencies...	
DRAM_SDQS2_B		All Drivers/All Receivers			Global	0 m	Calculate	
▷ MG_DDR3_D_24_31(11)		All Drivers/All Receivers			Global	0 m	Set as target	
▷ MG_DDR3_D_32_39(11)		All Drivers/All Receivers			Global	0 m	Clear	
▷ MG_DDR3_D_40_47(11)		All Drivers/All Receivers			Global	0 m		
▷ MG_DRAM_AC(108)		All Drivers/All Receivers			Global	0 m	✂ Cut	Ctrl+X
▷ NG_DDR3_D_48_55(11)		All Drivers/All Receivers			Global	0 m	📋 Copy	Ctrl+C
▷ NG_DDR3_D_56_63(11)		All Drivers/All Receivers			Global	0 m	📋 Paste	Ctrl+V
▷ NG_DDR3_AC(25)	DRAM_A0							
▷ NG_DDR3_D_0_7(11)								
▷ NG_DDR3_D_8_15(11)								
▷ NG_DDR3_D_16_23(11)								

图 10-40 设置目标长度示意图

上述操作完成之后，就可在 PCB 中根据长度进行蛇形等长操作。

10.2.9 多负载源同步信号相对延迟等长规则设置

多负载源同步信号指将具有相同网络的多个器件进行连接，即一根网络具有多个端点，规则设置操作步骤如下：

（1）执行菜单命令"Setup"→"Constraints"→"Constraint Manager"，进入规则模型管理器。

（2）在左侧选择"Electrical"→"Net"→"Routing"→"Relative Propagation Delay"选项，选择需要等长的网络，单击右键创建一个"Pin Pair"，可以在弹出的窗口进行首尾端点的选择，即 DDR2_DQM0 信号从器件 U15 到器件 U22 进行等长，且对要等长的一组网络依次进行"Pin Pair"的创建，如图 10-41 所示。

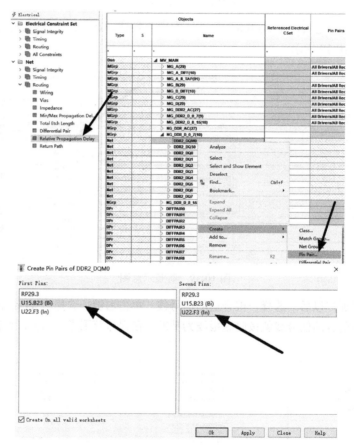

图 10-41 "Pin Pair"的创建

（3）选中该组网络所有创建好的"Pin Pair"，创建等长组"Match Group"，且对创建的"Match Group"命名，如图 10-42 所示。

（4）设置好误差之后，比如±10mil，单击"OK"按钮，则这一组需要做等长信号线的规则就添加好了，如图 10-43 所示。

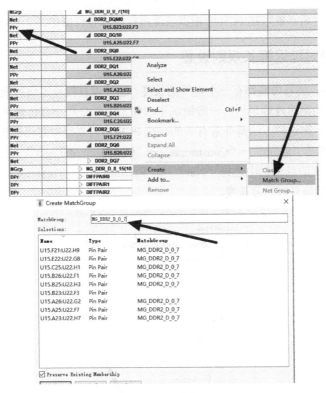

图 10-42 "Match Group"的创建

Objects			Referenced Electrical CSet	Pin Pairs	Pin Delay		Scope	Relative De
					Pin 1	Pin 2		Delta:Tolerance
Type	S	Name			mil	mil		mil
*	*	*	*	*				*
MGrp		MG_DDR2_AC(27)		All Drivers/All Receivers			Global	0 mil:50 mil
MGrp		◢ MG_DDR2_D_0_7(9)		All Drivers/All Receivers			Global	0 mil:10 mil
PPr		U15.A25:U22.F7 [DDR2_DQS0]					Global	0 mil:10 mil
PPr		U15.E22:U22.G8 [DDR2_DQ0]					Global	0 mil:10 mil
PPr		U15.A26:U22.G2 [DDR2_DQ1]					Global	0 mil:10 mil
PPr		U15.A23:U22.H7 [DDR2_DQ2]					Global	0 mil:10 mil
PPr		U15.B25:U22.H3 [DDR2_DQ3]					Global	0 mil:10 mil
PPr		U15.C25:U22.H1 [DDR2_DQ4]					Global	0 mil:10 mil
PPr		U15.F21:U22.H9 [DDR2_DQ5]					Global	0 mil:10 mil
PPr		U15.B26:U22.F1 [DDR2_DQ6]					Global	0 mil:10 mil
PPr		U15.D22:U22.F9 [DDR2_DQ7]					Global	0 mil:10 mil

图 10-43 等长误差设置示意图

（5）等长添加好后，选择一根合适的信号线，单击右键，设置为目标线，则所有的信号线就按照这条线为基准，在误差范围进行等长，如图 10-44 所示。

▷ MG_D(29)			All Drivers/All Receivers	Global	0 mil:100 mil	
▷ MG_DDR2_AC(27)			All Drivers/All Receivers	Global	0 mil:50 mil	
◢ MG_DDR2_D_0_7(9)			All Drivers/All Receivers	Global	0 mil:10 mil	
U15.A25:U22.F7 [DDR2_DQS0]				Global	0 mil:10 m	Analyze
U15.E22:U22.G8 [DDR2_DQ0]				Global	0 mil:10 m	Go to source
U15.A26:U22.G2 [DDR2_DQ1]				Global	0 mil:10 m	Compare
U15.A23:U22.H7 [DDR2_DQ2]				Global	0 mil:10 m	
U15.B25:U22.H3 [DDR2_DQ3]				Global	0 mil:10 m	Change...
U15.C25:U22.H1 [DDR2_DQ4]				Global	0 mil:10 m	Formula...
U15.F21:U22.H9 [DDR2_DQ5]				Global	0 mil:10 m	Dependencies...
U15.B26:U22.F1 [DDR2_DQ6]				Global	0 mil:10 m	Calculate
U15.D22:U22.F9 [DDR2_DQ7]				Global	0 mil:10 m	Set as target
▷ MG_DDR2_D_8_15(10)			All Drivers/All Receivers	Global	0 mil:10	Clear
▷ NG_DDR_AC(27)						
▷ NG_DDR_D_0_7(10)						Cut Ctrl+X
◢ DDR2_DQM0						
U15.B23:U22.F3						

图 10-44 设置目标长度示意图

上述操作完成之后，就可在 PCB 中根据长度进行蛇形等长操作。

10.2.10　绝对延迟等长规则设置

在 PCB 设计中，信号传输都有一个走线的长度，通过设置信号走线的最大值与最小值来实现等长的方法，称为绝对传输延迟。一般情况下，如果信号是从一点传输到另一点，中间没有任何的串阻、串容，则这种方法是非常有效的。在 PCB 中设置绝对延迟的操作方法如下：

（1）执行菜单命令"Setup"→"Constraints"→"Constraint Manager"，进入规则模型管理器。

（2）在 CM 左侧的目录栏中选择"Net"→"Routing"→"Total Etch Length"选项，如图 10-45 所示，设置信号线的总长度。

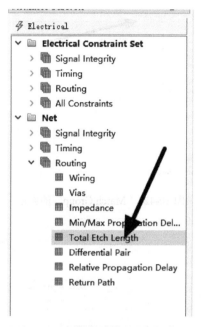

图 10-45　设置绝对长度示意图

（3）进入右边栏，对需要做等长的信号线创建 Net Group，在"Total Etch Length"中输入最小值、最大值即可，如图 10-46 所示，每一组信号线都会与所设置的目标长度对比并产生对应的误差，按这个误差做等长即可。

		MV_MAIN							
		Objects	Referenced Electrical C.Set	Total Etch Length			Total Etch Length			Un
Type	S	Name		Min	Actual	Margin	Max	Actual	Margin
				mil	mil	mil	mil	mil	mil
.	.	.	.	.	.	.	.	.	.
Dsn		⊿ MV_MAIN				101.35			-269.39
NGrp		▷ NG_DDR_AC(27)							
NGrp		⊿ NG_DDR_D_0_7(10)		800.00		101.35	830.00		-269.39
Net		DDR2_DQM0		800.00	979.85	179.85	830.00	979.85	-149.85
Net		DDR2_DQS0		800.00	1099.39	299.39	830.00	1099.39	-269.39
Net		DDR2_DQ0		800.00	938.29	138.29	830.00	938.29	-108.29
Net		DDR2_DQ1		800.00	901.35	101.35	830.00	901.35	-71.35
Net		DDR2_DQ2		800.00	973.68	173.68	830.00	973.68	-143.68
Net		DDR2_DQ3		800.00	990.22	190.22	830.00	990.22	-160.22
Net		DDR2_DQ4		800.00	951.50	151.50	830.00	951.50	-121.50
Net		DDR2_DQ5		800.00	902.80	102.80	830.00	902.80	-72.80
Net		DDR2_DQ6		800.00	914.33	114.33	830.00	914.33	-84.33
Net		DDR2_DQ7		800.00	947.16	147.16	830.00	947.16	-117.16

图 10-46　设置绝对长度最大值、最小值示意图

上述操作完成之后，就可在 PCB 中根据长度进行蛇形等长操作。

10.2.11 元器件引脚长度导入

在时序等长时，除考虑信号线走线的长度外，在高速设计领域还需要考虑封装本身的引脚长度。所谓封装引脚长度，指的就是元器件封装内部的引脚长度。这个长度，一般的芯片厂家都会提供，我们要做的就是将数据导入到规则模型管理器中，与等长一起处理，具体操作步骤如下：

（1）打开约束封装引脚长度信息的约束开关，执行菜单命令"Setup"→"Constraints"→"Modes"，如图 10-47 所示。

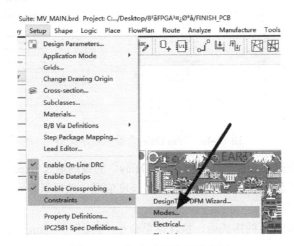

图 10-47　约束开关设置示意图

（2）进入约束开关管理器界面后，在界面左侧边栏选择"Electrical"选项，在界面右侧勾选"Pin Delay"下面的选项，如图 10-48 所示，这样在等长约束规则中"Pin Delay"数据行才会被激活，才会应用到等长列表当中。

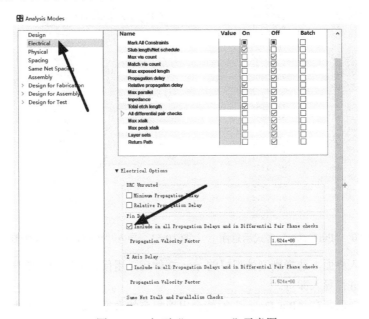

图 10-48　打开"Pin Delay"示意图

（3）设置完上述的参数后，回到规则模型管理器界面，在加好的等长规则中，会发现"Pin Delay"已变为可以编辑的状态，如图10-49所示。在"Pin Delay"栏下，有"Pin1"和"Pin 2"两个输入栏，表示该信号连接的两个IC。如果两个IC都有引脚长度，则分别输入。这些数据可以手动输入，不过工作量比较大，也容易出错。这里我们通过导入Excel表格来进行。

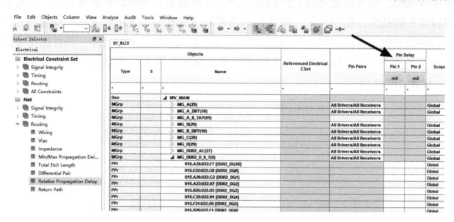

图10-49 "Pin Delay"输入栏示意图

（4）根据芯片厂家提供的参数，先将"Pin Delay"的数据输入Excel表格，格式如图10-50所示，一行是芯片的引脚列表，一行是芯片引脚长度信息，然后保存为后缀为.csv的文件，这样Allegro软件才能识别。

（5）设置"Pin Delay"的格式后，执行菜单命令"File"→"Import"→"Pin Delay"，如图10-51所示。

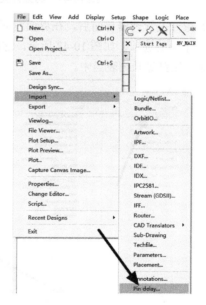

图10-50 "Pin Delay"格式示意图　　图10-51 导入"Pin Delay"示意图

（6）进入导入界面，选择刚刚处理好的csv文件后，用鼠标去选择需要导入芯片封装引脚长度的元器件，进行导入即可。

（7）导入成功后，在"Pin Delay"栏就会出现相应的数据。这样可以大大提高效率，减少出现错误的可能。

10.2.12 规则的导入与导出

使用 Allegro 软件进行 PCB 设计时，其中的 PCB 布局布线可以进行复用，那么它所设置的规则，如物理规则、间距规则，是否也可以进行复用呢？当然是可以的，具体操作步骤如下。

（1）打开已经设置好规则的 PCB 文件，执行菜单命令"Setup"→"Constraints"→"Constraint Manager"，进入规则模型管理器。

（2）执行菜单命令"File"→"Export"→"Constraints"，导出规则，如图 10-52 所示，在弹出的保存界面的左下角，可以进行需要导出的规则以及属性的选择。

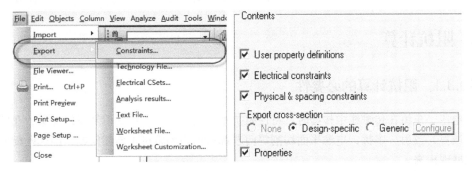

图 10-52　导出 PCB 设计规则示意图

（3）保存导出的文件，保存的文件类型是 dcf 文件，如图 10-53 所示。

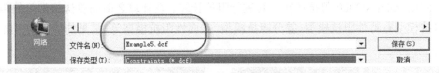

图 10-53　保存导出的设计规则文件示意图

（4）打开需要复用规则的 PCB 文件，执行菜单命令"Setup"→"Constraints"→"Constraint Manager"，进入规则模型管理器。

（5）执行菜单命令"File"→"Import"→"Constraints"，导入规则，如图 10-54 所示。

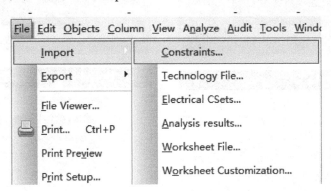

图 10-54　导入设计规则示意图

（6）在弹出的窗口中，选择刚导出的 dcf 文件，在左下角可以对导入的模型规则进行选择，一般选择"Overwrite all constraints"，导入所有的规则，如图 10-55 所示，单击"打开"按钮，对规则进行导入即可。

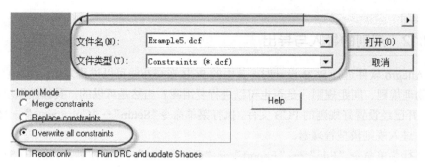

图 10-55　导入设计规则设置示意图

10.3　阻抗计算

10.3.1　阻抗计算的必要性

当电压、电流在传输线中传播时，特性阻抗不一致会造成所谓的信号反射现象。在信号完整性领域里，反射、串扰、电源平面切割等问题都可以归为阻抗不连续问题，因此匹配的重要性在此展现出来。

10.3.2　常见的阻抗模型

一般利用 Polar SI9000 阻抗计算工具进行阻抗计算。在计算之前需要认识常见的阻抗模型。常见的阻抗模型有特性阻抗模型、差分阻抗模型、共面性阻抗模型等。常见的阻抗类型如图 10-56 所示。

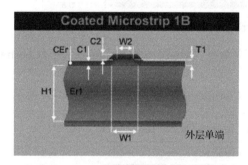
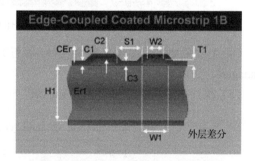
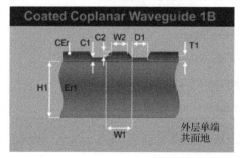
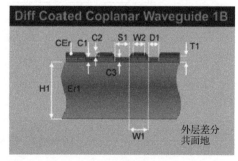

图 10-56　常见的阻抗模型

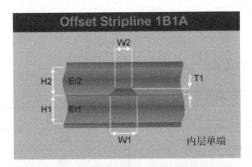
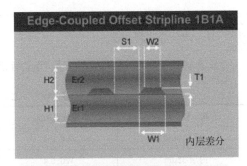
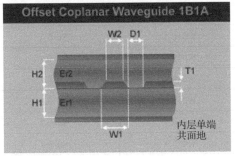
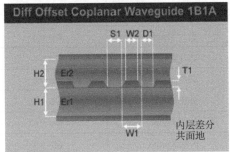

图 10-56　常见的阻抗模型（续）

10.3.3　阻抗计算详解

1．阻抗计算的必要条件

阻抗计算的必要条件有板厚、层数（信号层数、电源层数）、板材、表面工艺、阻抗值、阻抗公差、铜厚等。

2．影响阻抗的因素

影响阻抗的因素有介质厚度、介电常数、铜厚、线宽、线距、阻焊厚度等，如图 10-57 所示。

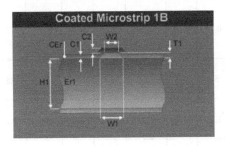
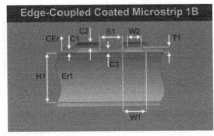

图 10-57　影响阻抗的因素

在图 10-57 中，H1 为介质厚度（PP 片或者板材，不包括铜厚）；Er1 为 PP 片或者板材的介电常数，多种 PP 片或者板材压合在一起时取平均值；W1 为阻抗线下线宽；W2 为阻抗线上线宽；T1 为成品铜厚；CEr 为绿油的介电常数（3.3）；C1 为基材的绿油厚度（一般为 0.8mil）；C2 为铜皮或者走线上的绿油厚度（一般为 0.5mil）。

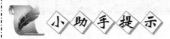

一般来说，上、下线宽存在如表10-1所示的关系。

表10-1 上、下线宽关系表

基铜厚	上线宽/mil	下线宽/mil	线距/mil
内层18μm	W0-0.1	W0	S0
内层35μm	W0-0.4	W0	S0
内层70μm	W0-1.2	W0	S0
负片42μm	W0-0.4	W0+0.4	S0-0.4
负片48μm	W0-0.5	W0+0.5	S0-0.5
负片65μm	W0-0.8	W0+0.8	S0-0.8
外层12μm	W0-0.6	W0+0.6	S0-0.6
外层18μm	W0-0.6	W0+0.7	S0-0.7
外层35μm	W0-0.9	W0+0.9	S0-0.9
外层12μm（全板镀金工艺）	W0-1.2	W0	S0
外层18μm（全板镀金工艺）	W0-1.2	W0	S0
外层35μm（全板镀金工艺）	W0-2.0	W0	S0

注：W0为设计线宽；S0为设计线距。

3. 阻抗计算方法

下面通过一个实例来演示阻抗计算的方法及步骤。

普通的FR-4板材，一般有生益、建滔、联茂等板材供应商。生益FR-4及同等材料芯板可以根据板厚来划分。表10-2列出了常见生益FR-4芯板厚度参数及介电常数。

表10-2 常见生益FR-4芯板厚度参数及介电常数

类别	芯板/mm	0.051	0.075	0.102	0.11	0.13	0.15	0.18	0.21	0.25	0.36	0.51	0.71	≥0.8
	芯板/mil	2	3.0	4	4.33	5.1	5.9	7.0	8.27	10	14.5	20	28	≥31.5
T_g≤170	介电常数	3.6	3.65	3.95	无	3.95	3.65	4.2	3.95	3.95	4.2	4.1	4.2	4.2
IT180A S1000-2	介电常数	3.9	3.95	4.25	4	4.25	3.95	4.5	4.25	4.25	4.5	4.4	4.5	4.5

半固化片（即PP片）一般包括106、1080、2116、7628等。表10-3列出了常见PP片厚度参数及介电常数。

表 10-3　常见 PP 片厚度参数及介电常数

类　　别	半固化片类型	106	1080	3313	2116	7628
$T_g \leqslant 170$	理论厚度/mm	0.0513	0.0773	0.1034	0.1185	0.1951
	介 电 常 数	3.6	3.65	3.85	3.95	4.2
IT180A S1000-2B	理论厚度/mm	0.0511	0.07727	0.0987	0.1174	0.1933
	介 电 常 数	3.9	3.95	4.15	4.25	4.5

对于 Rogers 板材，Rogers4350 0.1mm 板材介电常数为 3.36，其他 Rogers4350 板材介电常数为 3.48；Rogers4003 板材介电常数为 3.38；Rogers4403 半固化片介电常数为 3.17。

我们知道，每个多层板都是由芯板和半固化片通过压合而成的。当计算叠层结构时，通常需要把芯板和 PP 片叠在一起，组成板子的厚度。例如，1 块芯板和 2 张 PP 片叠加"芯板+106+2116"，那么它的理论厚度就是 0.25mm+0.0513mm+0.1185mm=0.4198mm。但需注意以下几点：

（1）一般不允许 4 张或 4 张以上 PP 片叠放在一起，因为压合时容易产生滑板现象。

（2）7628 的 PP 片一般不允许放在外层，因为 7628 表面比较粗糙，会影响板子的外观。

（3）3 张 1080 不允许放在外层，因为压合时容易产生滑板现象。

（4）芯板一般选择大于 0.11mm 的，6 层的一般 2 块芯板，8 层的一般 3 块芯板。

由于铜厚（图中阴影部分）的原因，理论厚度和实测厚度有一定的差额，具体可以参考图 10-58。

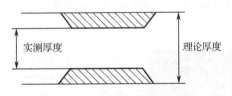

图 10-58　理论厚度与实测厚度

从图 10-58 中可以看出，理论厚度和实测厚度存在铜厚差，可以总结出如下公式：

$$实测厚度=理论厚度-铜厚 1(1-X_1)-铜厚 2(1-X_2)$$

式中，X_1、X_2 表示残铜率，表层取 1，光板取 0；电源地平面残铜率一般取值为 70%，信号层残铜率一般取值为 23%。

小 助 手 提 示

残铜率是指板平面上有铜的面积和整板面积之比。例如，没有加工的原材料残铜率就是 100%，蚀刻成光板时就是 0%。

"OZ"表示铜厚单位"盎司"，1OZ=0.035mm。

10.3.4　阻抗计算实例

（1）叠层要求：板厚为 1.2mm，板材为 FR-4，层数为 6 层，内层铜厚为 1OZ，表层铜厚为 0.5OZ。

（2）根据芯板和 PP 片常见厚度参数组合，并根据叠层厚度要求，可以堆叠出如图 10-59 所示的叠层结构。

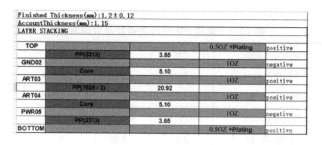

图 10-59　6 层叠层结构图

图 10-59 中标出的 PP 片厚度为实际厚度，计算公式如下：

PP（3313）[实测值]=0.1034mm[理论值]−0.035/2mm×（1−1）[表层铜厚为 0.5OZ，残铜率取 1]−0.035mm×（1−0.7）[内层铜厚为 1OZ，残铜率取 70%]=0.0929mm=3.65mil

PP（7628×3）[实测值]=0.1951mm×3[理论值]−0.035mm×（1−0.23）[内层铜厚为 1OZ，相邻信号层残铜率取 0.23%]−0.035mm×（1−0.23）[内层铜厚为 1OZ，相邻信号层残铜率取 0.23%]=0.5314mm=20.92mil

板子总厚度=0.5OZ+3.65mm+1OZ+5.1mm+1OZ+20.92mm+1OZ+5.1mm+1OZ+3.65mm+0.5OZ=1.15mm

（3）打开 Polar SI9000 软件，选择需要计算阻抗的阻抗模型，计算表层 50Ω 单线阻抗线宽。如图 10-60 所示，根据压合叠层数据，填入相关已知参数，计算得出走线线宽 W0=6.8mil。这个是计算出的比较粗的走线，有时候会基于走线难度允许阻抗存在一定的误差，所以可以根据计算得出的走线线宽来稍微调整。例如，调整计算参数走线线宽 5.5mil 时，计算阻抗 Zo=54.82，如图 10-61 所示。

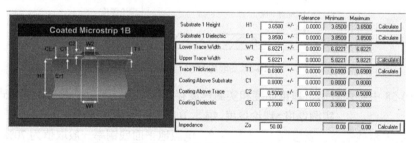

图 10-60　根据阻抗计算线宽

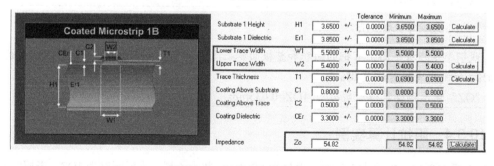

图 10-61　根据线宽微调阻抗值

（4）需计算内层（以第 3 层为例）90Ω 差分阻抗走线线宽与间距，如图 10-62 所示，选择内层差分阻抗模型，根据压合叠层数据，填入已知参数，然后可以通过阻抗要求，调整线宽和间距，分别计算，考虑到板卡设计难度可以微调阻抗在允许范围之内即可。

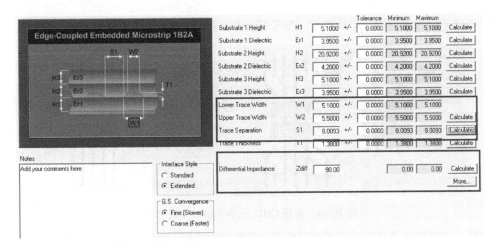

图 10-62　90Ω 差分阻抗计算结果

（5）阻抗计算结果如表 10-4 所示。

表 10-4　阻抗计算结果

Single Trace Impedance Control				
Layer	With/mil	Impedance/Ω	Precision	Refer Layer
L1/L6	5.5	50	±10%	L2/L5
L3/L4	6.5	50	±10%	L2/L5
Differential Trace Impedance Control				
Layer	With/mil	Impedance/Ω	Precision	Refer Layer
L1/L6	4.5/5.0	100	±10%	L2/L5
L3/L4	4.5/8.0	100	±10%	L2/L5
L1/L6	8.0/8.0	90	±10%	L2/L5
L3/L4	5.5/8.5	90	±10%	L2/L5

10.4　PCB 扇孔

在 PCB 设计中，过孔的扇出很重要。扇孔的方式会影响到信号完整性、平面完整性、布线的难度，以至于影响到生产的成本。

从扇孔的直观目的来讲，主要有以下两个。

（1）缩短回流路径。比如 GND 孔，就近扇孔可以达到缩短路径的目的。

（2）打孔占位。预先打孔是为了防止不打孔后面走线很密集的时候无法打孔而绕很远连一条线，这样就形成很长的回流路径。这种情况在进行高速 PCB 设计及多层 PCB 设计时会经常遇到。预先打孔后面删除很方便，反之，等走线完了再想加一个过孔却很难。这时通常的想法就是随便找条线连上便是，而不考虑信号完整性，这种做法不符合规范。

10.4.1　扇孔推荐的做法

从图 10-63 中可以看出，推荐的做法可以在内层两孔之间过线，参考平面也不会被割裂；

反之，不推荐的做法增加了走线难度，参考平面也被割裂，破坏了平面的完整性。

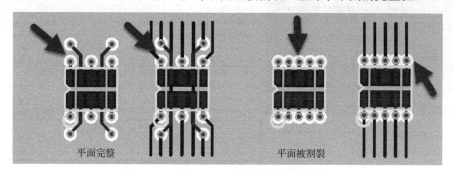

图 10-63　常规 CHIP 元器件扇出方式对比

同样，这样的元器件扇孔方式也适用于打孔换层的情景，如图 10-64 所示。

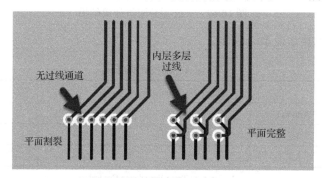

图 10-64　打孔换层的情景

10.4.2　PCB 过孔添加与设置

在进行 PCB 设计时，都会用过孔来对走线进行换层处理。在走线打过孔之前，必须先要添加过孔，这样在 PCB 布线时才可以使用过孔，具体操作步骤如下：

（1）需要使用 pad designer 工具制作过孔，这个在前面的 PCB 封装库中已经详细讲述过，这里不再做赘述。在 PCB 中常用的过孔有以下几种，如图 10-65 所示。

	常规开阻焊过孔	过孔简单描述（单位：mil）孔径／环径／阻焊直径／Flash直径	常规塞孔过孔	过孔简单描述（单位：mil）孔径／环径／Flash直径
1			VIA6_F	6／14／00
2	VIA8	8／16／20／25	VIA8_F	8／16／25
3	VIA10	10／22／27／32	VIA10_F	10／22／32
4	VIA12	12／24／29／36	VIA12_F	12／24／36
6	VIA16	16／30／35／48	VIA16_F	16／30／48
7	VIA18	18／34／39／54	VIA18_F	18／34／54
8	VIA20	20／35／40／50	VIA20_F	20／35／50
9	VIA24	24／40／45／60	VIA24_F	24／40／60
10	VIA28	28／50／55／70	VIA28_F	28／50／70

图 10-65　常用过孔类型示意图

过孔制作完成之后，在 PCB 中将制作好的过孔的路径指定在封装库路径下，这样才可以在后面调用已经制作好的过孔。

（2）执行菜单命令"Setup"→"Constraints"→"Constraints Manager"，进入规则模型管理器，在左侧边栏中选择"Physical"，选择"All Layers"选项，然后在右侧"Vias"一栏中双击空白处，如图 10-66 所示。

图 10-66 添加过孔示意图

（3）在弹出的过孔列表中，选择过孔到过孔列表中，双击左侧的过孔就可以添加到右侧的 PCB 过孔列表中，单击"OK"按钮，过孔就添加成功了，如图 10-67 所示。

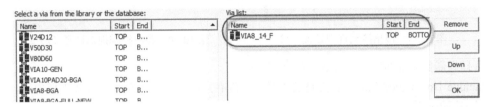

图 10-67 过孔选取示意图

（4）回到规则模型管理器中，在"Vias"一栏可以看到刚才选择的过孔已经成功添加了，这样在 PCB 布线中双击鼠标左键就可以打孔换层了。

10.4.3 BGA 类器件扇孔

对于 BGA 扇孔，过孔同样不宜打孔在焊盘上，推荐打孔在两个焊盘的中间位置。很多工程师为了出线方便，随意挪动 BGA 中过孔的位置，甚至打孔在焊盘上面，如图 10-68 所示，从而造成 BGA 区域过孔不规则，易造成后期虚焊的问题，同时可能破坏平面完整性。

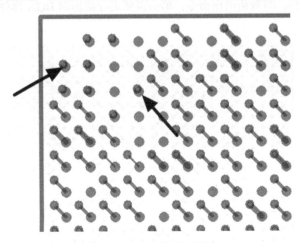

图 10-68 BGA 盘中孔示例

对于 BGA 扇孔，Allegro 提供快捷的自动扇出功能。

（1）对 BGA 扇出之前，根据 BGA 的 Pitch 间距（BGA 两个焊盘中心间距）和 10.2 节内容对整体的间距规则、网络线宽规则及过孔规则进行设置。

（2）执行菜单命令"Route"→"Create Fanout"，对其扇出控制规则进行设置，如图 10-69 和图 10-70 所示。

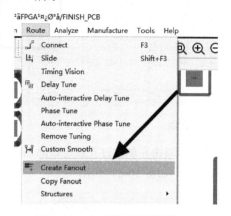

图 10-69　扇出控制规则设置（1）　　　　图 10-70　扇出控制规则设置（2）

选择好需要配置的选项，各选项释义如下：

Include Unassigned Pins：含义是扇出时，将没有网络的引脚也扇出，一般不用勾选，空网络的引脚不用扇出。

Include All Same Net Pins：含义是当单独对某一个引脚进行扇出时，将跟这个引脚网络一致的引脚也扇出，一般不用勾选。

Via：选择扇出所需要用到的过孔，过孔首先需要在物理规则里面添加好，不然这里没有可以选择的过孔。

Via Direction：过孔的朝向，一般选择 BGA 类型的风格，给 BGA 器件留出十字通道，方便散热。

Pin-Via Space：过孔到焊盘的间距，一般选择中心间距，将过孔扇出在周围四个焊盘的中心处。

（3）设置完成之后，即激活扇出命令，单击需要进行扇出的 BGA 器件，软件会自动完成扇出，如图 10-71 所示。

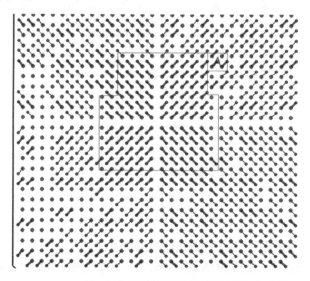

图 10-71　BGA 扇出示意图

10.4.4　QFN 类器件扇孔

　　QFN 封装（方形扁平无引脚封装）如图 10-72 所示，具有良好的电和热性能，体积小，重量轻，其应用正在快速增长。采用微型引线框架的 QFN 封装称为 MLF 封装（微引线框架）。QFN 封装和 CSP（芯片尺寸封装）有些相似，但器件底部没有焊球，与 PCB 的电气和机械连接是通过 PCB 焊盘上印刷焊膏、过回流焊形成的焊点来实现的。

　　对于 QFN 类的封装，通常需要手动扇孔。

　　（1）根据 10.2 节内容对整体的间距规则、网络线宽规则及过孔规则进行设置。

　　（2）执行菜单命令"Route"→"Connect"，如图 10-73 所示，进行走线，然后在走线命令下双击鼠标左键进行打孔。

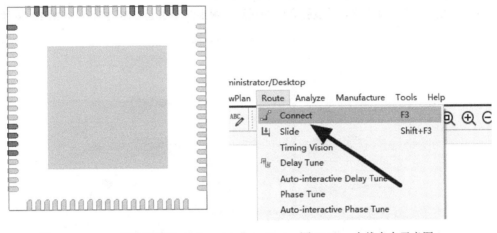

图 10-72　QFN 封装示意图　　　　　　　　　　图 10-73　走线命令示意图

　　（3）QFN 封装扇孔示意图如图 10-74 所示。在相邻两个引脚间扇出的过孔之间需要留出能通过一根走线的间距，从而使其他层的走线能从过孔间穿过进行连接。

图 10-74　QFN 封装扇孔示意图

10.4.5　SOP 类器件扇孔

　　SOP 封装是一种元器件封装形式，如图 10-75 所示，常见的封装材料有塑料、陶瓷、玻璃、金属等，现在基本采用塑料封装，主要用在各种集成电路中。SOP 封装的应用范围很广，而且逐渐派生出 SOJ（J 型引脚小外形封装）、TSOP（薄小外形封装）、VSOP（甚小外形封装）、SSOP（缩小型 SOP）、TSSOP（薄的缩小型 SOP）、SOT（小外形晶体管）、SOIC（小外形集成电路）等，在集成电路中都起到了举足轻重的作用。

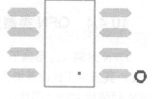

图 10-75　SOP 封装示意图

这种类型的元器件扇孔方式与 QFN 扇孔方式类似。

（1）根据 10.2 节内容对整体的间距规则、网络线宽规则及过孔规则进行设置。

（2）执行菜单命令"Route"→"Connect"，进行走线，然后在走线命令下双击鼠标左键进行打孔。

（3）根据 Pin 之间的间距，会有两种扇孔的方式

① 直接从焊盘引脚扇出，且过孔之间能通过一根走线不引起 DRC 报错，如图 10-76 所示。

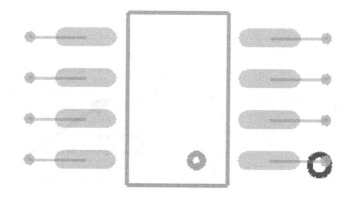

图 10-76　SOP 封装扇孔示意图（1）

② 直接从焊盘引脚扇出，过孔间无法通过一根走线，就需要相邻两个引脚的孔扇出在同一条线上，且过孔间留有通过一根走线的距离，如图 10-77 所示。

③ 相邻引脚从不同方向进行扇出，如图 10-78 所示。

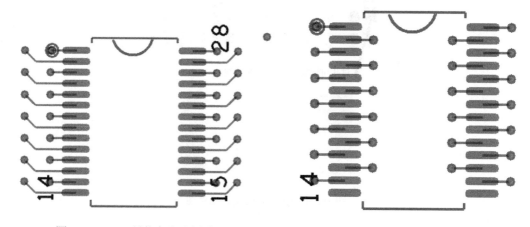

图 10-77　SOP 封装扇孔示意图（2）　　　　图 10-78　SOP 封装扇孔示意图（3）

10.4.6　扇孔的拉线

因为扇孔不仅要打孔，还要进行短线的拉线处理，所以有必要对扇孔拉线的一些要求进行说明。

（1）为满足国内制板厂的生产工艺能力要求，常规扇孔拉线线宽大于或等于 4mil（0.1016mm）（特殊情况可用 3.5mil，即 0.0889mm）。

（2）不能出现任意角度走线，推荐 45°或 135°走线，如图 10-79 所示。

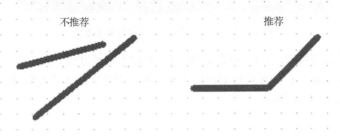

图 10-79　任意角度走线和 135°走线

（3）如图 10-80 所示，同一网络不宜出现直角或锐角走线。直角或锐角走线一般是 PCB 布线中要尽量避免的情况，这也几乎成为衡量布线好坏的标准之一。直角走线会使传输线的线宽发生变化，造成阻抗不连续，引起信号的反射，尖端还会产生 EMI，影响线路。

图 10-80　不宜出现直角或锐角走线

（4）设计的焊盘的形状一般都是规则的，如 BGA 的焊盘是圆形、QFP 的焊盘是椭圆形、CHIP 元器件的焊盘是矩形等。但实际做出的 PCB，焊盘却不规则，可以说是奇形怪状。以 0402R 电阻封装的焊盘为例，如图 10-81 所示，由于生产时存在工艺偏差，设计的规则焊盘出线之后，实际的焊盘是在原矩形焊盘的基础上加一个小矩形焊盘组成的，不规则，出现了异形焊盘。

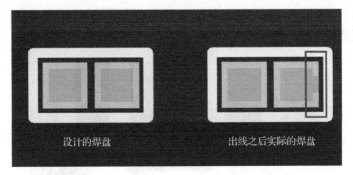

图 10-81　设计的焊盘和出线之后实际的焊盘

如果在 0402R 电阻封装的两个焊盘对角分别走线，加上 PCB 生产精度造成的阻焊偏差（阻焊窗单边比焊盘大 0.1mm），就会形成如图 10-82 中左图所示的焊盘。在这种情况下，电阻焊接时由于焊锡表面张力的作用，因此会出现如图 10-82 中右图所示的不良旋转。

图 10-82　不良出线造成元器件容易旋转

（5）采用合理的布线方式，焊盘连线采用长轴对称的扇出方式，这样可以有效地减小 CHIP 元器件贴装后的不良旋转；如果焊盘扇出的线采用短轴对称，那么还可以减小 CHIP 元器件贴装后的漂移，如图 10-83 所示。

图 10-83　元器件的出线

（6）相邻焊盘是同网络的，不能直接连接，需要先连接外焊盘之后再进行连接，如图 10-84 所示，直接连接容易在手工焊接时造成连焊。

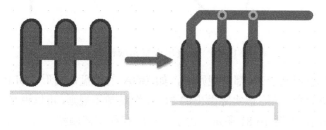

图 10-84　相邻同网络焊盘的连接方式

（7）连接器引脚拉线需要先从焊盘中心拉出后再往外走，不可出现其他的角度，避免在连接器拔插的时候把线撕裂，如图 10-85 所示。

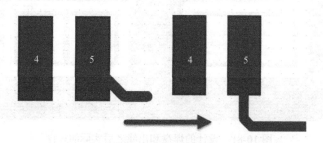

图 10-85　连接器的出线

10.5 布线常用操作

10.5.1 飞线的打开与关闭

飞线又叫鼠线，指两点间表示连接关系的线。飞线有利于厘清信号的流向，有逻辑地进行布线操作。在进行 PCB 布线时，可以选择性地对某类网络或某个网络的飞线进行打开与关闭。

首先，执行菜单命令"Display"→"Show Rats"，显示飞线，如图 10-86 所示，在下拉菜单中有多个选项，常用命令如下：

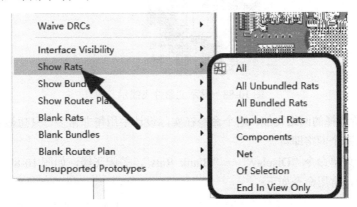

图 10-86 显示飞线设置示意图

All：显示所有的飞线，整个 PCB 图纸的飞线都进行显示，打开这个功能之后，显示的效果如图 10-87 所示。

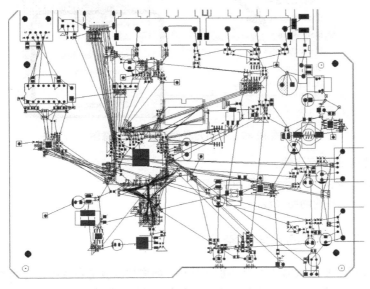

图 10-87 整板 PCB 飞线显示示意图

Components：显示所选择的元器件的飞线，例如只想显示 DDR 颗粒飞线，可以选择Components，然后单击 DDR 颗粒这个器件，显示效果如图 10-88 所示。

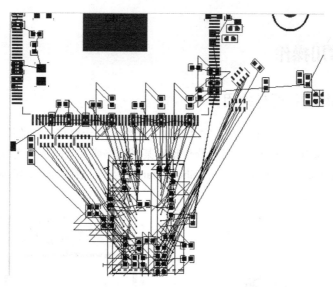

图 10-88　显示元器件飞线示意图

Net：显示所选择的网络飞线，这个命令在实际设计中用得非常多，只想显示某一个网络的飞线，鼠标单击那个网络即可。

其次，执行菜单命令"Display"→"Blank Rats"，关闭飞线，如图 10-89 所示，在下拉菜单中有多个选项，常用命令如下：

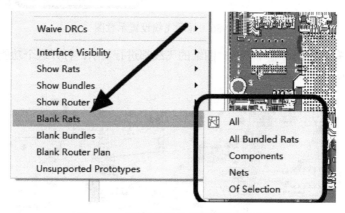

图 10-89　关闭元器件飞线设置示意图

All：关闭整板的所有飞线。

Components：关闭所选择元器件的飞线。

Nets：关闭所选择的网络飞线。

10.5.2　PCB 网络的管理与添加

很多老工程师习惯在 PCB 上直接添加元器件，如增加滤波电容或串组等元器件，这样直接在 PCB 中添加的元器件是不带网络的，因此需要给元器件的引脚赋予网络，具体操作步骤如下：

（1）只有勾选允许元器件编辑与网络的选项，才能进行编辑。执行菜单命令"Setup"→"User Preferences"，进入用户参数设置，选择"Logic"，勾选"logic_edit_enabled"选项，如图 10-90 和图 10-91 所示。

图 10-90 执行"User Preferences"命令

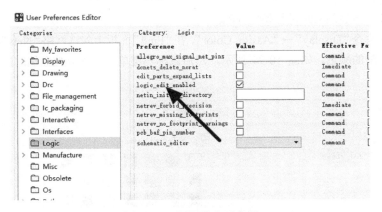

图 10-91 逻辑设定示意图

（2）执行菜单命令"Logic"→"Net Logic"，进行 PCB 中网络的指定，如图 10-92 所示。

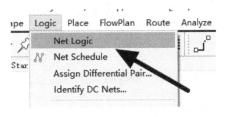

图 10-92 PCB 中网络编辑示意图

（3）单击执行命令之后，首先需要选择一个网络，在"Options"面板中选择一个网络，可以选择当前 PCB 中或其他已存在的网络，单击"Create"按钮，新建一个网络，如图 10-93 所示。选择好需要指定的网络之后，选择指定需要赋予该网络的引脚，使用鼠标左键单击一下，则这个引脚就赋予了之前选定的网络。

图 10-93 选择需要指定的网络示意图

10.5.3 网络及网络类的颜色管理

在进行 PCB 设计时，为了设计方便，常常会对某些特殊的网络或者某一网络类进行颜色的分配，具体操作步骤如下：

（1）给某一单独的网络进行颜色分配：

执行菜单命令"Display"→"Assign Color"，在"Find"面板上勾选网络"Nets"，在"Options"面板中选择分配的颜色，如图 10-94 所示，然后鼠标左键单击一下分配颜色的网络，操作就完成了。

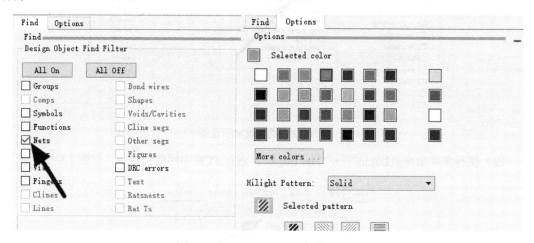

图 10-94 "Assign Color"命令设置

（2）给某一类网络进行颜色分配：

① 执行菜单命令"Display"→"Assign Color"，在"Options"面板中选择好所需要分配的颜色。

② 执行菜单命令"Setup"→"Constraints"→"Constraint Manager"，进入规则模型管理器。

③ 在"Physical"中选择一个网络类并单击右键，选择"Select"选项即可，该网络类的颜色分配就完成了，如图 10-95 所示。

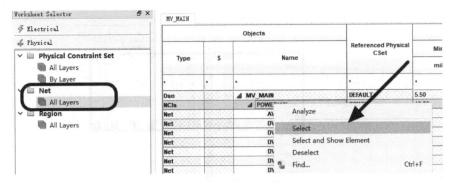

图 10-95　网络类的颜色分配示意图

10.5.4　层的管理

1．层的打开与关闭

在做多层板时经常需要单独用到某层或者多层的情况，这种情况就要用到层的打开与关闭功能。

在右侧"Visibility"面板中，通过每个层后面的"All"选项勾选与否可以对层进行显示与关闭，如图 10-96 所示。

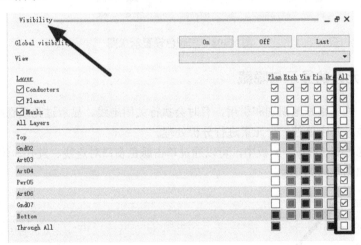

图 10-96　层的打开与关闭示意图

2．层的颜色设置

为了设计时方便识别层属性，可以对不同层的线路默认颜色进行设置。执行菜单命令"Display"→"Color/Visibility"，打开颜色管理器，通过箭头所指颜色选择对层属性颜色进行分配，如图 10-97 和图 10-98 所示。

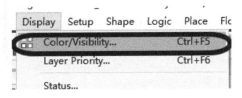

图 10-97　执行"Color/Visibility"命令

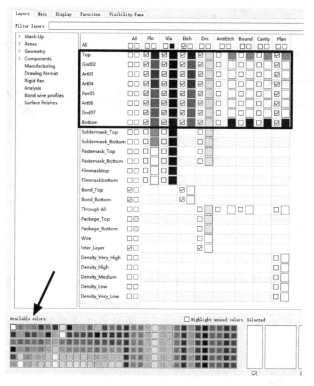

图 10-98　层颜色设置示意图

10.5.5　元素的显示与隐藏

在设计时，为了很好地识别和引用，有时会执行关闭走线、显示过孔或隐藏铜皮等操作，从而可以更好地对其中单独一个元素进行分析处理。

（1）在右侧"Visibility"面板中，可以通过单击颜色窗口对走线、过孔、焊盘、DRC 进行显示与隐藏，如图 10-99 所示。

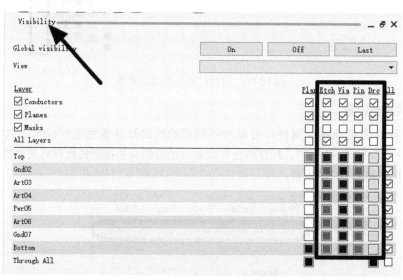

图 10-99　元素的显示与隐藏

（2）铜皮的显示与隐藏需要单独设置，执行菜单命令"Setup"→"User Preferences"，进入用户参数设置界面，如图 10-100 所示，在"Display"中找到"Shape_fill"，对铜皮填充属性进行填充设置。

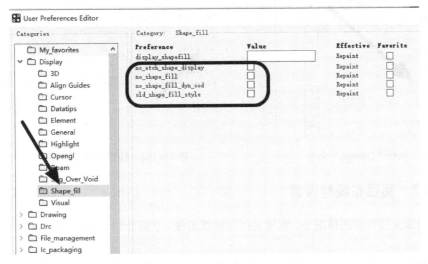

图 10-100　铜皮填充属性设置示意图

No_shape_fill：铜皮不进行填充。

No_etch_shape_display：铜皮不进行填充，且不显示铜皮的边框。

10.5.6　布线线宽设置与修改

在布线时线宽并不是一成不变的，而是根据实际情况变化的。如模拟信号，由于容易受到干扰，因此会进行加粗处理。布线时线宽设置与修改操作步骤如下：

（1）布线时设置线宽：执行菜单命令"Route"→"Connect"，在"Options"面板中对"Line width"进行修改，修改后对于网络进行走线就可以了，如图 10-101 和图 10-102 所示。

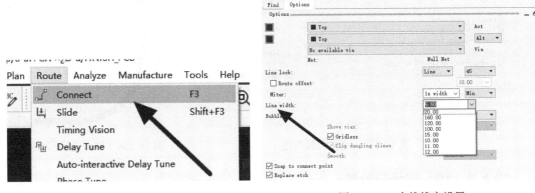

图 10-101　执行"Connect"命令　　　　　　图 10-102　布线线宽设置

（2）线宽的修改：执行菜单命令"Edit"→"Change"，在"Options"面板中对"Line width"进行修改，修改后对需要修改线宽的走线进行框选就可以了，如图 10-103 和图 10-104 所示。

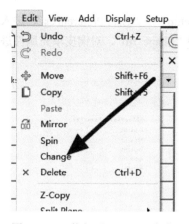

图 10-103 执行"Change"命令

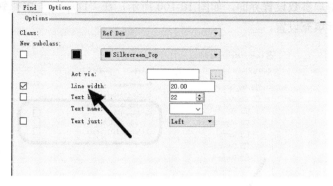

图 10-104 线宽修改示意图

10.5.7 圆弧布线与设置

在软板或某些特殊的情况下，常常会用到圆弧走线，下面介绍 Allegro 软件中如何实现圆弧走线：

执行菜单命令"Route"→"Connect"，在"Options"面板中将"Line Lock"一栏改为"Arc"圆弧走线，角度可以根据需要选择 45°或 90°，如图 10-105 和图 10-106 所示。

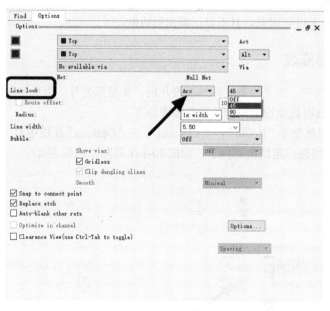

图 10-105 选择圆弧角度

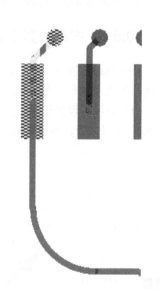

图 10-106 圆弧走线示意图

10.5.8 10°布线与设置

在高速电路上，使用 10°左右走线可以有效降低由于玻璃纤维问题引起的基板介电常数不均的影响，从而有效保证在高速路径上有效介电常数的一致性，保证信号的完整。10°走线一般用于商业级产品，具体操作步骤如下：

执行菜单命令"Route"→"Unsupported Prototypes"→"Fiber Weave Effect"→"Add ZigZag

Pattern",在"Options"面板上"Angle offset"设置角度,"Max length"设置角度线长度,这里将"Angle offset"设置为"10"即可,如图 10-107 和图 10-108 所示。

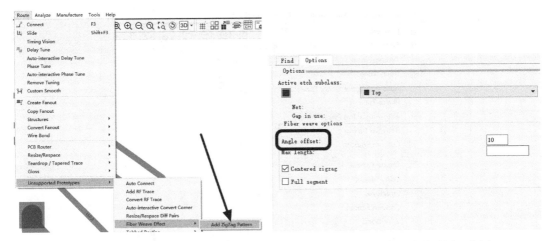

图 10-107 执行"Add ZigZag Pattern"命令   图 10-108 10°走线设置示意图

10.5.9 布线角度更改与设置

在 PCB 布线中,可以对布线的角度进行设置,对于常规的布线通常采用 45°走线,下面介绍如何更改布线角度:

执行菜单命令"Route"→"Connect",在"Options"面板"Line lock"选项中进行角度设置,"off"为任意角度走线,"45"为 45°走线,"90"为直角走线,如图 10-109 和图 10-110 所示,设置完成后对于网络进行走线即可。

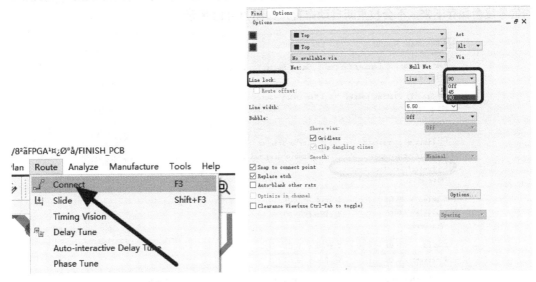

图 10-109 执行"Connect"命令   图 10-110 布线角度设置示意图

10.5.10 自动布线

对于一些简单的、空间比较充足的 PCB,Allegro 软件可以进行自动布线设计。

（1）将布线的线宽、间距规则设置好。执行菜单命令"Route"→"PCB Router"→"Route Automatic"，如图 10-111 所示。

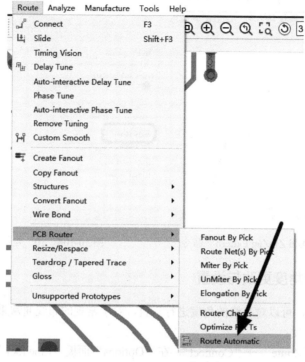

图 10-111 "Route Automatic"选项

（2）在"Router Setup"面板中勾选"Protect existing routes"选项，勾选后 PCB 中已经布好的信号线会保存下来，不会被重新自动布置，如图 10-112 所示。

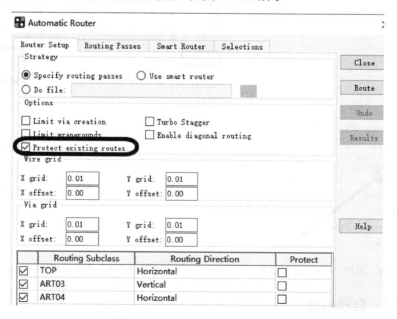

图 10-112 "Router Setup"面板

（3）在"Routing Passes"面板中勾选"Miter corners"选项，保证走线是 45°走线。设置好后单击"Route"按钮，即可实现自动走线功能，如图 10-113 所示。

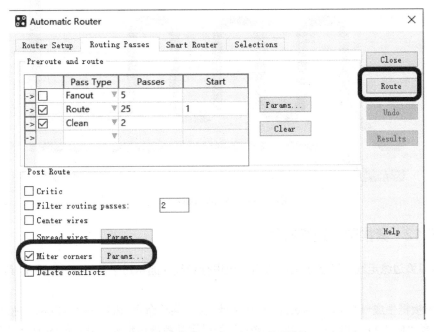

图 10-113 "Routing Passes"面板

10.5.11 蛇形布线

在 PCB 设计中做等长时，常常会用到蛇形走线，下面就介绍如何进行蛇形走线及相关设置。

执行菜单命令"Route"→"Delay Tune"，在"Options"面板进行相关设置，其中，"Style"是蛇形等长的样式，"Gap"一般设置为 3 倍线宽，"Corners"一般设置为 45°，最小的拐角长度"Miter Size"一般设置为 1 倍线宽，如图 10-114 所示

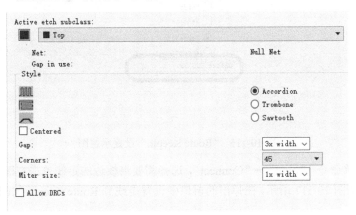

图 10-114 蛇形布线设置示意图

设置完成之后对已经布好的走线进行蛇形布线就可以了，如图 10-115 所示。

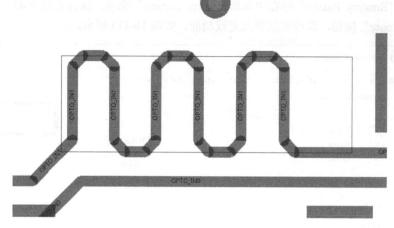

图 10-115　蛇形布线示意图

10.5.12　紧挨圆弧边缘布线

紧挨圆弧边缘走线，顾名思义，即沿板边进行走线（通常用于异形 FPC 板），具体操作步骤如下：

（1）对板框生成一个 Route Keepin 布线区域，执行菜单命令"Edit"→"Z-Copy"，在"Options"面板中选择"ROUTE KEEPIN"，在"Offset"处设置从板框内缩的尺寸，如图 10-116 所示，然后对板框框选一下就可以了。

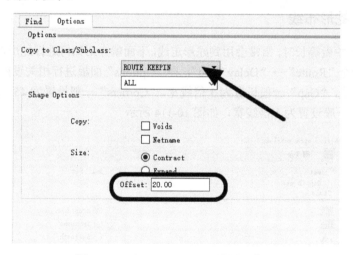

图 10-116　"Route Keepin"设置示意图

（2）执行菜单命令"Route"→"Connect"，选择需要沿板边的走线单击右键并选择"Contour Options"选项，如图 10-117 所示，在弹出的窗口中设置走线到 Route Keepin 的间距，如图 10-118 所示

（3）对需要沿板边的网络进行布线，软件会自动控制与板边的间距进行布线，即可实现沿板边布线，如图 10-119 所示。这里为了观察明显，设置的间距比较大。

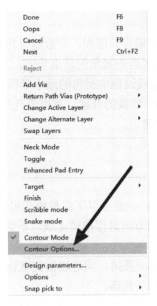

图 10-117　走线右键命令

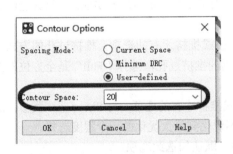

图 10-118　"Contour Space"设置示意图

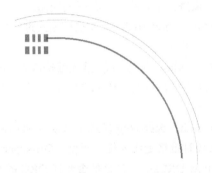

图 10-119　沿板边进行走线示意图

10.5.13　推挤走线与过孔

执行菜单命令"Route"→"Slide",如图 10-120,在"Options"面板中对相关参数进行设置,在"Find"面板中勾选上所有可以勾选的选项,如图 10-121 所示。

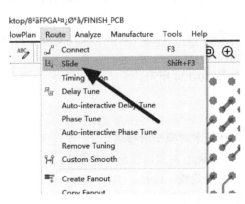

图 10-120　"Slide"命令示意图

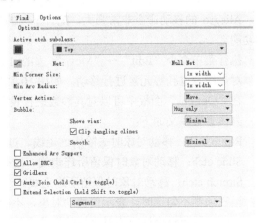

图 10-121　参数面板设置示意图

具体参数如下：

Active etch subclass：当前可以操作的层面，一般随推挤命令所选择的走线而变化。

Min Corner Size：在推挤走线过程中拐角的最小长度，一般按照默认选择一倍线宽即可。

Min Arc Radius：在推挤圆弧走线过程中拐角的最小半径，一般按照默认选择一倍线宽即可。

Vertex Action：推挤走线时端点所做的处理，有以下几个选项可以选择：

● Line corner：推挤走线的拐角。

● Arc corner：推挤圆弧拐角。

● Move：推挤整条线。

● None：不推挤拐角。

Bubble：推挤走线的模式选择，一般有以下四种模式可供选择：

● Off：纯手工按照鼠标指引的方向进行推挤走线，不受约束规则的限制，一般推荐命令时使用这个模式。

● Hug only：仅以避让的方式去推挤，满足规则模型管理器中的所有约束，极限地去靠近障碍推挤，不影响已经布好的线路。

● Hug preferred：跟 Hug only 模式类似，采用完全避让的方式去推挤，极限地去靠近障碍推挤，不影响已经布好的线路。

● Shove preferred：选择推挤模式进行推挤，为了使当前走线能够实现，推挤开已经处理好的线路。

Shove vias：选择 Hug 模式推挤或者 Shove 模式推挤才有的选项，推挤过孔的方式。选择"Off"是不推挤过孔，选择"Minimal"是小范围的推挤过孔，选择"Full"是全方位的推挤并尽量优化。

Smooth：选择 Hug 模式推挤或者 Shove 模式推挤才有的选项，与 Shove vias 类似，这个命令是布线时推挤走线的优化程度，Off-super 是不优化到最大优化的一个程度选择。

Allow DRCs：推挤时是否允许 DRC 的产生，默认勾选此选项。

Gridless：推挤时按格点去推挤走线，默认勾选此选项。

Auto Join：推挤走线时是否改变拐角的长度，按住"Ctrl"键时才有效。

Extend Selection：推挤走线时是否改变所选线段的长度，一般不用勾选这个选项。

10.5.14　移动走线与过孔

Allegro 的移动命令非常强大，配合不同的选项，具有多种移动方式，是 PCB 设计时常用的功能之一。

执行菜单命令"Edit"→"Move"，如图 10-122 所示，在"Find"面板中对元素进行勾选，可以对走线及过孔等元素进行移动，如图 10-123 所示。

在"Options"面板中可以对其参数进行设置，如图 10-124 所示。

具体参数释义如下：

Ripup etch：移动对象时去除所连走线、过孔。

Slide etch：移动对象时保留所连走线、过孔，走线随着对象平滑移动。

Stretch etch：移动对象时保留所连走线、过孔，走线随着对象以任意角度移动。

当三项都不勾选时，表示仅移动对象，不能影响其他走线、过孔。

Type：以相对坐标或绝对坐标的方式旋转，一般选相对坐标。

图 10-122 "Move"命令示意图（1）

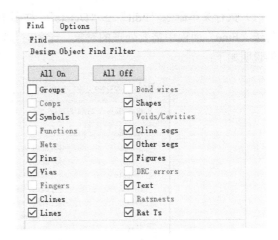

图 10-123 "Move"命令示意图（2）

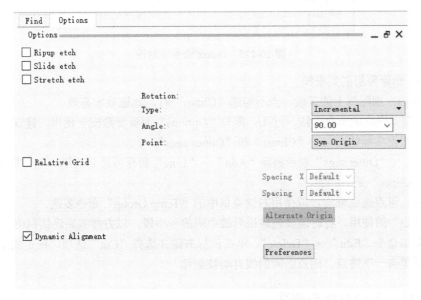

图 10-124 "Move"命令参数设置示意图

Angle：旋转的角度设置，根据实际需要选择，一般选 90°

Point：设置旋转时的基准点，有以下几种方式，可根据实际情况灵活选择。

● Sym Origin：以元器件封装原点为基准点，软件默认该选项。

● Body Center：以元器件 place_bound 几何中心为基准，常用于元器件原地旋转。

● User Pick：以鼠标单击选择点为基准，常用于多个元器件的整体旋转。

● Sym Pin#：以元器件引脚编号为基准点，常用于元器件结构定位。

Sym Origin 和 Body Center 与封装建立是否规范直接相关。

移动命令可移动的对象较多，Find 面板中未变灰的对象均可选择移动。

10.5.15 删除走线与过孔

当布线效果不理想时，一根一根地调整布线状态比较费时，可以采用删除命令，将不需要的线删除后，重新布线。

（1）执行菜单命令"Edit"→"Delete"，如图 10-125 所示，使用时，建议根据实际需要，仅勾选"Find"面板中需要处理的对象，无关对象取消勾选，防止误删除。面板中几个特殊对象的说明如下：

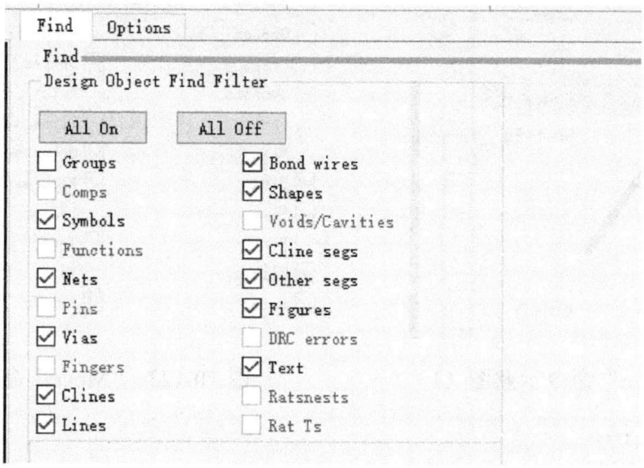

图 10-125　Delete 命令示意图

Clines：删除整层的某根线

Cline segs：删除线上的某段，当不勾选"Clines"时，此选项才有效

Nets：删除网络的所有走线、过孔，需与"Options"面板参数配合使用，建议谨慎使用。读者可根据实际情况勾选"Clines"和"Clines segs"。

"Lines"与"Other segs"表示删除"Add"→"Line"命令所绘制的线，主要是丝印线，作用对象与"Clines"是一样的。

删除时，可点选或框选，或使用右键菜单中的"Temp Group"命令多选。

（2）"Cut"的使用。有时需要删除信号线中间的一小段，以方便重新连接网络。

执行菜单命令"Edit"→"Delete"，单击鼠标右键并选择"Cut"选项，在走线条上单击一下起点，再单击一下终点，两点之间的线自动被删除。

10.5.16　差分布线与扇孔

差分信号是用一个数值来表示两个物理量之间的差异。差分传输在两根线上都传输信号，这两个信号的振幅相同，相位相反。在两根线上的传输的信号就是差分信号。差分线是 PCB 布线中很关键的一部分。差分布线具体操作步骤如下：

（1）创建差分对，执行菜单命令"Setup"→"Constraints"→"Constraint Manager"，进入规则模型管理器，在 Electrical 规则里面选中需要创建差分对的两根网络并单击右键，在弹出的窗口创建差分对，如图 10-126 所示。

（2）在 Physical 规则中对差分网络进行差分规则的驱动，如图 10-127 所示。

（3）差分走线。执行菜单命令"Route"→"Connect"，对差分网络进行走线，此时这对差分网络线会耦合且同时走线，如图 10-128 所示。

（4）差分线扇孔。在差分走线的命令下双击鼠标左键即可对差分线进行扇孔；同时，在走线命令中单击右键，通过"Via Pattern"选项对过孔样式进行选择，"Spacing"选项可以对过孔间距进行自主设置，如图 10-129 所示。

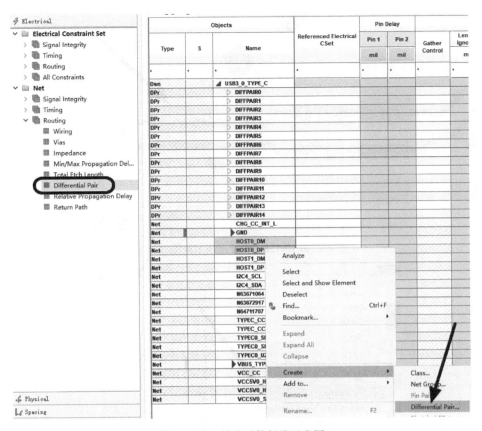

图 10-126　差分对的创建示意图

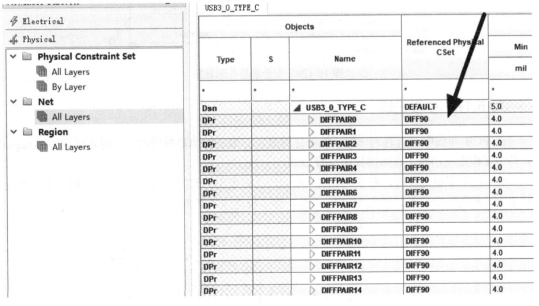

图 10-127　差分规则的驱动示意图

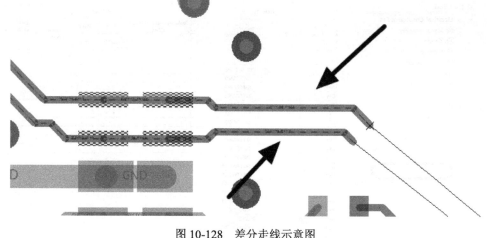

图 10-128　差分走线示意图

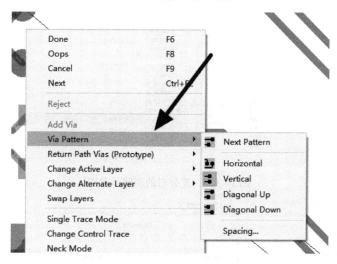

图 10-129　差分线扇孔示意图

10.5.17　多根走线

在 PCB 布线中，当遇到一把一把的总线时，一根一根地走很费时，这时可以利用 Allegro 软件中多根走线功能，具体的操作步骤如下：

（1）进行多根走线时，先将一组线从不同的区域扇出。比如 BGA 区域，先一根一根地将走线扇出，拉到一个位置，如图 10-130 所示，为多根走线做准备。

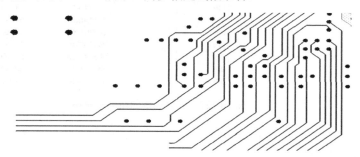

图 10-130　多根走线前所有走线扇出示意图

（2）执行走线命令"Route"→"Connect"，进行走线，框选需要多根走线的线头位置，全部选中，然后走线，这样就可以实现多根走线，如图 10-131 所示。

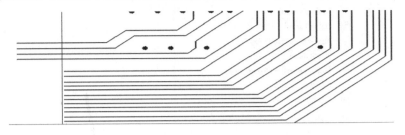

图 10-131　多根走线示意图

（3）多根走线以后，如果需要调整这一组走线的间距，则可以在多根走线过程中单击鼠标右键，在弹出的菜单中选择布线间距"Route Spacing"选项，如图 10-132 所示。

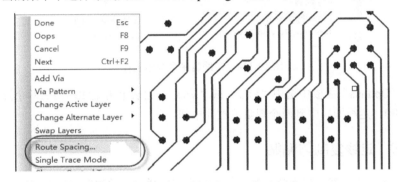

图 10-132　多根走线间距调整示意图

执行上述菜单命令之后，在弹出的对话框中可以选择间距，如图 10-133 所示，具体的含义如下：

Current Space：按照当前扇出的间距布线。

Minimum DRC：按照满足 DRC 要求的情况下，按最小间距布线。

User-defined：按照用户自定义的间距进行布线，在下方的"Space"栏输入间距值，走线就会按照设置的间距进行布线。

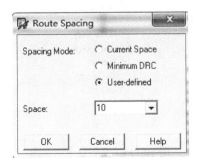

图 10-133　多根走线间距设置示意图

10.5.18　走线居中设置

（1）执行菜单命令"Route "→"Resize/Respace"→"Spread Between Voids"，如图 10-134 所示。

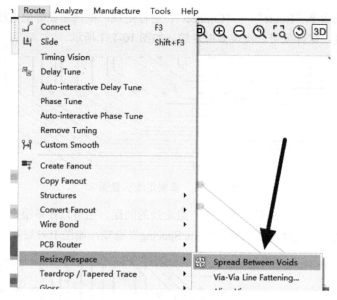

图 10-134　走线居中命令示意图

（2）在"Options"面板中选中"Pins"或"Vias"，然后单击走线两侧的两个焊盘或过孔即可（依次单击），走线即居中到两个焊盘或过孔中间。

10.5.19　走线复制与粘贴

复制命令可用于走线、过孔等复制，复制命令在同样元素放置时可以节省时间。

执行菜单命令"Edit"→"Copy"，在"Find"面板中勾选需要复制的元素，如图 10-135 所示。

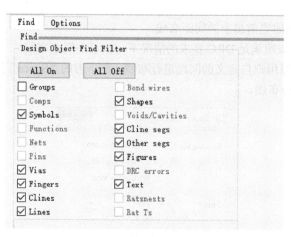

图 10-135　复制命令示意图

在"Options"面板可以选择复制的基准点，如图 10-136 所示。

Symbol：元器件。

Body Center：元器件中心。

User Pick：用户任意选取一个参考点。

Sym Pin：元器件的焊盘。

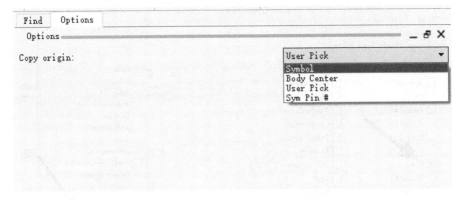

图 10-136　基准点的选取示意图

复制走线如图 10-137 所示。

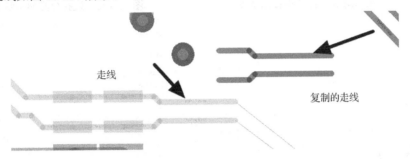

走线

复制的走线

图 10-137　复制走线示意图

10.5.20　过孔网络修改

修改过孔网络的具体操作步骤如下：

（1）选择一般模式，执行菜单命令"Setup"→"Application Mode"→"General Edit"，如图 10-138 所示。

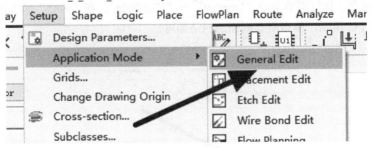

图 10-138　模式的选取示意图

（2）在"Find"面板勾选过孔元素，如图 10-139 所示。

（3）选择需要更改网络的过孔，单击右键，选择"Assign net to via"选项，如图 10-140 所示。

（4）在"Options"面板中选择网络进行修改，如图 10-141 所示，选择需要修改的过孔网络后，单击"OK"按钮，过孔网络就修改完毕了。

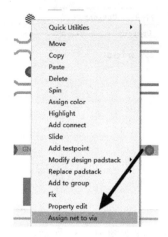

图 10-139　过孔选择示意图　　　　　　　　图 10-140　过孔分配网络示意图

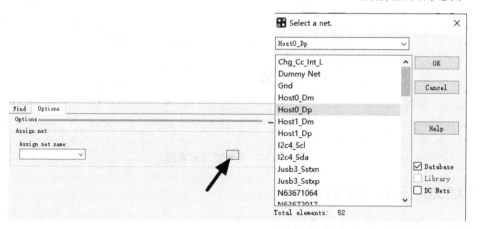

图 10-141　修改过孔网络示意图

10.5.21　高亮与低亮网络

（1）网络高亮。执行菜单命令"Display"→"Highlight"，在"Find"面板中勾选"Nets"选项，如图 10-142 所示，单击需要高亮的网络即可。

图 10-142　高亮网络示意图

（2）低亮网络。执行菜单命令"Display"→"Dehighlight"，在"Options"面板中选中"Nets"，如图 10-143 所示，单击需要低亮的网络即可。

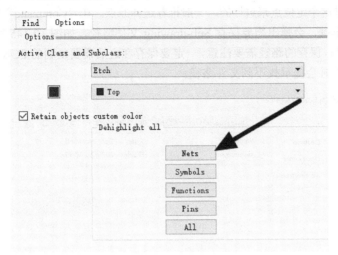

图 10-143　低亮网络示意图

10.5.22　Sub-Drawing 功能介绍

Sub-Drawing 就是从别的 PCB 文件复制元器件或者走线到当前的 PCB 文件中，而 Copy 命令也是复制功能，但它只能应用于同一个 PCB 文件中。Sub-Drawing 功能的具体操作步骤如下：

（1）在已经处理好的 PCB 中导出需要复制的走线，做成 Sub-Drawing 文件。执行菜单命令"File"→"Export"→"Sub-Drawing"，如图 10-144 所示。

图 10-144　导出 Sub-Drawing 文件示意图

（2）在 PCB 文件中选取对象，在"Find"面板中选择需要复制的对象，如只复制走线与过孔，就只要选择"Cline"与"Vias"即可。在 PCB 中进行选择时，可以单击鼠标右键并选择"Team

Group"选项，进行多项的选取，选取后，单击鼠标右键，选择"Complete"选项即可。

（3）将需要复制的对象选择完成之后，需要选择一个基准点去定位，两个 PCB 文件在进行对接时，就是通过这个定位点来进行的。一般推荐选择原点。在"Command"栏输入"x 0 0"。输入之后，按回车键，会弹出需要保存 Sub-drawing 文件路径，如图 10-145 所示，默认的文件名称是 standard.clp。保存的路径需要注意，一定要保存在之后需要复制的 PCB 的文件路径下面，不然后面导入文件时会提示找不到文件路径。

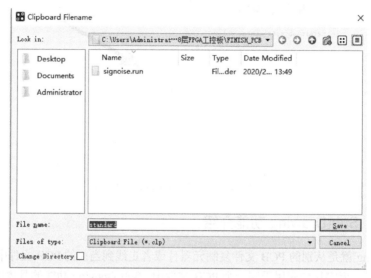

图 10-145　Sub-drawing 存储路径示意图

（4）打开需要导入 Sub-drawing 的 PCB 文件，首先需要确定两个 PCB 文件的原点坐标是一致的，这样导入的坐标才不会出现坐标偏移；原点设置为一致之后，执行菜单命令"File"→"Import"→"Sub-drawing"，如图 10-146 所示，在弹出的对话框中选择上述制作好的 Sub-drawing，如图 10-147 所示，单击"OK"按钮，然后在"Command"栏输入"x 0 0"，同样的基准点，就导入成功了。

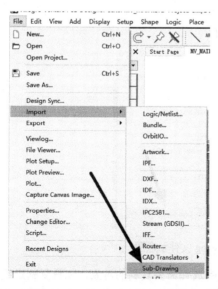

图 10-146　"Sub-Drawing"命令

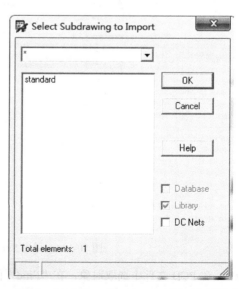

图 10-147　导入 Sub-drawing 文件示意图

10.5.23　查询布线信息

执行菜单命令"Display"→"Status"，在弹出的窗口中可以查看布线进度，如图 10-148 所示，"Unrouted nets"是未布线的网络，"Unrouted connections"是未连接的走线。

图 10-148　查看布线情况示意图

如需查看未布线的位置信息，可以单击前面的黄色框进行查看，如图 10-149 所示。

图 10-149　未布线信息查看示意图

10.5.24 45°与圆弧走线转换

在处理 PCB 走线时，一般都是 45°走线。当遇到高速信号时，为了满足阻抗的一致性要求，可以设置成为圆弧走线。在 16.6 版本以后，可以将 45°走线自动转换为圆弧走线，具体操作步骤如下：

（1）执行菜单命令"Route"→"Unsupported Prototypes"→"Auto-interactive Convert Corner"（AiCC），如图 10-150 所示，执行 AiCC 功能。

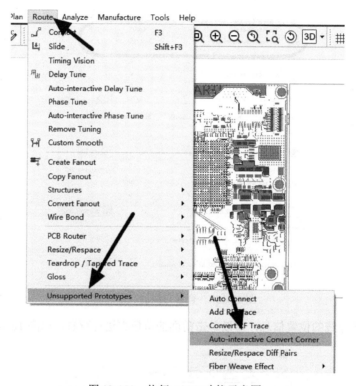

图 10-150　执行 AiCC 功能示意图

（2）执行上述命令后，在"Options"面板需要设置参数，如图 10-151 所示，一般选择默认设置即可。

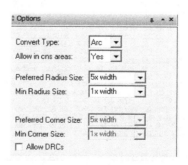

图 10-151　参数设置界面示意图

（3）在"Find"面板中勾选"Cline"选项，框选需要转换成圆弧的走线，软件会进行自动转换，将 45°的拐角修改成为圆弧，如图 10-152 所示。

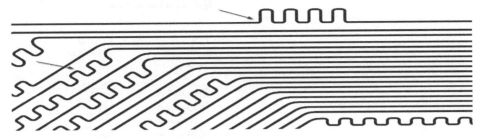

图 10-152　自动转换圆弧示意图

10.5.25　泪滴的作用与添加

在 PCB 布线完成后，一般会对走线添加泪滴，目的是为了增加线与过孔的和焊盘的连接强度，提高可制造性。在 Allegro 软件中对走线添加泪滴的操作步骤如下：

（1）执行菜单命令"Route"→"Gloss"→"Parameters"，进行参数设置，如图 10-153 所示。

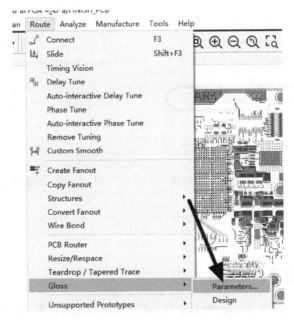

图 10-153　泪滴设计示意图

（2）在弹出的对话框中只需要勾选"Fillet and tapered trace"选项即可，如图 10-154 所示。单击前面的小方框，弹出参数设置，如图 10-155 所示，进行参数设置，一般按照默认的设置即可，在"Min line width"处根据 PCB 中实际的走线线宽设置即可。

（3）设置好参数后，单击"OK"按钮，然后单击左下角的"Gloss"按钮进行泪滴添加，这样就对整个 PCB 文件的线路进行了泪滴添加。

（4）如果需要单独对网络、焊盘、走线等对象添加泪滴，则执行菜单命令"Route"→"Gloss"→"Add Fillet"，在"Find"面板中选择需要添加泪滴的对象，添加泪滴即可。

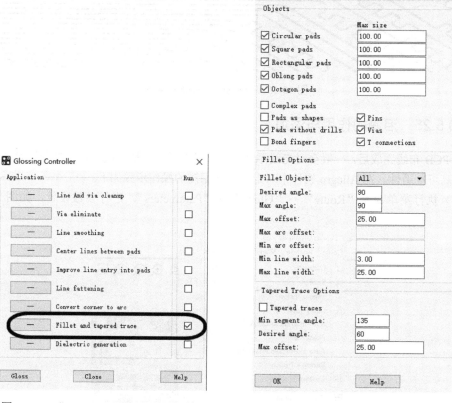

图 10-154 "Glossing Controller" 对话框   图 10-155 泪滴参数设置示意图

10.6 铺铜操作

10.6.1 动态铜皮参数设置

所谓动态铜皮（Dynamic Shape）就是能自动避让元器件或者过孔，而静态铜皮（Static Shape）则要手动避让，下面介绍一下动态铜皮的参数设置：

执行菜单命令 "Shape" → "Select Shape or Void/Cavity"，选中动态铜皮，单击鼠标右键，在弹出的菜单中选择 "Parameters" 选项，如图 10-156 所示。

在弹出的窗口中进行动态铜皮参数设置，具体设置步骤如下：

（1）铜皮填充："Solid" 为实心铺铜，"Xhatch" 为网格铺铜，如图 10-157 所示。

（2）光绘格式要与光绘文件的格式相一致，否则会报错，国内一般选 "Gerber RS274X"，如图 10-158 所示。

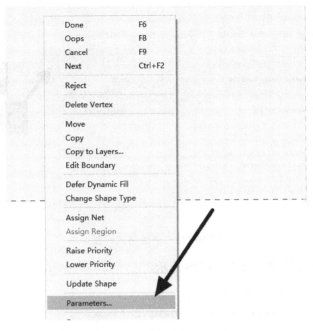

图 10-156　参数打开示意图

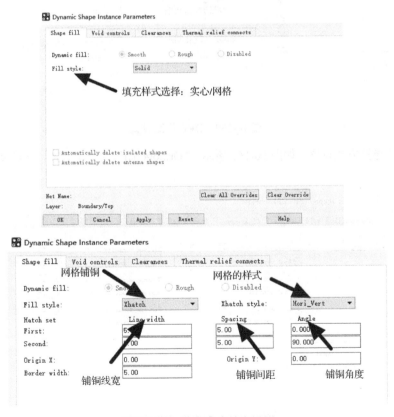

图 10-157　动态铜皮填充设置

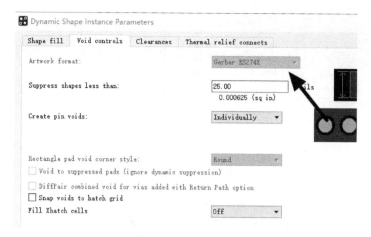

图 10-158　光绘格式设置

（3）DRC 间距报错设置，如图 10-159 所示。

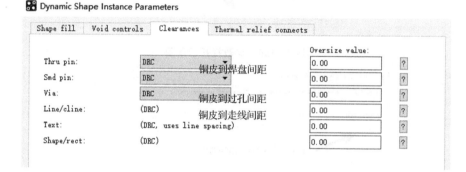

图 10-159　DRC 间距设置

（4）铜皮连接方式设置，如图 10-160 所示，"Orthogonal"为十字连接，"Full contact"为全连接。

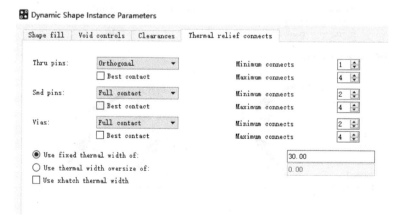

图 10-160　铜皮连接方式设置

10.6.2　静态铜皮参数设置

与动态铜皮设置方法类似，静态铜皮参数设置步骤如下：

（1）执行菜单命令"Shape"→"Select Shape or Void/Cavity"，选中静态铜皮，单击鼠标右键，在弹出的菜单中选择"Parameters"选项，如图 10-161 所示。

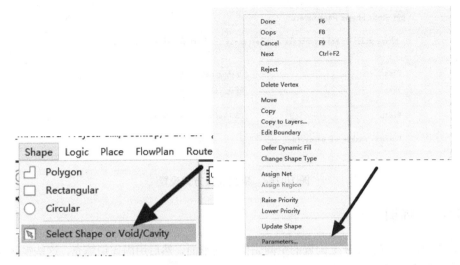

图 10-161　参数打开示意图

（2）铺铜样式设置："Solid"为实心铺铜，其余为网格铺铜，同样可以在设置里面设置线宽及间距，如图 10-162 所示。

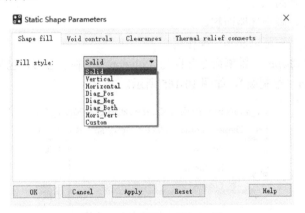

图 10-162　静态铜皮填充样式设置

（3）DRC 间距报错设置，如图 10-163 所示。

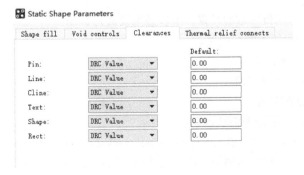

图 10-163　DRC 间距设置

（4）铜皮连接方式设置，如图 10-164 所示，"Orthogonal"为十字连接，"Full contact"为全连接。

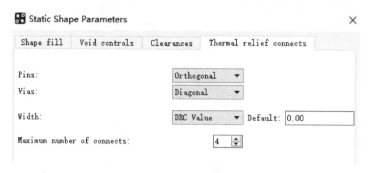

图 10-164　铜皮连接方式设置

10.6.3　铺铜

所谓铺铜，就是将 PCB 上闲置的空间先作为基准面，然后用固体铜填充，这些铜区又称为灌铜。铺铜的意义如下：

（1）增加载流面积，提高载流能力。

（2）减小地线阻抗，提高抗干扰能力。

（3）降低压降，提高电源效率。

（4）与地线相连，减小环路面积。

（5）多层板对称铺铜可以起到平衡作用。

执行菜单命令"Shape"，铺铜命令分别为 Polygon（绘制多边形，包括圆弧）、Rectangular（绘制矩形）、Circular（绘制圆），如图 10-165 所示。

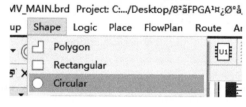

图 10-165　铺铜命令示意图

执行铺铜命令后，可以在"Options"面板中对其相关参数进行设置，如图 10-166 所示。参数的具体释义如下：

Class：因为是进行同批区域的设置，所以必须设置为 Etch。

Subclass：需要进行铺铜的布线层。

Type：选择需要铺铜的类型。

● Dynamic copper：动态铺铜。

● Static solid：静态实铜。

● Static crosshatch：静态网格状铺铜。

● Unfilled：不填充，适用于绘制 board outline、package geometry、room 等，不能用于 Etch。

Assign net name：铜皮所属网络。单击右边的按钮，可以从网络列表中选取。一般都将铜皮连到电源或地网络。

Shape grid：栅格设置。一般来说，铺铜用的栅格可以比布线用的栅格粗糙。

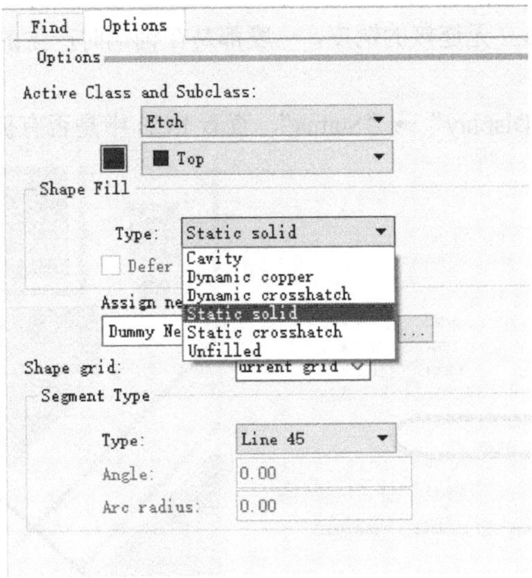

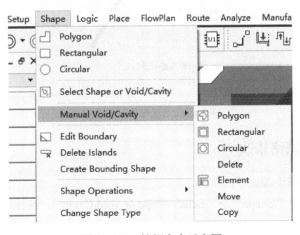

图 10-166　相关参数设置

10.6.4　挖铜

有时在铺铜之后还需要删除一些碎铜或尖岬铜皮，挖铜的功能就是将多余部分的铺铜进行移除，此功能只对铺铜有效。

执行菜单命令"Shape"→"Manual Void/Cavity"，如图 10-167 所示，挖铜命令如下：

Polygon：在一个完整的铜皮中挖一个任意形状的洞。

Rectangular：在一个完整的铜皮中挖一个矩形的洞。

Circular：在一个完整的铜皮中挖一个圆形的洞。

Delete：将已经避让的铜皮恢复，或者将用 Manual void/ Polygon 挖掉的铜皮恢复。

Element：避让命令，如果铜皮的网络和孔的网络一样，则用该命令避让。

Move：将避让后的 Shape 的轮廓移到其他地方避让，原来避让的 Shape 即恢复。

Copy：将避让后的 Shape 的轮廓复制。

图 10-167　挖铜命令示意图

10.6.5　孤铜删除

孤铜是指在 PCB 中孤立无连接的铜皮，一般都是在铺铜时产生的，对于孤铜的处理一般是将其删除。

（1）执行菜单命令"Display"→"Status"，查看 PCB 中是否有孤铜，如图 10-168 所示。

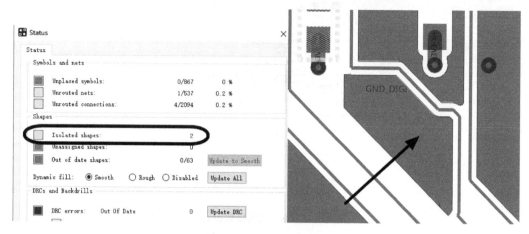

图 10-168　孤铜示意图

（2）执行菜单命令"Shape"→"Delete Island"，在"Options"面板中单击"Delete all on layer"按钮，则该层的孤铜将被全部删除，如图 10-169 所示。

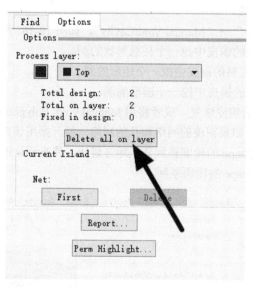

图 10-169　孤铜删除示意图

10.6.6　铜皮网络修改

铜皮网络修改操作步骤如下：

（1）执行菜单命令"Shape"→"Select Shape or Void/Cavity"，选择需要分配或修改网络的铜皮，如图 10-170 所示。

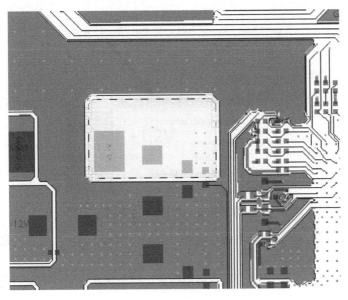

图 10-170 选择铜皮示意图

（2）单击鼠标右键，选择"Assign Net"选项，然后在"Options"面板上进行网络选择分配，如图 10-171 所示。

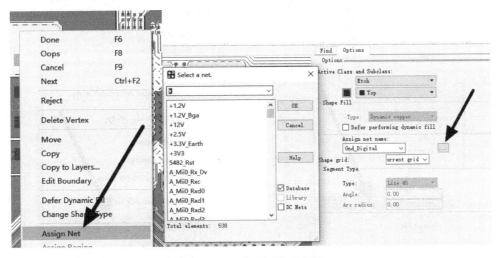

图 10-171 分配网络示意图

10.6.7 静态与动态铜皮转换

在前面的内容中，讲述了静态铜皮与动态铜皮的区别，为了更方便地进行设计，我们可以对两种属性的铜皮进行转换，具体的操作步骤如下：

（1）选中需要转换属性的铜皮。执行菜单命令"Shape"→"Select Shape or Void/Cavity"，如图 10-172 所示，如果是一块铜皮，则单击该铜皮即可；如果是多块铜皮，则用鼠标左键进行框选。

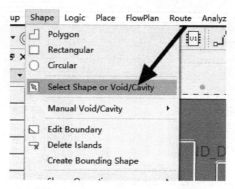

图 10-172　选中铜皮示意图

（2）选中铜皮以后，单击鼠标右键，选择"Change Shape Type"选项，修改铜皮的属性，如图 10-173 所示。

（3）执行操作之后，动态铜皮会变成静态铜皮，静态铜皮会变成动态铜皮，之前铜皮上的属性保持不变。

（4）除了上述方法，还可以执行菜单命令"Shape"→"Change Shape Type"，如图 10-174 所示，鼠标单击需要更改属性的铜皮，效果是一样的。

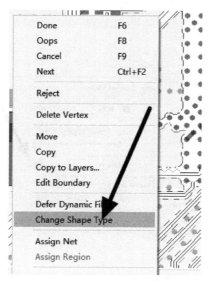

图 10-173　更改铜皮属性示意图

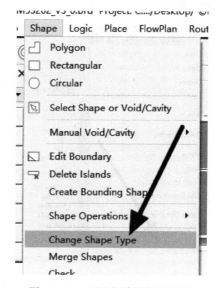

图 10-174　更改铜皮属性示意图

10.6.8　铜皮合并

铜皮合并是指将两个相同网络的 Shape 合并，或将一无网络的 Shape 和一有网络的 Shape 合并。

执行菜单命令"Shape"→"Merge Shapes"，如图 10-175 所示，用鼠标左键分别单击重叠的两块 Shape，就能实现铜皮合并了，如图 10-176 所示。

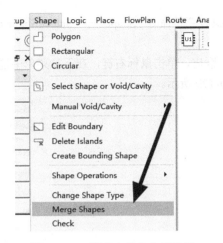

图 10-175　铜皮合并命令示意图

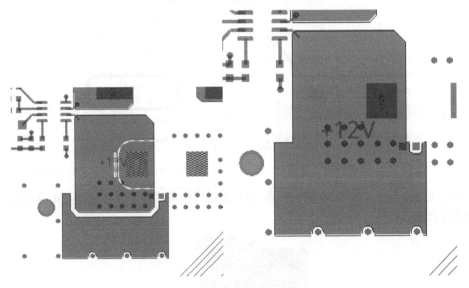

图 10-176　铜皮合并示意图

10.6.9　铜皮优先级设置

在 PCB 设计中，如果在同一层进行铺铜处理，当出现两个或者两个以上的铜皮重叠的情况时，如图 10-177 所示，A 铜皮的优先级要高于 B 铜皮，那么 A 铜皮保持原来的形状，而 B 铜皮会自动避让一块。

图 10-177　铜皮叠加示意图

（1）默认的优先级。在 Allegro 软件中，先绘制的铜皮的优先级要高于后面绘制的铜皮。要将 B 铜皮的优先级提高，可执行菜单命令"Shape"→"Select Shape or Void/Cavity"，如图 10-178 所示。

（2）单击 B 铜皮，选中铜皮，单击鼠标右键，在下拉菜单中选择"Raise Priority"选项，提高铜皮的优先级，如图 10-179 所示。

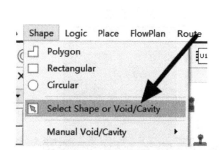

图 10-178　选中铜皮示意图

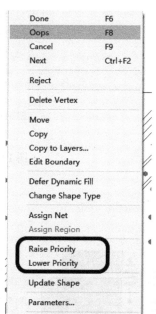

图 10-179　提高铜皮优先级示意图

（3）执行上述命令后，如图 10-180 所示，B 铜皮的优先级就高于 A 铜皮了，B 铜皮保持原样，A 铜皮进行避让。

图 10-180　铜皮优先级设置后示意图

从图 10-179 可以看出，在下拉菜单中既可以选择"Raise Priority"选项，也可以选择"Lower Priority"选项，两者功能相反。

10.6.10　灌铜操作

（1）执行菜单命令"Edit"→"Split Plane"→"Parameters"，设置灌铜的样式，一般选择 Solid（实心铜），如图 10-181 所示。

（2）执行菜单命令"Edit"→"Split Plane"→"Create"，选择需要灌铜的平面层，单击"Create"按钮进行创建，如图 10-182 所示。

（3）在弹出的窗口进行网络的选择，选择完毕后单击"OK"按钮，该层的灌铜操作就完成了，如图 10-183 所示。

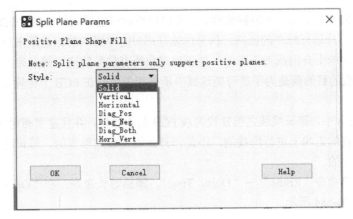

图 10-181　灌铜参数设置示意图

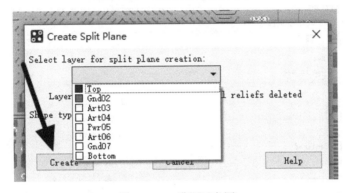

图 10-182　灌铜示意图

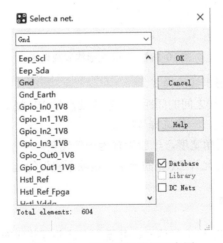

图 10-183　灌铜网络选择示意图

10.7　蛇形走线

10.7.1　单端蛇形线

在 PCB 设计中，蛇形等长走线主要是针对一些高速的并行总线来讲的。由于这类并行总线往往有多条数据信号基于同一个时钟采样，每个时钟周期可能要采样两次（DDR SDRAM），甚至 4 次，而随着芯片运行频率的提高，信号传输延迟对时序影响的比重越来越大。为了保证在数据采样点（时钟的上升沿或者下降沿）能正确采集所有信号的值，就必须对信号传输延迟进行控制。等长走线的目的就是为了尽可能地减少所有相关信号在 PCB 上传输延迟的差异，保证时序的匹配。

（1）在 Allegro 中，等长绕线之前建议完成 PCB 的连通性，并且建立相对应的总线网络组，因为等长是在既有的走线上进行绕线的，不是一开始就走成蛇形线的，等长时也是基于一组中最长的那条线进行的。

（2）执行菜单命令"Route"→"Delay Tune"，激活等长命令，在"Options"面板中设置等长参数，如图 10-184 所示。

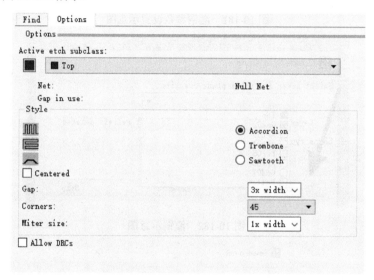

图 10-184　单端蛇形线参数设置

① Style：提供 3 种蛇形走线的样式。

② Gap：两条蛇形圆弧线之间的间距，一般需要满足 3W 规则（3 倍线宽间距）。

③ Corners：拐角的角度，一般选择 45°。

④ Miter size：最小的拐角宽度，一般设置为一倍线宽。

⑤ Allow DRCs：等长时允许 DRC 的产生，这项不建议勾选。

10.7.2　差分蛇形线

至于 USB、SATA、PCIE 等串行信号，并没有上述并行总线的时钟概念，其时钟是隐含在串行数据中的。数据发送方将时钟包含在数据中发出，数据接收方通过接收到的数据恢复出时钟信号。这类串行总线没有上述并行总线等长布线的概念，但因为这些串行信号都采用差分信号，为了保证差分信号的质量，对差分信号对的布线一般会要求等长且按总线规范的要求进行阻抗匹配的控制。

（1）差分蛇形线类似于单端蛇形线，也是先进行差分走线，再执行菜单命令"Route"→"Delay Tune"，激活等长命令，在"Options"面板中设置相关参数，设置方法与单端蛇形走线相同，如图 10-185 所示。

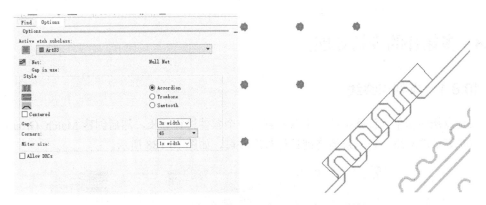

图 10-185　差分蛇形线参数设置

（2）单击需要等长的差分走线，并滑动鼠标，即开始差分蛇形走线。

（3）为了满足差分对内的时序匹配，一般差分对内也需要进行等长，误差要求一般在 5mil 以内。这种等长方式一般不再是以差分走线来等长了，而是在等长命令单击鼠标右键并选择 "Single trace mode" 选项，如图 10-186 所示，对差分走线的其中一条进行绕线。常见差分对内等长方式如图 10-187 所示。

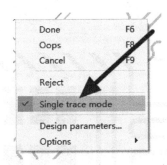

图 10-186　差分线单根等长命令

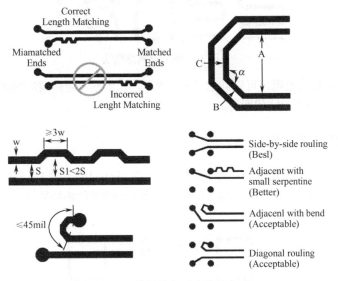

图 10-187　常见差分对内等长方式

10.8 多拓扑的等长处理

10.8.1 点到点绕线

点到点绕线简单来说就是从一个器件到另一个器件进行等长，然后创建 Match Group 等长组将需要等长的网络一条一条地绕到目标长度即可，如图 10-188 所示。

Dsn	◢ MV_MAIN						5.52 mil
MGrp	◢ MG_A(29)	All Drivers/All Receivers		Global	0 mil 100 mil		5.52 mil
Net	◢ A_DATA0	All Drivers/All Receivers		Global	0 mil 100 mil		52.49 mil
RePP	U13.27:U15.AC24			Global	0 mil 100 mil	47.01 mil	52.49 mil
Net	◢ A_DATA1	All Drivers/All Receivers		Global	0 mil 100 mil		43.79 mil
RePP	U15.AH7:U13.26			Global	0 mil 100 mil	54.21 mil	43.79 mil
Net	◢ A_DATA2	All Drivers/All Receivers		Global	0 mil 100 mil		5.7 mil
RePP	U15.AE15:U13.30			Global	0 mil 100 mil	94.3 mil	5.7 mil
Net	◢ A_DATA3	All Drivers/All Receivers		Global	0 mil 100 mil		70.7 mil
RePP	U15.AF15:U13.32			Global	0 mil 100 mil	29.3 mil	70.7 mil
Net	◢ A_DATA4	All Drivers/All Receivers		Global	0 mil 100 mil		74.3 mil
RePP	U13.33:U15.AF16			Global	0 mil 100 mil	25.7 mil	74.3 mil
Net	◢ A_DATA5	All Drivers/All Receivers		Global	0 mil 100 mil		32.3 mil
RePP	U15.AF17:U13.35			Global	0 mil 100 mil	67.7 mil	32.3 mil
Net	◢ A_DATA6	All Drivers/All Receivers		Global	0 mil 100 mil		41.77 mil
RePP	U15.AA26:U13.7			Global	0 mil 100 mil	58.23 mil	41.77 mil
Net	◢ A_DATA7	All Drivers/All Receivers		Global	0 mil 100 mil		70.06 mil
RePP	U13.34:U15.AE16			Global	0 mil 100 mil	29.96 mil	70.06 mil
Net	◢ A_DATA8	All Drivers/All Receivers		Global	0 mil 100 mil		60.58 mil
RePP	U15.AE17:U13.37			Global	0 mil 100 mil	39.42 mil	60.58 mil
Net	◢ A_DATA9	All Drivers/All Receivers		Global	0 mil 100 mil		48.42 mil
RePP	U15.AF18:U13.38			Global	0 mil 100 mil	54.58 mil	48.42 mil
Net	◢ A_DATA10	All Drivers/All Receivers		Global	0 mil 100 mil		82.55 mil
RePP	U13.39:U15.AE18			Global	0 mil 100 mil	17.45 mil	82.55 mil
Net	◢ A_DATA11	All Drivers/All Receivers		Global	0 mil 100 mil		80.7 mil
RePP	U15.AD19:U13.43			Global	0 mil 100 mil	19.3 mil	80.7 mil
Net	◢ A_DATA12	All Drivers/All Receivers		Global	0 mil 100 mil		61.87 mil
RePP	U15.AC19:U13.45			Global	0 mil 100 mil	38.13 mil	61.87 mil
Net	◢ A_DATA13	All Drivers/All Receivers		Global	0 mil 100 mil		15.67 mil
RePP	U15.AD20:U15.AD58			Global	0 mil 100 mil	84.33 mil	15.67 mil
Net	◢ A_DATA14	All Drivers/All Receivers		Global	0 mil 100 mil		95.47 mil
RePP	U13.41:U15.AE19			Global	0 mil 100 mil	4.53 mil	95.47 mil
Net	◢ A_DATA15	All Drivers/All Receivers		Global	0 mil 100 mil		53.05 mil
RePP	U15.AE17:U13.42			Global	0 mil 100 mil	46.95 mil	53.05 mil
Net	◢ A_DATA16	All Drivers/All Receivers		Global	TARGET	TARGET	
RePP	U15.AD46:U13.47			Global	TARGET	TARGET	
Net	◢ A_DATA57	All Drivers/All Receivers		Global	0 mil 100 mil		81.68 mil
RePP	U15.AC16:U13.51			Global	0 mil 100 mil	18.32 mil	81.68 mil

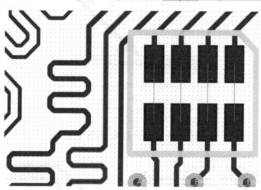

图 10-188　点到点绕线

若主干道上串联有电阻，可以创建 Xnet 模型，让串联电阻两端的网络一样，再通过创建 Pin Pair 的方法进行点到点绕线即可。

10.8.2 菊花链结构

在 PCB 设计中，信号走线通过 U1 出发途经 U2，再由 U2 到达 U3 的信号结构称为菊花链结构，如图 10-189 所示。在这种连接方法中，不会形成网状的拓扑结构，只有相邻的元器件之间才能直接通信。

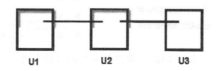

图 10-189　菊花链结构

如图 10-190 所示，这是两片 DDR 采用菊花链结构的布线方式，先由 CPU 连至第一片 DDR，再由第一片 DDR 连至第二片 DDR。对于菊花链等长网络，应先分别创建两个 Pin Pair，再创建两个等长组，分别进行等长；先从 CPU 到第一片 DDR 进行一次点到点绕线等长，再从第一片 DDR 到第二片 DDR 进行一次点到点的绕线等长。规则设置如图 10-191 所示。

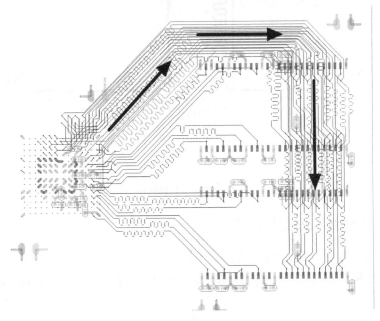

图 10-190　两片 DDR 菊花链结构示意图

Dsn			mil	mil		mil			mil	ns
Dsn							1.39 mil			
MGrp	▷ MG_SDRAM_AC_U5_U40(22)	All Drivers/All Receivers			Global	0 mil:50 mil	1.39 mil			
MGrp	▲ MG_SDRAM_AC_U40_U41(22)	All Drivers/All Receivers			Global	0 mil:50 mil	13.47 mil			
PPr	U41.29:U40.29 [ADDR_Z4]				Global	0 mil:50 mil	0.2 mil	49.8 mil	+	1033.76	0.16686
PPr	U41.32:U40.32 [ADDR_Z7]				Global	0 mil:50 mil	34.45 mil	15.55 mil	+	1068.02	0.16619
PPr	U40.22:U41.22 [SDA10]				Global	0 mil:50 mil	30.45 mil	19.55 mil	+	1064.01	0.18924
PPr	U40.17:U41.17 [SDCAS_N]				Global	0 mil:50 mil	1.31 mil	48.69 mil	+	1034.87	0.18147
PPr	U41.57:U40.57 [SDCKE]				Global	0 mil:50 mil	16.61 mil	33.39 mil	+	1050.17	0.16341
PPr	U41.38:U40.38 [SDCLK0]				Global	0 mil:50 mil	36.53 mil	13.47 mil	+	997.03	0.15514
PPr	U40.39:U41.39 [SDDQM]				Global	0 mil:50 mil	TARGET			1033.56	0.16063
PPr	U40.18:U41.18 [SDRAS_N]				Global	0 mil:50 mil	15.01 mil	34.89 mil	-	1018.55	0.18107
PPr	U40.16:U41.16 [SDWE_N]				Global	0 mil:50 mil	35.02 mil	14.98 mil	-	998.54	0.17747
PPr	U40.23:U41.23 [SHARK_ADDR0]				Global	0 mil:50 mil	18.27 mil	31.73 mil	-	1015.29	0.17795
PPr	U40.24:U41.24 [SHARK_ADDR1]				Global	0 mil:50 mil	3.06 mil	46.94 mil	+	1036.63	0.18432
PPr	U40.25:U41.25 [SHARK_ADDR2]				Global	0 mil:50 mil	34.52 mil	15.48 mil	-	1068.08	0.18744
PPr	U40.26:U41.26 [SHARK_ADDR3]				Global	0 mil:50 mil	26.4 mil	23.6 mil	-	1007.16	0.17902
PPr	U41.30:U40.30 [SHARK_ADDR5]				Global	0 mil:50 mil	4.85 mil	45.15 mil	+	1028.71	0.16007
PPr	U41.31:U40.31 [SHARK_ADDR6]				Global	0 mil:50 mil	25.37 mil	24.63 mil	-	1058.93	0.16478
PPr	U40.33:U41.33 [SHARK_ADDR8]				Global	0 mil:50 mil	15.7 mil	34.3 mil	-	1049.26	0.16327
PPr	U41.34:U40.34 [SHARK_ADDR9]				Global	0 mil:50 mil	36.12 mil	13.88 mil	-	997.44	0.15521
PPr	U41.35:U40.35 [SHARK_ADDR11]				Global	0 mil:50 mil	25.42 mil	24.58 mil	-	1008.14	0.15687
PPr	U41.36:U40.36 [SHARK_ADDR12]				Global	0 mil:50 mil	18.56 mil	31.44 mil	-	1015.00	0.15794
PPr	U40.20:U41.20 [SHARK_ADDR16]				Global	0 mil:50 mil	13.36 mil	36.64 mil	-	1020.21	0.18137
PPr	U40.21:U41.21 [SHARK_ADDR18]				Global	0 mil:50 mil	16.06 mil	33.94 mil	-	1017.51	0.17835
PPr	U40.19:U41.19 [SHARK_MS0_N]				Global	0 mil:50 mil	14.2 mil	35.8 mil	-	1019.36	0.17868

图 10-191　菊花链等长规则设置示意图

10.8.3　T 形结构

如图 10-192 所示，星形网络型结构常被称为 T 形结构。DDR2 相比之前的 DDR 规范没有延时补偿功能，因此时钟线与数据选通信号的时序裕量相对比较紧张。为了不使每片 DDR 芯片的时钟线与数据选通信号的长度误差太大，一般采用 T 形拓扑，T 形拓扑的分支也应尽量短，长度也应相等。

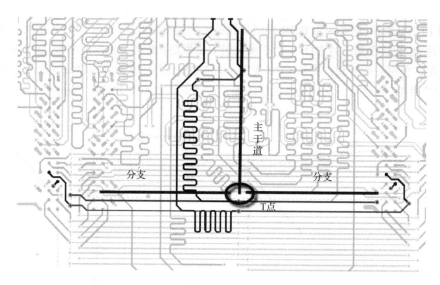

图 10-192　T 形结构

10.8.4　T 形结构分支等长法

这种方法可以类似于菊花链操作方法，主要是利用节点和多版本的操作，把等长转换为点对点等长法，实现 $L+L'=L+L''=L_1+L_1'=L_2+L_2'$，即 CPU 焊盘到每一片 DDR 焊盘的走线长度等长，如图 10-193 所示。

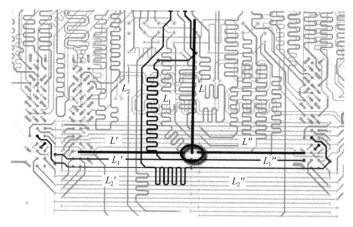

图 10-193　T 点等长

10.8.5　Xnet 等长法

Xnet 等长法有两种：第一种是创建 Pin Pair 进行等长，第二种是利用模型进行等长。

Pin Pair 等长法前面已经介绍过了，本文重点介绍模型等长法。

（1）对有串组的网络进行 Xnet 模型的创建，具体方法可以参考 10.1.5 节。

（2）执行菜单命令"Setup"→"Constraints"→"Constraint Manager"，打开规则模型管理器，在电气规则中对 SDRAM 低八位数据线设置模型并进行等长，选中 ED0 网络右键打开模型，如图 10-194 所示。

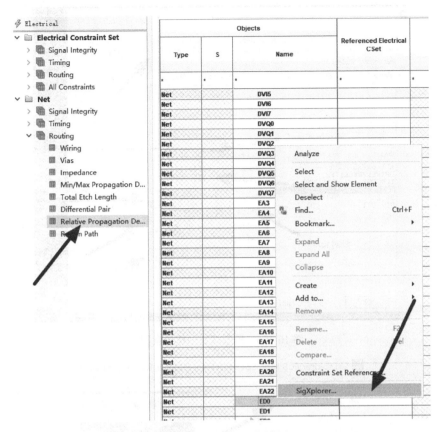

图 10-194　打开网络模型

（3）图 10-195 就是网络 ED0 的模型从 U12 到达 U6，再从 U6 到达 U4。这里介绍从 U12 到 U4 进行等长。

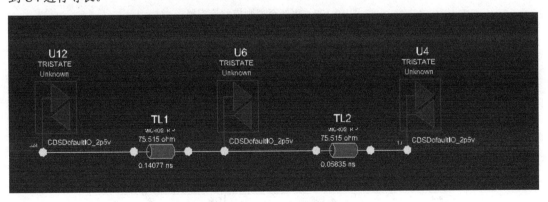

图 10-195　网络模型示意图

（4）在模型界面，执行菜单命令 "Set" → "Constrains"，设置好模型等长规则，如图 10-196 所示，单击 "Add" 按钮进行添加，添加完成后单击 "OK" 按钮。

（5）将创建好的模型规则更新至规则模型管理器中，执行菜单命令 "File" → "Update Constraint Manager"，如图 10-197 所示。

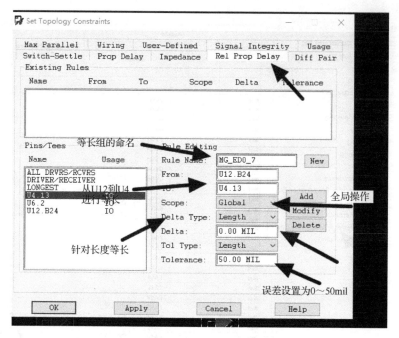

图 10-196　模型规则创建示意图

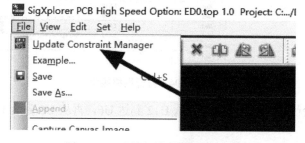

图 10-197　更新至规则模型管理器

（6）将要进行等长的网络都驱动所创建的模型规则，如图 10-198 所示，驱动之后会自动添加为一个 Group，以便进行等长。

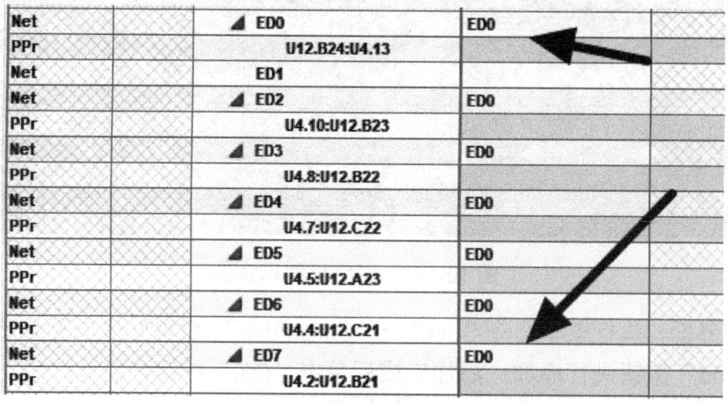

Net		▲ ED0	ED0	
PPr		U12.B24:U4.13		
Net		ED1		
Net		▲ ED2	ED0	
PPr		U4.10:U12.B23		
Net		▲ ED3	ED0	
PPr		U4.8:U12.B22		
Net		▲ ED4	ED0	
PPr		U4.7:U12.C22		
Net		▲ ED5	ED0	
PPr		U4.5:U12.A23		
Net		▲ ED6	ED0	
PPr		U4.4:U12.C21		
Net		▲ ED7	ED0	
PPr		U4.2:U12.B21		

图 10-198　驱动模型规则示意图

（7）利用蛇形走线的命令进行等长，将该网络组的长度调至等长误差内，显示绿色即可，如图 10-199 所示。

MGrp	◢ MG_ED0_7(7)							12.07 mil		
PPr	U12.B24:U4.13 [ED0]				Global	0 mil:50 mil	24.23 mil	25.77 mil	-	1212.21
PPr	U4.10:U12.B23 [ED2]				Global	0 mil:50 mil	19.44 mil	30.56 mil	+	1255.87
PPr	U4.8:U12.B22 [ED3]				Global	0 mil:50 mil	22.8 mil	27.2 mil		1213.63
PPr	U4.7:U12.C22 [ED4]				Global	0 mil:50 mil	37.93 mil	12.07 mil		1198.50
PPr	U4.5:U12.A23 [ED5]				Global	0 mil:50 mil	11.02 mil	38.98 mil		1225.42
PPr	U4.4:U12.C21 [ED6]				Global	0 mil:50 mil	8.81 mil	41.19 mil		1227.63
PPr	U4.2:U12.B21 [ED7]				Global	0 mil:50 mil	TARGET			1236.44

图 10-199　网络等长示意图

10.9　本章小结

PCB 布线是 PCB 设计中占比最大一个部分，是重点中的重点，读者只有掌握设计当中的各类技巧，才能有效地缩短设计周期，同时可以提高设计的质量。

第11章

PCB 的 DRC 与生产输出

前期为了满足各项设计要求，会设置很多约束规则，当一个 PCB 设计完成之后，通常要进行 DRC（Design Rule Check）。DRC 就是检查设计是否满足要求所设置的规则。一个完整的 PCB 设计必须经过各项电气规则检查，常见的检查包括间距、开路及短路等检查，更加严格的还有差分对、阻抗线等检查。

学习目标

➢ 掌握 DRC。
➢ 掌握装配图或多层线路 PDF 文件的输出方式。
➢ 掌握 Gerber 文件的输出步骤并灵活运用。

11.1 功能性 DRC

11.1.1 查看状态

当 PCB 设计完成之后，可以查看一下 PCB 的状态，确保设计的正确性。

（1）执行菜单命令"Display"→"Status"，如图 11-1 所示。在弹出的"Status"窗口中显示了该 PCB 目前的状态，如图 11-2 所示。

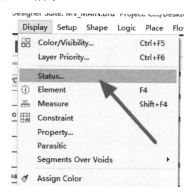

图 11-1 "Status"选项

相关参数如下：

Unplaced symbols：在后台未放置到 PCB 中的元器件。

Unrouted nets：未连接的网络。

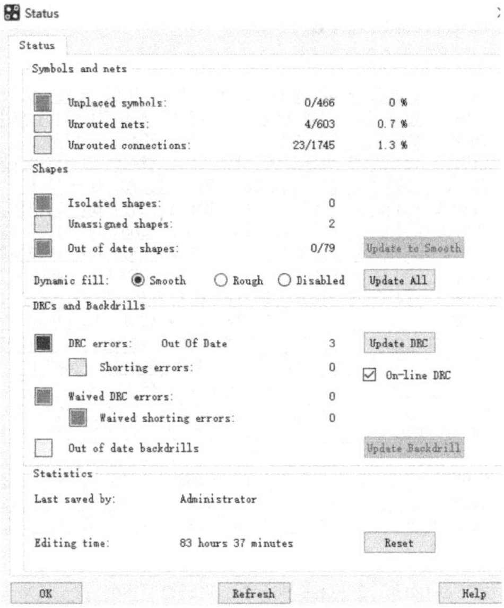

图 11-2　查看状态示意图

Unrouted connections：未连接的走线。

Isolated shapes：孤铜。

Unassigned shapes：未分配网络的铜皮。

Out of date shapes：需要进行更新的铜皮。

DRC errors：DRC 错误。

Waived DRC errors：允许存在的 DRC 错误。

（2）当需要查看错误位置时，可以通过单击错误前面的小方框，如图 11-3 所示；通过单击坐标可以在 PCB 中定位到错误位置，如图 11-4 所示。

图 11-3　单击方框

```
Total Unconnected Pin Pairs: 23

GND
From: C40.2 (430.00 -2427.00) To: C41.2 (330.00 -2427.00)
From: C187.2 (511.50 -2445.00) To: C40.2 (430.00 -2427.00)
From: C5.2 (2419.13 -1724.02) To: C6.2 (2504.13 -1724.02)
From: C151.2 (2420.00 -1645.00) To: C5.2 (2419.13 -1724.02)
From: C56.2 (2394.68 -627.72) To: C26.2 (2430.00 -883.00)
From: C139.2 (2495.00 -785.00) To: R48.1 (2497.08 -812.72)
From: C29.2 (2519.88 -1538.42) To: C30.2 (2659.88 -1538.42)
From: C28.2 (2379.88 -1538.42) To: C29.2 (2519.88 -1538.42)
From: C8.2 (3080.00 -1880.00) To: C31.2 (3050.00 -1460.00)
From: C151.2 (2420.00 -1645.00) To: C28.2 (2379.88 -1538.42)
From: C128.2 (2635.00 -1726.50) To: D6.A (2614.13 -1878.03)
From: U15.AG5 (2073.47 -1872.60) To: D3.A (2274.13 -1873.03)
From: C38.2 (245.00 -2667.00) To: C39.2 (385.00 -2667.00)
From: J1.2 (187.01 -2834.65) To: C38.2 (245.00 -2667.00)
From: C38.2 (245.00 -2667.00) To: C37.2 (105.00 -2667.00)
From: C42.2 (510.00 -2370.00) To: C187.2 (511.50 -2445.00)
From: D3.A (2274.13 -1873.03) To: C165.2 (2269.13 -1786.02)
From: C205.2 (765.00 -1697.72) To: C183.2 (745.00 -1732.28)
From: C182.2 (690.00 -1732.28) To: C206.2 (665.00 -1697.72)
From: C206.2 (665.00 -1697.72) To: C193.2 (575.00 -1697.72)


LED_1
From: R75.1 (2036.72 -2425.50) To: U15.K1 (1404.17 -2030.08)

LED_2
From: R76.1 (1976.72 -2425.50) To: U15.K2 (1404.17 -1990.71)

LED_3
From: R77.1 (2096.72 -2425.50) To: U15.L1 (1443.54 -2030.08)
```

图 11-4　查看错误坐标位置示意图

11.1.2　电气性能检查

电气性能检查包括间距检查、短路检查及开路检查

（1）执行菜单命令"Setup"→"Constraints"→"Modes"，如图 11-5 所示，打开规则模型管理器，如图 11-6 所示。

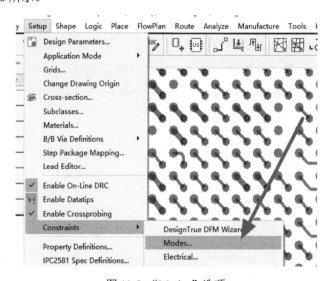

图 11-5　"Modes"选项

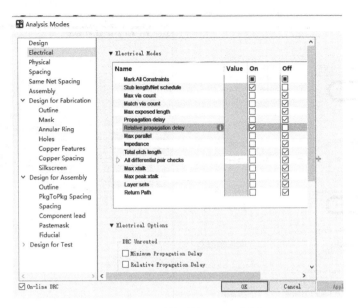

图 11-6　规则模型管理器示意图

（2）打开 Spacing 中所有间距规则模型，如图 11-7 所示。

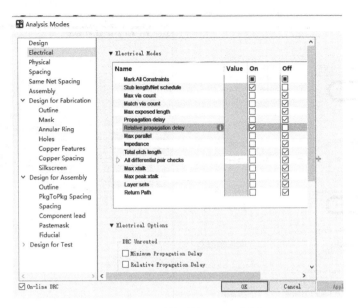

图 11-7　打开间距规则模型示意图

（3）执行菜单命令"Display"→"Status"，打开状态窗口，可以对当前开路、短路及间距报错进行查看，如图 11-8 所示。

Unrouted connections：开路报错。

Shorting errors：短路报错。

间距报错可以单击 DRC errors 前面的小方框进行查看。

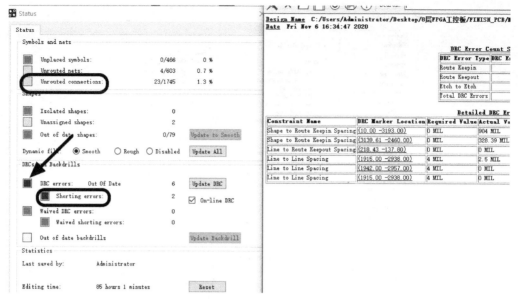

图 11-8 电气性能报错示意图

11.1.3 布线检查

执行菜单命令"Setup"→"Constraints"→"Modes",如图 11-9 所示,布线检查包含阻抗线检查、过孔检查、差分线检查、等长线检查,当设置的线宽、过孔大小及差分线宽不满足规则约束要求时就会提示 DRC 报错,让设计者注意,如图 11-10 所示。

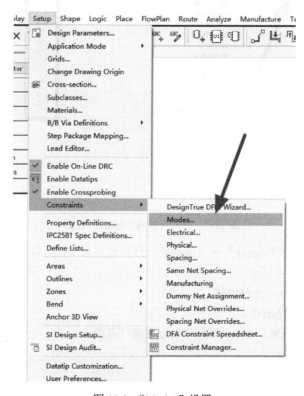

图 11-9 "Modes"设置

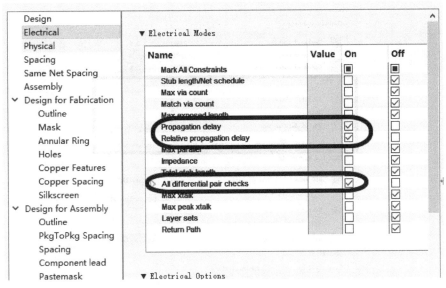

图 11-10 布线检查示意图

 小 助 手 提 示

一般在设计中，过孔的类型不要超过两种，这样在生产中可以少用钻头类型，提高生产效率。

11.1.4 铺铜检查

当铺铜完成之后，执行菜单命令"Display"→"Status"，如图 11-11 所示。铺铜检查主要是对于孤铜、未分配网络的铜皮及未更新的铜皮进行检查，如图 11-12 所示。

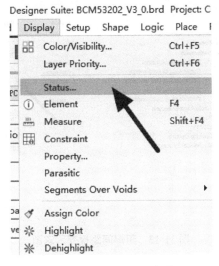

图 11-11 "Status"选项

图 11-12　铺铜检查示意图

11.1.5　阻焊间距检查

阻焊的作用就是防止焊接时的焊料流动，避免短路，因此阻焊之间应有一个最小间距，称为阻焊桥。在 PCB 中可以对阻焊间距进行检查，执行菜单命令"Setup"→"Constraints"→"Modes"，设置间距"Value"值，勾选阻焊到阻焊的间距检查复选框，如图 11-13 所示。

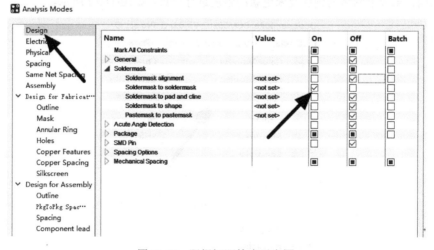

图 11-13　阻焊间距检查示意图

11.1.6　元器件高度检查

如果要对高度设定规则，则需要元器件封装中的 Place Bound 这一层有高度信息。

（1）执行菜单命令"Display"→"Color"，打开显示面板进行层显示勾选，如图 11-14 所示。

（2）执行菜单命令"Setup"→"Areas"→"Package Height"，如图 11-15 所示；单击鼠标右键，进行添加设置高度区域的铜皮，如图 11-16 所示。

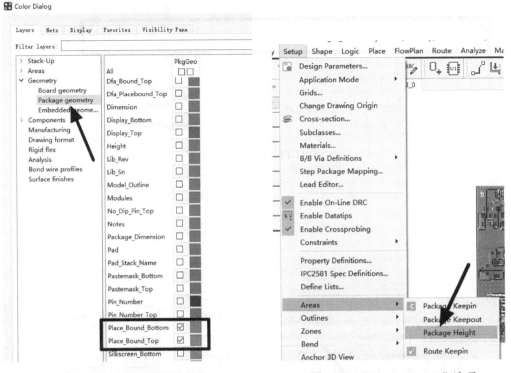

图 11-14　高度显示层示意图　　　　　　　　图 11-15　"Package Height"选项

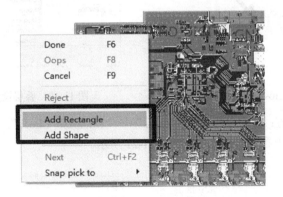

图 11-16　添加设置高度区域铜皮示意图

（3）在"Options"面板中进行最大、最小高度设置，如图 11-17 所示。

11.1.7　板层设置检查

在输出光绘之前需要对板层设置进行相应的检查。

（1）对叠层进行检查：执行菜单命令"Setup"→"Cross-section"，如图 11-18 所示；检查叠层是否有问题，如图 11-19 所示。

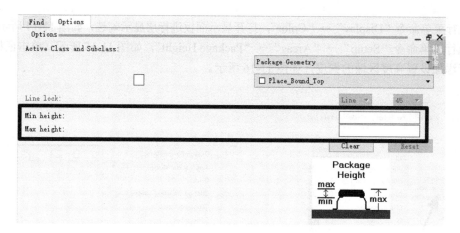

图 11-17 设置高度示意图

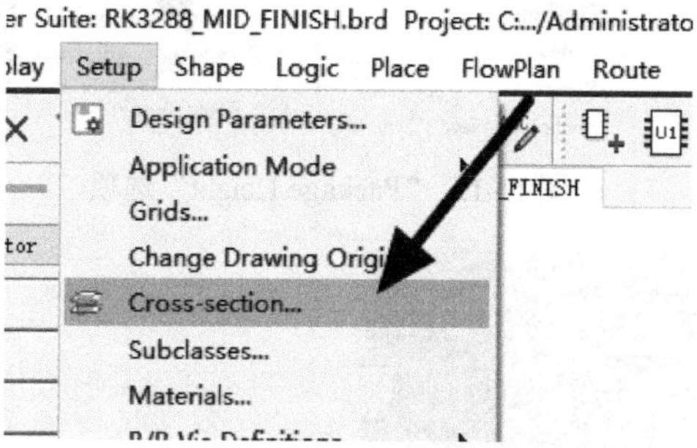

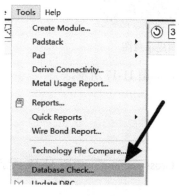

图 11-18 "Cross-section"选项

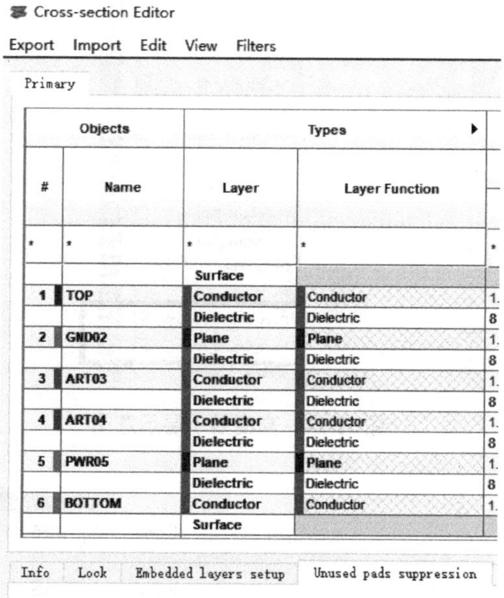

图 11-19 叠层设置检查示意图

（2）进行 DB 检查：执行菜单命令"Tools"→"Database Check"，如图 11-20 所示；单击
"Check"按钮，再次查看 Status 状态，如图 11-21 所示。

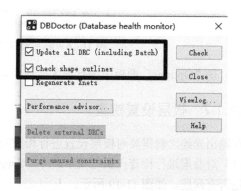

图 11-20 "Database Check"选项

图 11-21 单击"Check"按钮

11.2　尺寸标注

为了使设计者或生产者更方便地知晓 PCB 尺寸及相关信息，在设计时通常要考虑给设计好的 PCB 添加尺寸标注。尺寸标注有线性、圆弧半径、角度等形式，下面对最常用的线性标注及圆弧半径标注进行说明。

11.2.1　线性标注

在进行标注之前，先打开需要标注的层显示。执行菜单命令"Display"→"Color"，勾选"Dimension"选项，如图 11-22 所示。

图 11-22　标注层显示示意图

执行菜单命令"Manufacture"→"Dimension Environment"，如图 11-23 所示。进入标注环境，单击鼠标右键，选择线性标注，如图 11-24 所示。

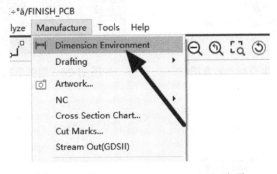

图 11-23　"Dimension Environment"选项

分别单击需要测量的两个端点便可以线性标注了。

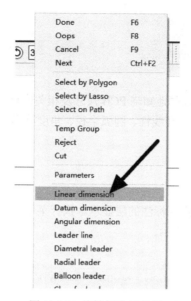

图 11-24　线性标注示意图

11.2.2　圆弧半径标注

执行菜单命令"Manufacture"→"Dimension Environment"，进入标注环境，单击鼠标右键，选择圆弧半径标注，如图 11-25 所示。

选择需要标注的圆或者圆弧即可进行半径标注，如图 11-26 所示。

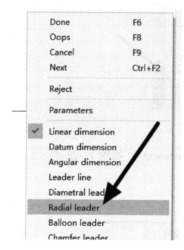

图 11-25　圆弧半径标注示意图

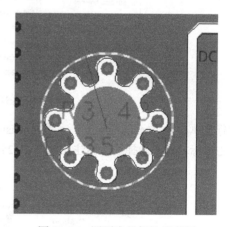

图 11-26　圆弧半径标注示意图

11.3　距离测量

11.3.1　点到点距离的测量

这种测量主要用于对某两个对象之间大概距离的一个评估。执行菜单命令"Display"→"Measure"，如图 11-27 所示；在"Options"面板上勾选相应元素，如图 11-28 所示。

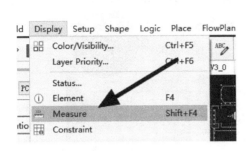

图 11-27 "Measure"选项   图 11-28 "Measure"命令示意图

单击两个元素，系统测量之后会弹出一个标出 X 轴与 Y 轴长度的报告，如图 11-29 所示。

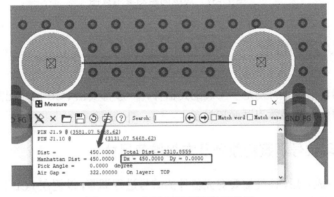

图 11-29 点到点距离测量示意图

11.3.2 边缘间距的测量

这种测量是两个对象边缘和边缘之间的间距测量，需要用到抓取命令。执行菜单命令"Display"→"Measure"，将鼠标移至需要测量边缘间距的元素，单击右键选择"Snap pick to"进行端点的抓取，如图 11-30 所示。

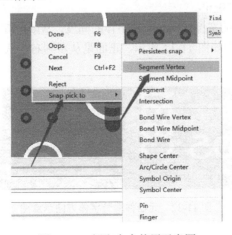

图 11-30 抓取命令使用示意图

边缘间距测量如图 11-31 所示。

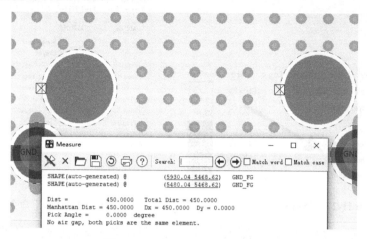

图 11-31　边缘间距测量示意图

11.4　丝印位号的调整

针对后期元器件装配，特别是手工装配元器件，一般都要出 PCB 的装配图，用于元器件放料定位，这时丝印位号就显示出其必要性了。

11.4.1　丝印位号调整的原则及常规推荐尺寸

在 PCB 设计完成之后，往往需要对元器件的编号进行调整，以便在 PCB 生产时印刷在 PCB 上，方便调试。为了使印刷的字符清晰可见，推荐使用的字体大小如下：

- 单板 PCB 文件比较宽松时，推荐使用字号的大小：Photo Width 采用 6mil，Height 采用 45mil，Width 采用 35mil。
- 一般常规的 PCB 设计，推荐使用字号的大小：Photo Width 采用 5mil，Height 采用 35mil，Width 采用 30mil。
- 单板 PCB 文件比较密集时，推荐使用字号的大小：Photo Width 采用 4mil，Height 采用 25mil，Width 采用 20mil。
- Photo Width 指字体的宽度，Height 指字体的高度，Width 指字体的线宽。
- 一般推荐的字体方向如图 11-32 所示，正面是从左到右，从下到上，背面是从右到左，从下到上。

图 11-32　元器件编号字体方向示意图

11.4.2 丝印位号的调整方法

Allegro 提供一个快速调整丝印的方法，可以快捷地调整丝印的位置。

（1）执行菜单命令"File"→"Change Editor"，如图 11-33 所示。打开模式选取窗口，勾选"Allegro Productivity Toolbox"选项，如图 11-34 所示。

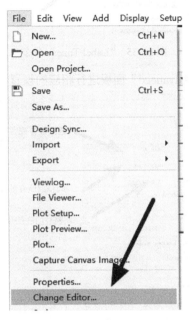

图 11-33 "Change Editor"选项

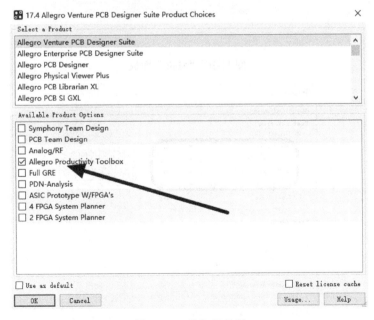

图 11-34 选取示意图

（2）执行菜单命令"Manufacture"→"Label Tune"，打开"Label Tune"对话框，如图 11-35 所示。

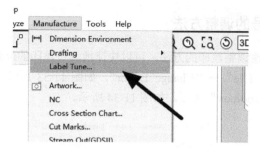

图 11-35 "Label Tune"命令

（3）在"Main"面板和"Advanced"面板进行相应的设置，如图 11-36 和图 11-37 所示。

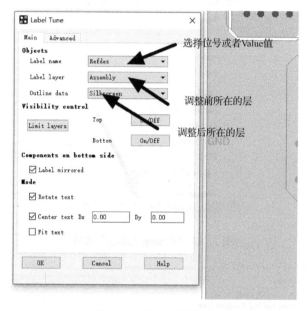

图 11-36 "Main"面板

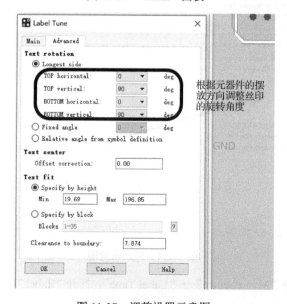

图 11-37 调整设置示意图

（4）完成"Label Tune"设置后，框选需要调整丝印的元器件（丝印自动归位到元器件中心上）。

11.5 PDF 文件的输出

在 PCB 生产调试期间，为了方便查看文件或者查询相关元器件信息，会把 PCB 设计文件转换成 PDF 文件。下面介绍常规 PDF 文件的输出方式。

（1）需要设置装配的光绘层叠，执行菜单命令"Manufacture"→"Artwork"，进入光绘层叠设置界面，添加顶底两层的信息即可，如图 11-38 所示。

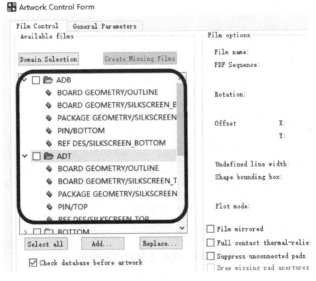

图 11-38　光绘层叠设置示意图

（2）添加光绘层叠设置以后，进行装配 PDF 文件的输出，执行菜单命令"File"→"Export"，在下拉菜单中选择"PDF"选项，如图 11-39 所示。

图 11-39　PDF 输出示意图

（3）在弹出的窗口中，选择输出的层叠，勾选"ADT"与"ADB"选项，下面的选项都不用勾选；勾选"Output PDF in black and white mode"选项即为黑白输出，不勾选就是彩色输出；单击"Export"按钮进行装配 PDF 文件的输出即可，如图 11-40 所示。

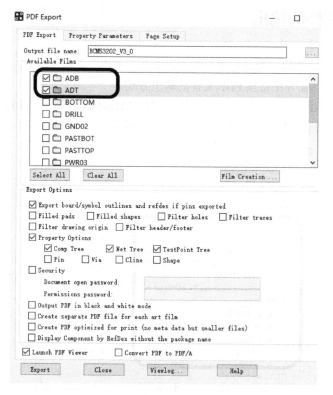

图 11-40　PDF 文件输出示意图

11.6　生产文件的输出步骤

生产文件的输出俗称 Gerber Out。Gerber 文件是所有电路设计软件都可以产生的文件，在电子组装行业又称为模板文件（Stencil Data），在 PCB 制造业又称为光绘文件。可以说，Gerber 文件是电子组装业中最通用、最广泛的文件，生产厂家拿到 Gerber 文件就可以方便而精确地读取制板信息。

11.6.1　Gerber 文件的输出

（1）执行菜单命令"Manufacture"→"Artwork"，在"Film Control"面板进行设置，如图 11-41 所示。

单击"General Parameters"选项，按照如图 11-42 所示进行设置。

（2）参数设置，这里以 4 层板为例，需要添加如图 11-43 所示的层，单击右键并选择"Add"选项即可添加。

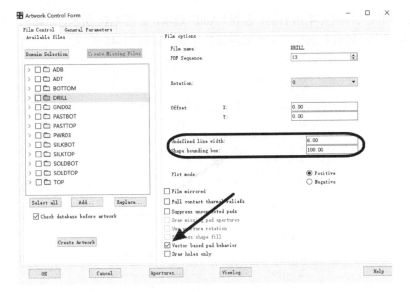

图 11-41　光绘输出设置示意图

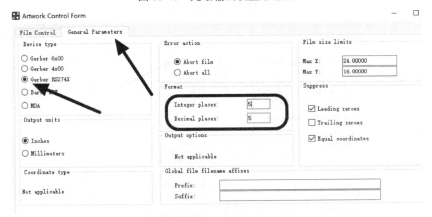

图 11-42　光绘输出示意图

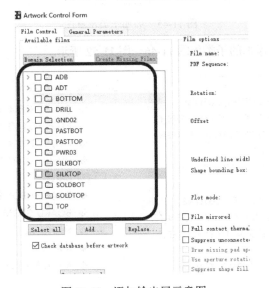

图 11-43　添加输出层示意图

（3）选中相应文件夹并单击右键，选择"Add"选项，如图 4-44 所示，在弹出一个"Subclass Selection"窗口中，可以对该输出层添加相应的子类，如图 11-45 所示。

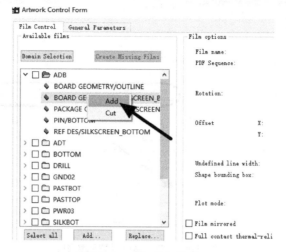

图 11-44 "Add"选项

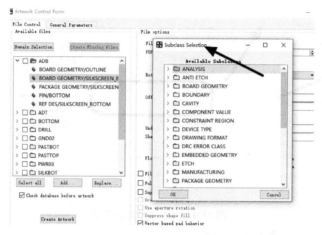

图 11-45 添加子类示意图

（4）每个层所需要添加的子类如图 11-46～图 11-52 所示。

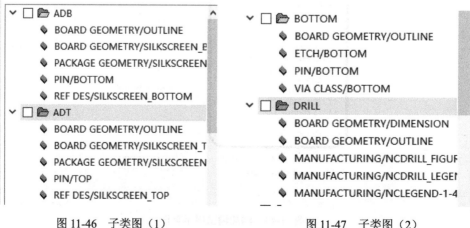

图 11-46 子类图（1）　　　　　　　　　　　　图 11-47 子类图（2）

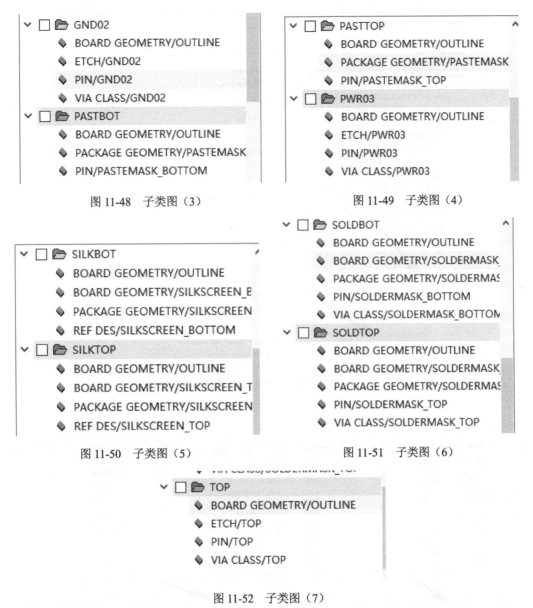

图 11-48 子类图（3）

图 11-49 子类图（4）

图 11-50 子类图（5）

图 11-51 子类图（6）

图 11-52 子类图（7）

（5）单击"Select all"按钮全选，单击"Create Artwork"按钮进行输出，如图 11-53 所示。

11.6.2 钻孔文件的输出

设计文件上放置的安装孔和过孔需要通过钻孔文件输出设置进行输出，具体操作步骤如下：

（1）执行菜单命令"Manufacture"→"NC"→"Drill Customization"，在弹出的窗口对相同的钻孔进行处理，单击"Auto generate symbols"按钮，如果有两个孔的参数相同，则单击"Merge"按钮进行合并，如图 11-54 所示。

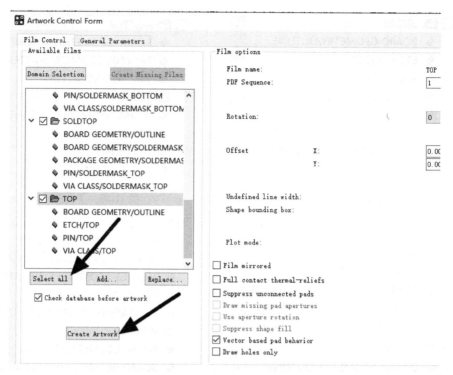

图 11-53　光绘输出示意图

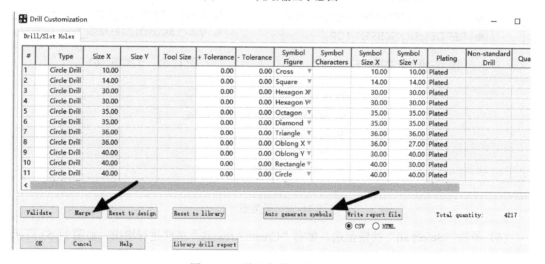

图 11-54　钻孔参数设置示意图

（2）执行菜单命令"Manufacture"→"NC"→"Drill Legend"，如图 11-55 所示；单击"OK"按钮，提取钻孔表，如图 11-56 所示。

（3）执行菜单命令"Manufacture"→"NC"→"NC Parameters"，进行如图 11-57 所示设置，设置钻孔输出的参数（注意：文件所在的路径不能是中文路径）。

（4）执行菜单命令"Manufacture"→"NC"→"NC Drill"，进行如图 11-58 所示设置，输出钻孔文件。

图 11-55　Drill Legend 设置

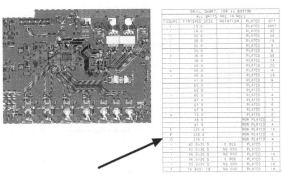

图 11-56　提取钻孔表示意图

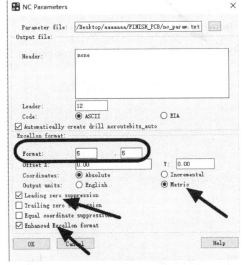

图 11-57　钻孔输出参数设置

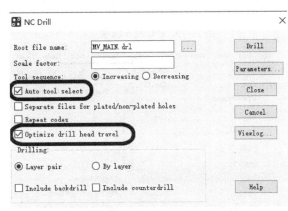

图 11-58　钻孔文件输出示意图

11.6.3　IPC 网表的输出

如果在提交 Gerber 文件给生产厂家时，同时生成 IPC 网表给厂家核对，那么在制板时就可以检查出一些常规的开路、短路问题，可避免一些损失。

执行菜单命令"File"→"Export"→"IPC 356"，如图 11-59 所示，输出 IPC 网表，如图 11-60 所示。

11.6.4　贴片坐标文件的输出

制板生产完成之后，后期需要对各个元器件进行贴片，这需要引用元器件的坐标图。

执行菜单命令"File"→"Export"→"Placement",选择"Body center"选项,进行坐标文件的输出,如图 11-61 所示。

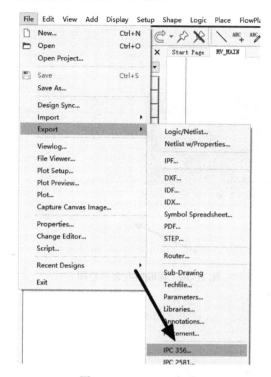

图 11-59　IPC 356 选项

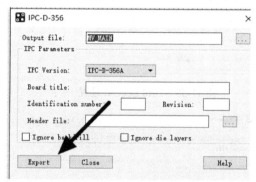

图 11-60　IPC 网表输出示意图

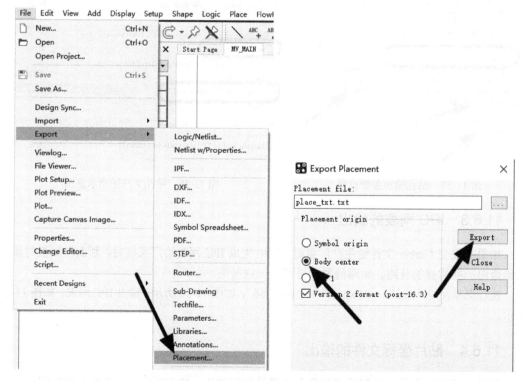

图 11-61　坐标文件输出示意图

11.7　生产文件归类

生产文件输出完成后，通常需要进行归类，然后提供给生产厂家进行生产，如图 11-62 所示。

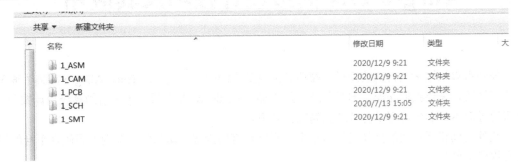

图 11-62　生产文件归类示意图

（1）ASM 装配文件：存放装配的 PDF 文件。
（2）SCH 原理图文件：存放设计的原理图文件。
（3）PCB 文件：存放设计完成的 PCB。
（4）SMT 文件：存放输出的贴片坐标文件及 IPC 网表。
（5）CAM 文件：存放输出的 Gerber 文件及钻孔文件。

11.8　本章小结

本章主要讲述了 PCB 设计的一些后期处理，包括 DRC、丝印的摆放、PDF 文件的输出及生产文件的输出。读者应该全面掌握本章内容，将其应用到自己的设计当中。

对于一些 DRC，可以直接忽略，但是对于书中提到的一些检查项，请引起重视，着重检查，相信很多生产问题都可以在设计阶段规避。

第12章

Allegro 17.4 高级设计技巧及其应用

技巧可以缩短达到目的的路径，技巧是提高效率的强大手段。Cadence Allegro 汇集了很多的应用技巧，需要我们深挖。本章总结一些 Cadence Allegro PCB 设计中常用的高级设计技巧，读者通过对本章的学习可以有效地提高工作效率。

软件之间相互转换的操作是目前很多工程师都有的困扰，本章的讲解为不同软件平台的设计师提供了便利。

 学习目标

➤ 熟悉多根走线的调整技巧。
➤ 熟悉相同模块快速布局布线的方法。
➤ 熟悉快捷键的设置方法。
➤ 了解 Logo 导入的方法。
➤ 了解常用 PCB 工具相互转换的方法。

12.1 多根走线及间距设置

在 PCB 布线中，当遇到一把一把的总线时，一根一根线地走线很费时，这时可以利用 Allegro 软件中多根走线功能，具体操作步骤如下：

（1）进行多根走线时，先要将一组线从不同的区域扇出。比如 BGA 区域，先一根一根地扇出，拉到一个位置，为多根走线做准备，如图 12-1 所示。

图 12-1　多根走线前所有走线扇出示意图

（2）执行走线命令 "Route" → "Connect"，框选需要多根走线的线头位置，全部选中，然后走线，这样就可以实现多根走线，如图 12-2 所示。

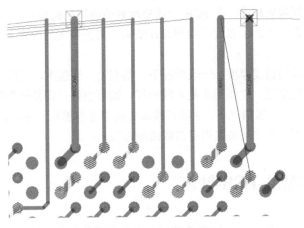

图 12-2　多根走线示意图

（3）多根走线以后，如果需要调整这一组走线的间距，则可以在多根走线过程中单击鼠标右键，在弹出的菜单中选择布线间距"Route Spacing"选项，如图 12-3 所示。

执行上述菜单命令之后，在弹出的对话框中可以选择间距，如图 12-4 所示，具体的含义如下：

Current Space：按照当前扇出的间距布线。

Minimum DRC：满足 DRC 要求的情况下，按最小间距布线。

User-defined：按照用户自定义的间距布线，在下方的"Space"栏输入间距值，走线就会按照设置的间距进行布线。

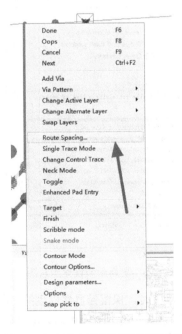

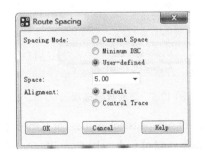

图 12-3　多根走线间距调整示意图　　　　图 12-4　多根走线间距设置示意图

12.2　评估 PCB 版图中的载流能力

在 PCB 中设计电源的重点之一就是考量 PCB 中载流大小，尤其在当前的 PCB 设计中，因为电压越来越低，功耗越来越高，在 PCB 上需要承载的电流也越来越大，有些 IC 的核心电源可以达到几十安甚至几百安，所以为了达到设计要求，需要考虑的因素会更多。几个比较关键的因素如下：

铜厚：电源所在层的铜皮厚度。一般情况下，基铜的厚度越大，载流能力越强。

线宽：电源的走线宽度。电源无论是走线也好，铺铜也好，都是一致的，铺铜需要测量实际铜皮存在区域的宽度。一般情况下，电源走线或者铺铜走得越长，越需要做 50%的裕量设计。

层面：同层条件下，顶底层要比内层的载流能力强。

12.3　更新同类型的 PCB 封装

在 PCB 设计前，会将所有的封装都处理好，但是中间难免会有封装更迭或者物料更改，这就需要在 PCB 中对相同的 PCB 封装进行更新，具体操作步骤如下：

执行菜单命令"Place"→"Update Symbols"，如图 12-5 所示，进入更新元器件封装的列表，如图 12-6 所示，"Package symbols"栏就是目前整个 PCB 中的所有封装，勾选这一栏，就可以将整个 PCB 上的封装全部更新，也可以选择这一栏中的任意一种选项进行更新。这些选项的具体含义如下：

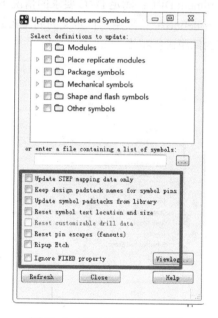

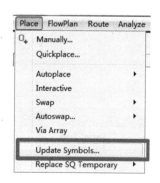

图 12-5　更新封装选项　　　　图 12-6　更新封装设置示意图

Keep design padstack names for symbol pins：更新元器件时，保留元器件焊盘的名称。

Update symbol padstacks from library：更新元器件时，从指定的封装库更新元器件焊盘参数。

Reset symbol text location and size：更新元器件时，同步更新元器件的文字位置以及尺寸大小。

Reset customizable drill data：更新元器件时，如果元器件是插件，则同步更新元器件的钻孔数据。

Reset pin escapes（fanouts）：更新元器件时，同步更新元器件的扇出属性。

Ripup Etch：更新元器件时，去除更新元器件所连接的所有走线。

Ignore FIXED property：更新锁定的元器件。

12.4　相同模块布局布线的方法

在 PCB 中对相同模块进行复用的具体操作步骤如下：

（1）将已经布局布线的模块，创建一个 Group，执行菜单命令"Setup"→"Application Mode"，进行模式的选取，在下拉菜单中选择"Placement Edit"选项，如图 12-7 所示。

（2）在"Find"面板中选择"Symbols"选项，其他选项都不勾选，进行模型的创建，如图 12-8 所示。

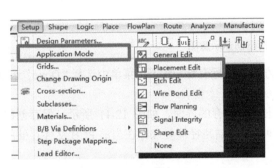

图 12-7　模式选择设置示意图　　　　　图 12-8　"Find"面板参数设置示意图

（3）选择好元器件以后，在 PCB 中用鼠标左键框选已经做好模块的元器件，这样元器件会呈现出临时被选中的颜色，如图 12-9 所示。

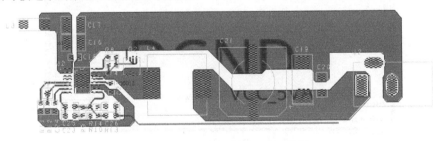

图 12-9　选择好元器件设置示意图

（4）单击鼠标右键，在下拉菜单中选择创建模型"Place replicate create"选项，如图 12-10 所示。

（5）单击创建模型以后，整个模块本身的走线、铜皮、过孔等元素会被自动选中一些，而有些部分没有被选中，这时需要将整个模块的元素全部选中。在"Find"面板中勾选"Clines""Vias""Shapes"等选项，在 PCB 中使用鼠标左键框选模块的所有元素，将其全部选中。

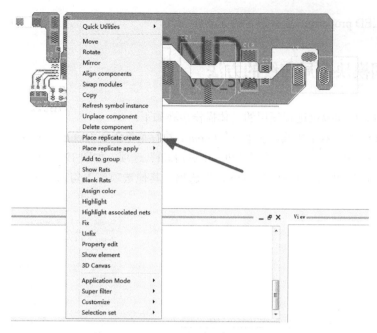

图 12-10　模型创建示意图

（6）选中所有元素后，在 PCB 空白的地方单击鼠标右键，在下拉菜单中选择"Done"选项，结束模块元素的选取。

（7）选取元素后，单击鼠标左键，会弹出模型保存的界面，如图 12-11 所示，保存创建好的模型即可，名称可以自由定义，方便查询即可，存储路径需要保存在当前 PCB 文件存储的路径下，方便后面进行调用。

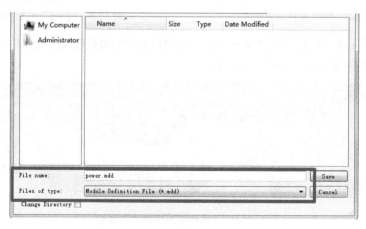

图 12-11　模型保存示意图

（8）模型创建后，就可以对相同的模块进行复用了；需要复用的模块不需要处理，将其所有的元器件放在一起就行。

（9）用鼠标左键框选需要模块复用的全部元器件，单击鼠标右键，选择"Place replicate apply"选项，在下拉菜单中选择刚才制作好的 Power 模型，如图 12-12 所示。

（10）进行模块复用后，会弹出进行匹配的对话框，系统默认是按照 Device name 与 Value 值进行匹配。

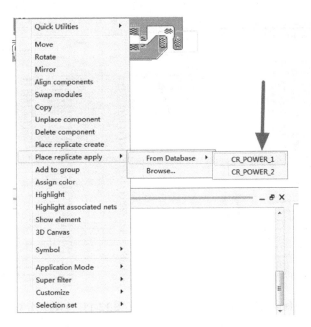

图 12-12　对相同模块进行模块复用示意图

（11）匹配完成后，单击"OK"按钮，模块复用就完成了，如图 12-13 所示。如果有部分元器件没有匹配，则手动调整即可。

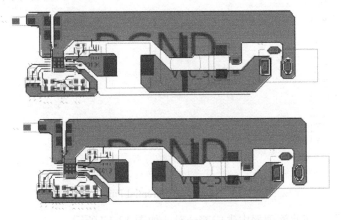

图 12-13　模块复用完成示意图

12.5　在 PCB 中手动或自动添加差分对属性

在 PCB 设计中，若有差分对信号，则需要将差分的 2 个信号设置为差分对。设置差分对有两种方法：手动添加和自动添加。

1．手动添加差分对

（1）执行菜单命令"Setup"→"Constraints"→"Constraint Manager"，先调出 CM 规则模型管理器，如图 12-14 所示；然后到 Physical 规则模型管理器下执行菜单命令"Net"→"All Layers"，在右侧栏中选中 2 根需要设置为差分对的信号，按"Ctrl"键全选后单击右键，执行"Create"→"Differential Pair"命令，如图 12-15 所示。

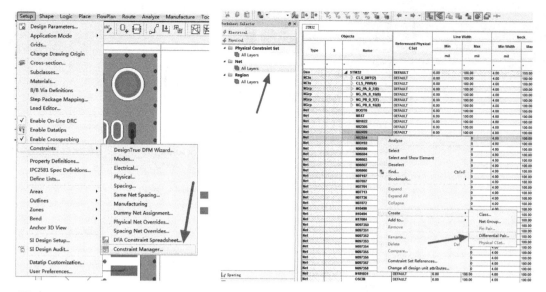

图 12-14 "Constraint Manager"选项   图 12-15 创建差分对示意图

（2）在弹出的对话框中设置差分对的名称，单击"Create"按钮，即可创建差分对规则，如图 12-16 所示。

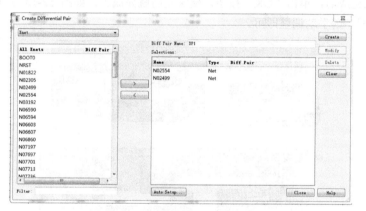

图 12-16 "Create Differential Pair"对话框

（3）创建后即可在此管理器中生成差分对，如图 12-17 所示。

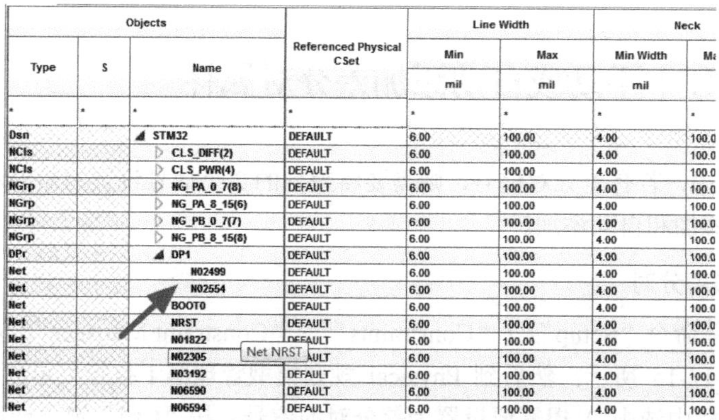

图 12-17 手动创建的差分对示意图

2. 自动生成差分对

（1）同手动生成差分对方法（1）。

（2）在弹出的"Create Differential Pair"对话框中设置差分对名称，单击"Auto Setup"按钮，如图 12-18 所示。

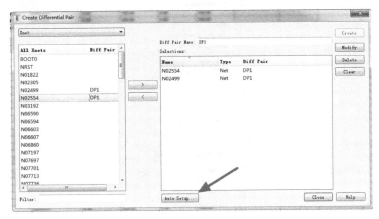

图 12-18　"Create Differential Pair"对话框

（3）在"Filter"的 2 个方框中输入差分对的后缀（一般是"+、−"或者"P、N"），如图 12-19 所示。

图 12-19　"Differential Pair Automatic Setup"窗口（1）

（4）输入后，在"Prefix"方框中单击一下，软件会自动将识别出来的差分信号列在其下的方框内，如图 12-20 所示。

Prefix:	+ Filter: P	- Filter: N	
Diff Pair	+ Net	- Net	
DDR_CK1	DDR_CKP1	DDR_CKN1	
DDR_DQS0	DDR_DQSP0	DDR_DQSN0	
DDR_DQS1	DDR_DQSP1	DDR_DQSN1	
TMDS_CLK_	TMDS_CLK_P	TMDS_CLK_N	
TMDS_D0_	TMDS_D0_P	TMDS_D0_N	

图 12-20　"Differential Pair Automatic Setup"窗口（2）

（5）单击"Create"按钮，即可自动生成设计中的差分对及 Log 列表，如图 12-21 所示。

```
            Diff Pair Automatic Setup

Diff Pair DDR_CK1 created from (X)nets DDR_CKP1, DDR_CKN1.
Diff Pair DDR_DQS0 created from (X)nets DDR_DQSP0, DDR_DQSN0.
Diff Pair DDR_DQS1 created from (X)nets DDR_DQSP1, DDR_DQSN1.
Diff Pair TMDS_CLK_ created from (X)nets TMDS_CLK_P, TMDS_CLK_N.
Diff Pair TMDS_D0_ created from (X)nets TMDS_D0_P, TMDS_D0_N.
```

图 12-21　Diff Pairs Automatic Setup Log File 示意图

12.6　对两份 PCB 文件进行差异对比

在 PCB 设计中，有时会需要对两份 PCB 文件进行对比，以便核对修改前后的差异。使用

Allegro 软件对两份 PCB 文件进行差异对比的具体操作步骤如下：

（1）从 A 板中导出需要对比的文件，执行菜单命令"Tools"→"Design Compare"，如图 12-22 所示。

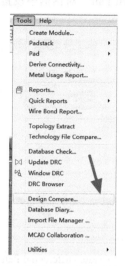

图 12-22　执行 PCB 文件对比示意图

（2）软件自动运行并弹出如图 12-23 所示的界面，在当前 PCB 文件的根目录下产生后缀为.xml 的文件。

图 12-23　产生.xml 文件示意图

（3）打开 B 板的 PCB 文件，同样执行菜单命令"Tools"→"Design Compare"，也会弹出如图 12-23 所示的界面，生成.xml 文件。在这个界面中，执行菜单命令"File"→"Load"，导入之前生成的 A 板的.xml 文件。导入后，软件会自动进行对比，并产生对比的结果，有差异的地方会用不同的颜色进行标注，如图 12-24 所示。

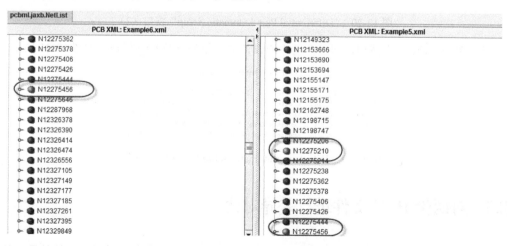

图 12-24　不同 PCB 文件对比差异显示示意图

12.7 手动修改网络连接关系

（1）执行菜单命令"Setup"→"User Preferences"，如图 12-25 所示。选择"Logic"，勾选"logic_edit_enabled"选项，如图 12-26 所示。

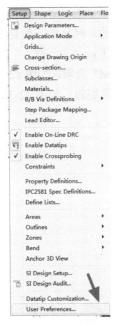

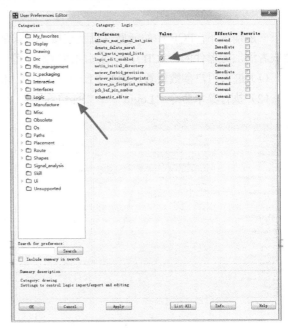

图 12-25 "User Preferences"选项 　　　　　　　图 12-26 逻辑设定示意图

（2）执行菜单命令"Logic"→"Net Logic"，进行 PCB 中网络的指定，如图 12-27 所示。

（3）单击执行命令之后，在"Options"面板中选择一个网络，可以选择当前 PCB 中已存在的网络，也可以单击"Create"按钮，新建一个网络，如图 12-28 所示。

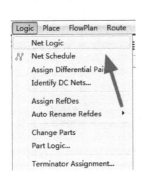

图 12-27 PCB 中网络编辑示意图 　　　　　　　图 12-28 选择需要指定的网络示意图

（4）选择指定的网络后，继续选择需要赋予该网络的引脚，鼠标左键单击选中的引脚，该引脚就被赋予了之前选定的网络。

12.8　手动添加或删除元器件

一般情况下，PCB 中的元器件以及连接关系都是从原理图导入的，PCB 中一般是不允许修改或者添加元器件的。PCB 中手动添加或删除元器件的操作步骤如下：

（1）进入用户参数设置，选择"Logic"，勾选"logic_edit_enabled"选项，如图 12-29 所示。

（2）执行菜单命令"Logic"→"Part Logic"，进行元器件的逻辑编辑，如图 12-30 所示。

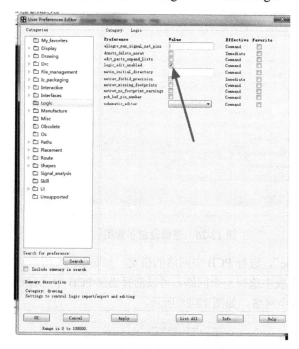

图 12-29　逻辑设定示意图　　　　　　　　　图 12-30　对元器件逻辑进行编辑示意图

（3）在弹出的对话框中进行元器件的添加，如图 12-31 所示。

图 12-31　元器件列表示意图

（4）首先在"RefDes"后的方框中填入元器件编号，注意不要跟当前 PCB 文件中的元器件编号重复；然后通过左侧边栏的"Physical Devices"选择封装的一些参数，这是之前指定封装库中的封装，直接调用即可。选择之后，这个元器件的属性就自动添加好了。单击"Add"按钮进行增加，单击"OK"按钮，回到 PCB 界面。

（5）新增加的元器件是在后台显示的，需要手动放到 PCB 中。执行菜单命令"Place"→"Manually"，手动放置元器件，将元器件放置到 PCB 上。

删除元器件的方法更简单，在弹出的元器件列表中，选择需要删除的元器件，单击右侧的"Delete"按钮，进行删除即可。

12.9 标注时添加单位显示

PCB 设计完成后，需要对板框进行标注，但如果标注，则只有数值而无单位，如图 12-32 所示，这样对查看者来说就不是很清楚。

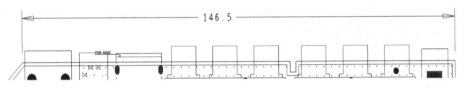

图 12-32 板框标注不显示单位示意图

标注时显示单位的操作步骤如下：

（1）单击进行测量的命令，选择线性标注，单击需要标注的线段，如图 12-33 所示，将标注的数据吸附在鼠标上，先不放置在 PCB 上。

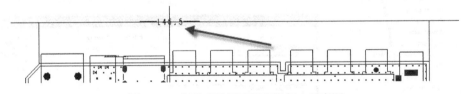

图 12-33 标注的数据吸附在鼠标上示意图

（2）在"Options"面板中，先将"Value"方框中的标记数值复制并添加到"Text"方框中，然后在数值后面添加上单位 mm，如图 12-34 所示。

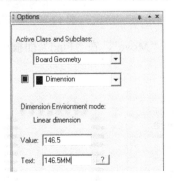

图 12-34 "Options"面板设置示意图

（3）在"Options"面板设置完成之后，将标注参数放置在 PCB 上，如图 12-35 所示，标记的数值上面就包含单位了。

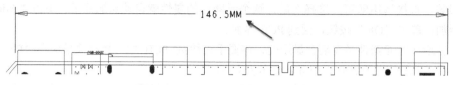

图 12-35　标注包含单位的显示示意图

12.10　单独移动不需要的焊盘

使用 Allegro 进行 PCB 设计时，一般不能将一个封装中的焊盘引脚单独移动，通常只能整个封装一起移动。如若需要单独移动焊盘引脚，则可按以下步骤处理：

（1）选中一个元器件右击，选择"Property edit"选项，如图 12-36 所示。

（2）在弹出的对话框中，选择"Unfixed_Pins"选项，按"Apply"按钮解锁封装引脚，单击"OK"按钮退出，如图 12-37 所示。

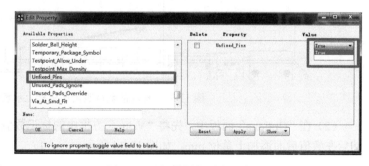

图 12-36　编辑元器件特性示意图　　　　　　　图 12-37　解锁封装引脚示意图

（3）执行菜单命令"Edit"→"Move"，在"Find"面板中勾选"Pins"选项，进行引脚移动，如图 12-38 所示。

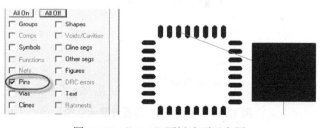

图 12-38　"Find"面板选项示意图

12.11　Allegro 走线时显示走线长度

（1）执行菜单命令"Setup"→"User Preferences"，弹出"User Preferences Editor"对话框，执行菜单命令"Route"→"Connect"，勾选"allegro_etch_length_on"选项，如图 12-39 所示。

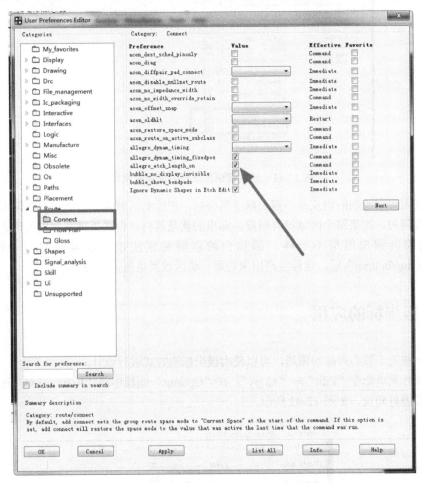

图 12-39　"User Preferences Editor"对话框

（2）执行菜单命令"Route"→"Connect"，进行走线设计，可在软件左上角显示动态走线长度信息，如图 12-40 所示。

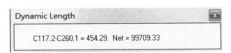

图 12-40　动态走线长度信息框

12.12　PCB 设计中设置漏铜及白油

（1）执行铺铜命令"Shape"→"Polygon"，将铜皮绘制在阻焊层"Soldermask _top/bottom"，如图 12-41 所示。

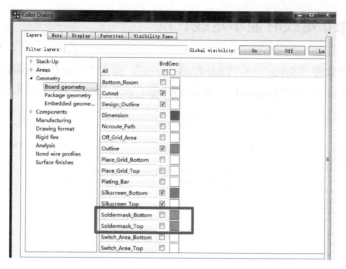

图 12-41　绘制铺铜区域在阻焊层示意图

（2）在阻焊层绘制的铜皮是不需要赋予网络的，在绘制区域保证有铜皮覆盖即可，这样做出来就是漏铜的。如果那个区域没有铜皮，漏出的就是基材。白油处理与漏铜处理方式是一致的，只是绘制铜皮的层不一样。添加白油需要将铜皮绘制在丝印层，一般添加在"Silkscreen_top/bottom"层，这样生产出来的那一块区域就是覆盖白油的。

12.13　极坐标的应用

对于一些关于圆心对称的图形，可以使用极坐标的方式进行设计。

（1）执行菜单命令"Edit"→"Copy"，在"Options"面板中将"Paste mode"选项修改为"Polar"，设置好角度，如图 12-42 所示。

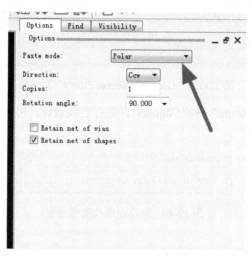

图 12-42　"Options"面板

（2）先单击要复制的元素（如焊盘），再输入复制的极坐标（如 x 0 0），就可以对元素进行极坐标复制设计了。

12.14　飞线显示最短路径

使用 Allegro 进行 PCB 设计时，焊盘间飞线有两种显示方式：一种是焊盘到焊盘；一种是按最短距离显示。按最短距离显示，可以在走线时让飞线显示到另一连接点最近的位置。

执行菜单命令"Setup"→"Design Parameters"，在"Display"面板中，"Ratsnest points"一项选择"Closest endpoint"选项，即可将飞线切换到按最短距离显示，如图 12-43 所示。

图 12-43　"Design Parameter Editor"对话框

12.15　铜皮的优先级设置

（1）执行菜单命令"Shape"→"Global Dynamic Parameters"，如图 12-44 所示，进行全局动态铜皮的参数设置。

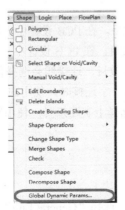

图 12-44　全局动态铜皮参数设置示意图

（2）进入全局动态铜皮参数设置界面后，选择最右侧的"Thermal relief connects"选项，如图 12-45 所示，进行铜皮连接参数的设置。需要设置三个选项："Thru pins"表示通孔焊盘；"Smd pins"表示贴片焊盘；"Vias"表示过孔。

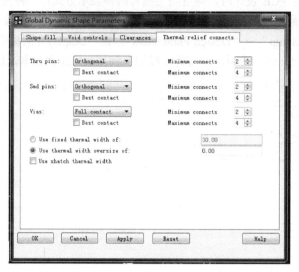

图 12-45　铜皮连接方式示意图

每一个选项的下拉菜单中可以选择不同的连接方式，如图 12-46 所示，具体含义如下：

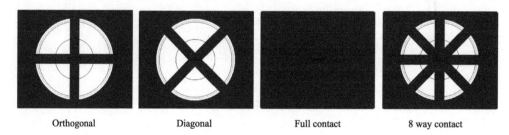

图 12-46　铜皮的不同连接方式示意图

Orthogonal：十字连接方式。

Diagonal：45°斜交连接方式。

Full contact：全连接方式。

8 way contact：八角连接方式。

Minimum connects：最小连接数目，在 PCB 设计中一般选择 1。

Maximum connects：最大连接数目，在 PCB 设计中一般选择 4。

Best contact：为了满足最小连接数目，连接线会选择任意角度与铜皮进行连接。

Use fixed thermal width of：选择十字连接时，使用固定的线宽进行连接。

Use thermal width oversize of：选择十字连接时，使用约束规则增量的宽度。

12.16　PCB 整体替换过孔

（1）在 PCB 界面选择设计模式，选择"General Edit"模式，如图 12-47 所示。

（2）选择好设计模式后，在"Find"面板中勾选"Vias"选项，其他选项都不要勾选。

（3）回到 PCB 界面，框选需要更换过孔类型的过孔，单击鼠标右键，在下拉菜单中选择"Replace padstack"选项，如图 12-48 所示，"Selected instance"是替换选择的过孔，"All instance"是替换所有的过孔。

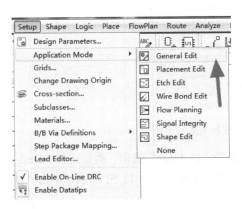

图 12-47　选择设计模式示意图

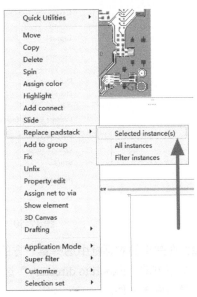

图 12-48　框选替换过孔示意图

（4）在弹出的窗口中选择需要替换的过孔类型，单击"OK"按钮，选中的过孔就会被新的类型所替换，如图 12-49 所示。

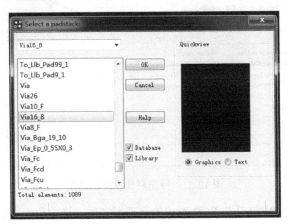

图 12-49　选择过孔类型示意图

12.17　反标功能的应用

（1）执行菜单命令"File"→"Export"，在下拉菜单中选择"Logic/Netlist"，导出网表逻辑关系，如图 12-50 所示。

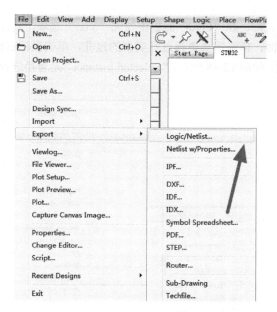

图 12-50　导出网表逻辑关系示意图

（2）在弹出的对话框中选择第一方的网表，选择"Cadence"选项，类型选择"Design entry CIS"，最下方的"Export to directory"选择存储网表的路径，如图 12-51 所示，单击"Export"按钮，导出网表文件。

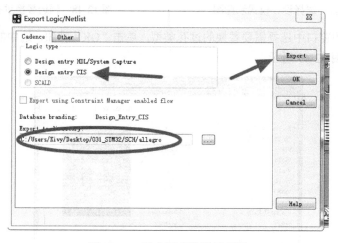

图 12-51　导出网表设置示意图

（3）在 OrCAD 软件中打开与 PCB 对应的原理图文件，选中原理图根目录，执行菜单命令"Tools"→"Back Annotate"，在弹出的窗口中选择"PCB Editor"选项，对应的格式如图 12-52 所示。

Netlist：选择从 PCB 文件导出的网表。

PCB Editor Board File：选择器件位号重排后的 PCB 文件。

Output：指定输出 swp 文件。

Update Schematic：更新原理图文件。

参数选择好后，单击"确定"按钮，完成元器件编号的反标，这样原理图的元器件编号与PCB 中元器件编号就保持一致了。

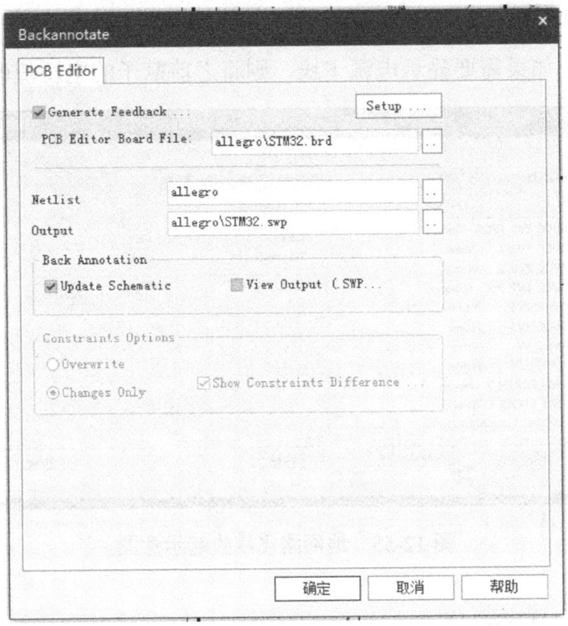

图 12-52　网表反标示意图

12.18　隐藏电源飞线

在 PCB 设计中，布线的顺序是先走信号线，然后进行电源的处理、电源的分割。由于电源的飞线非常多，会严重影响信号线的布线，所以刚开始时会将电源的飞线进行隐藏。隐藏电源飞线操作步骤如下：

（1）执行菜单命令"Logic"→"Identify DC Nets"，如图 12-53 所示，定义电源的电压属性。

（2）进入电压设置界面，可以从网络列表选择网络，也可以用鼠标单击 PCB 界面，如图 12-54 所示，选择 GND 网络，目前没有赋予电压值，显示是"None"，在"Voltage"栏输入电压值为 0V。

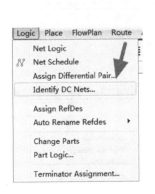

图 12-53　定义电压属性示意图 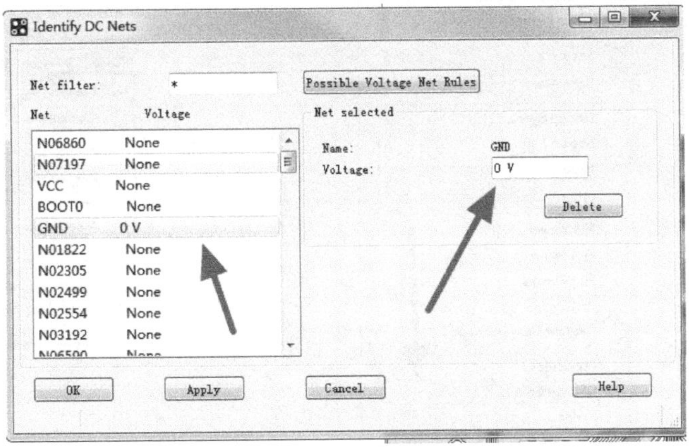　　　　图 12-54　电源飞线收起示意图

（3）如图 12-55 所示，电压值指定以后，单击"Apply"按钮，飞线就收起来，方便对其他

信号线的布线及规划。其他电源飞线的处理方法相同。

当布线完成之后，如果需要显示电源飞线，则将之前赋予的电压值删除即可。

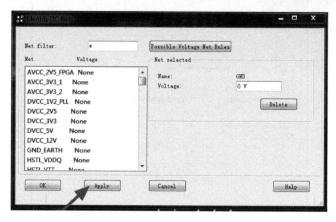

图 12-55　地网络飞线收起示意图

12.19　团队协作功能

当遇到比较复杂的 PCB 设计时，需要大家进行协同设计。设计中分主设计者和从设计者，采用的是 Allegro 软件自带的 Team Design 功能。Team Design 功能是一种用于团队设计的功能模块，它可将一块复杂的 PCB 分成多个部分，通过分区合作设计，在需要时可以全自动导入，能大大提高设计的效率，缩短设计周期。团队协作功能操作步骤如下：

（1）在产品组件中选择 Team Design 功能，执行菜单命令"File"→"Change Editor"，进入产品组件界面，选择 GXL 组件，下面的复选框勾选"Team Design"选项，如图 12-56 所示。

（2）创建需要分割出去协作的区域，执行菜单命令"Place"→"Design Partitions"，如图 12-57 所示。

图 12-56　产品组件选择示意图

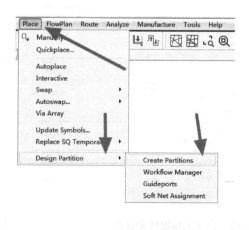

图 12-57　创建分割区域示意图

（3）创建好分割区域后，系统默认以矩形的方式进行分割，可以从"Options"面板看到，如图 12-58 所示；为了更方便地分割区域，可以单击鼠标右键并选择"Add Shape"选项，在"Line Lock"中选择 45°进行分割，如图 12-59 所示。

图 12-58　Options 面板示意图

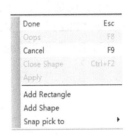

图 12-59　多边形设置示意图

（4）绘制好分割带的区域以后，这个分割的区域可以是多个，多少人共同操作，就可以分割多少出去；然后执行菜单命令"Place"→"Design Partition"→"Workflow Manager"，进行工作环境的编辑，如图 12-60 所示。

（5）在"Workflow Manager"窗口中，可以看到分割出去的区域"PARTITION_2"，勾选复选框选中该区域，单击"Export"按钮进行导出，如图 12-61 所示。导出完成后，会在当前 PCB 文件下生成一个后缀为.dpf 的文件，这就是分板。从设计者可以对后缀为.dpf 文件进行处理，而主设计者可以对当前的 PCB 文件进行处理，相互不影响。

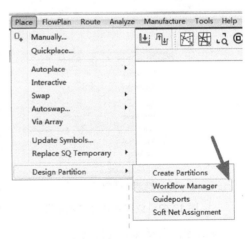

图 12-60　工作环境参数列表示意图

（6）各自部分的设计完成后，需要合板。同样在主板上，单击"Workflow Manager"选项进入文件管理，将协助完成的 PARTITION_2 文件放入之前导出的文件夹替换原文件，选中 PARTITION_2 文件，单击"Import"按钮导入即可。

（7）导入完成后，回到主板，所有的区域都变成了亮色，表示可以操作，但分割 PARTITION 文件的 Shape 框还存在。在 Workflow Manager 文件管理中选中"PARTITION_2"文件后，单击下方的"Delete"按钮，删除即可。这样分割 PARTITION 文件的 Shape 框就没有了。

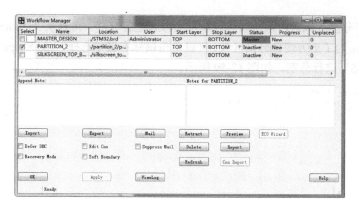

图 12-61　将分割区域的文件进行导出示意图

12.20　阵列过孔功能

阵列过孔就是在某一个区域或者走线上，按照某种特定的规律，均匀整齐地放置过孔。执行菜单命令"Place"→"Via Arrays"，进行阵列过孔的放置，如图 12-62 所示。

在"Options"面板中进行参数的设置，如图 12-63 所示。

图 12-62　放置阵列过孔示意图

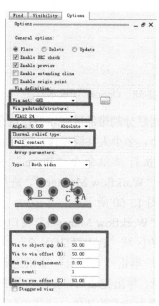

图 12-63　阵列过孔参数面板设置示意图

Via net：选择阵列过孔网络。

Thermal relief type：阵列过孔连接方式。

Via to object gap：阵列过孔间距设置。

12.21　Allegro 17.4 3D 功能

Allegro 17.4 3D 功能可以展示电路板或者封装的组成结构，以达到更好的观看效果。

（1）执行菜单命令"View"→"3D Canvas"，如图 12-64 所示，打开 PCB 的 3D 功能，或者单击工具栏对应的图标（见图 12-65）。

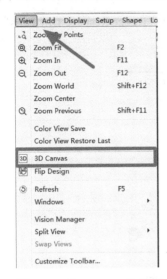

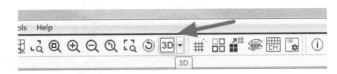

图 12-64 "3D Canvas"选项 　　　　　　　图 12-65 工具栏图标示意图

（2）激活 3D 功能之后随即弹出对应的加载进度条，如图 12-66 所示；进度加载完成之后就会显示设计好的 3D 封装或者 PCB 显示，如图 12-67 所示。

图 12-66 加载进度条显示

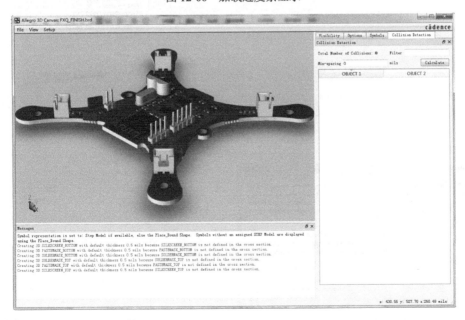

图 12-67 3D 显示效果

12.22 自动修改差分线宽、线距

（1）执行菜单命令"Route"→"Unsupported prototypes"→"Resize/Respace Diff Pairs"，进行差分信号的线宽、线距修改，如图12-68所示。

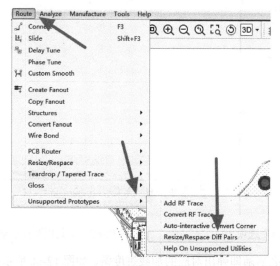

图12-68 执行"Resize/Respace Diff Pairs"功能示意图

（2）执行命令之后，弹出警告窗口，单击"OK"按钮，如图12-69所示；在"Find"面板中选择"Nets"选项，如图12-70所示。在PCB文件中框选择需要修改的差分线，弹出如图12-71所示的对话框。

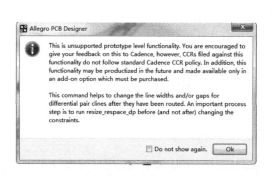

图12-69 警告窗口

图12-70 "Find"面板选项

图 12-71　显示当前差分信号的线宽、线距示意图

（3）"Current Width"是指当前走的线宽、线距，差分信号的线宽/线距为 4/6，后面的"New Width"和"New Gap"为新的线宽、线距，如图 12-71 所示。如需要调整的新的差分线宽/线距为 5/9，则在"New Width"下面输入 5，在"New Gap"下面输入 9 即可，单击"OK"按钮，软件就会自动对所选择差分线宽、线距进行调整。

目前，这个功能还不是很完整，水平或者垂直的走线部分可以完美地进行调整，但是斜方向部分还无法自动调整，仍需要手动调整。在约束管理器中，添加差分走线的新的约束规则，使用 Slide 命令推挤一下就可以了。

12.23　走线跨分割检查

在 PCB 中进行布线时，高速信号都需要先做阻抗设计。做阻抗设计时必须要有完整的参考平面，为了保证阻抗的连续性，高速信号尽量不要跨分割，所以在设计过程中都需要进行检查。走线跨分割检查操作步骤如下：

（1）执行菜单命令"Display"→"Segment Over Voids"，如图 12-72 所示，对无参考/跨分割的信号进行高亮显示并报告出来。

（2）执行命令之后，系统会自动对无参考/跨分割的信号进行高亮显示，并弹出报告，如图 12-73 所示。报告上有详细的信号网络以及无参考/跨分割部分的坐标标识，一目了然。

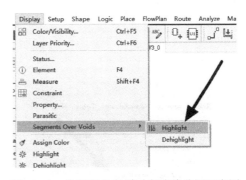

图 12-72　执行无参考/跨分割走线监测示意图

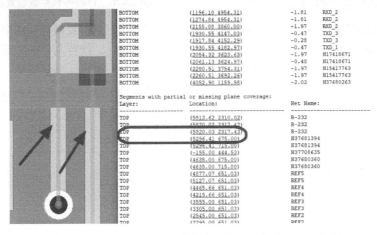

图 12-73　无参考/跨分割走线高亮显示以及报告显示示意图

12.24 自动等长设计

（1）将需要做等长的信号添加好等长的规则，手动调整走线，预留出需要做等长的空间，如图 12-74 所示。

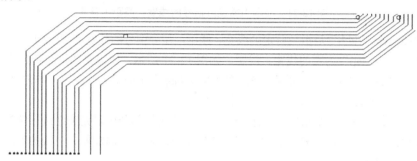

图 12-74　需要设置等长走线空间调整示意图

（2）执行菜单命令"Route"→"Auto-interactive Phase Tune"，如图 12-75 所示；"在 Options"面板中设置自动等长蛇形线的参数，一般按照默认即可，如图 12-76 所示。

图 12-75　执行自动等长命令示意图

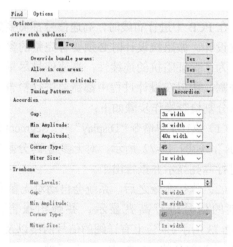

图 12-76　自动等长参数设置示意图

（3）在"Find"面板中选择 Cline 走线，在 PCB 界面中框选需要做等长的信号。这时软件会自动运行，根据设定的规则，在预留的空间内进行等长设计。运行几分钟之后，在空间足够的情况下，等长就全部自动绕好，如图 12-77 所示。

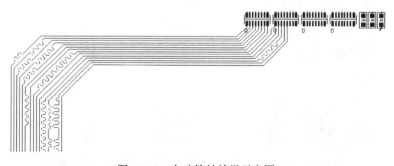

图 12-77　自动等长效果示意图

12.25 Allegro 泪滴设计

在 PCB 布线完成之后，一般会对走线添加泪滴，目的是为了增加线与过孔和焊盘的连接强度，提高可制造性。在 Allegro 软件中对走线添加泪滴的操作步骤如下：

（1）执行菜单命令"Route"→"Gloss"→"Parameters"，进行参数设置，如图 12-78 所示。

（2）在弹出的对话框中勾选"Fillet and tapered trace"选项并单击前面的小方框（见图 12-79），弹出参数设置窗口（见图 12-80），进行参数设置，一般按照默认的设置即可，在"Min line width"处根据 PCB 中实际的走线线宽进行设置。

（3）设置好参数之后，单击"OK"按钮，单击左下角的"Gloss"按钮进行泪滴添加。这样操作是对整个 PCB 文件的线路都进行了泪滴添加。

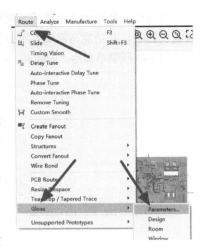

图 12-78 泪滴设计示意图

（4）如果需要单独对网络、焊盘、走线等对象添加泪滴，则可执行菜单命令"Route"→"Gloss"→"Add Fillet"，在"Find"面板中选择需要添加泪滴的对象，添加泪滴即可。

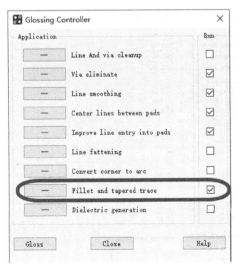

图 12-79 "Glossing Controller"窗口

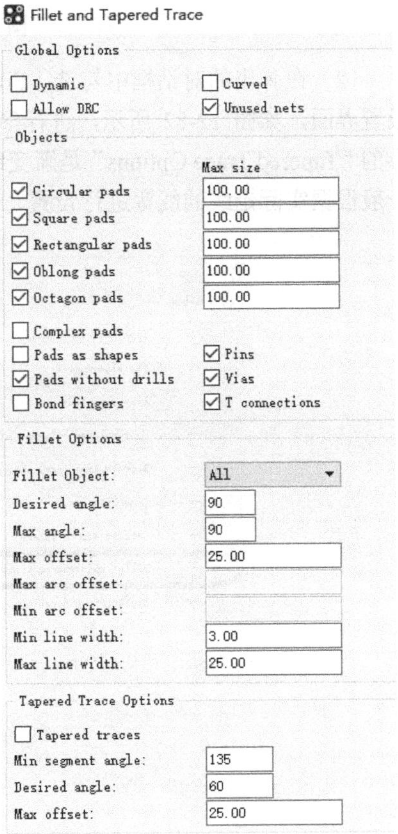

图 12-80 泪滴参数设置示意图

12.26　渐变线设计

渐变线一般添加在走线线宽突变的地方，用来降低线宽变化引起的阻抗突变所带来的信号反射的影响，其功能与泪滴差不多。渐变线设计操作步骤如下：

（1）执行菜单命令"Route"→"Gloss"→"Parameters"，进行参数设置，如图 12-81 所示。

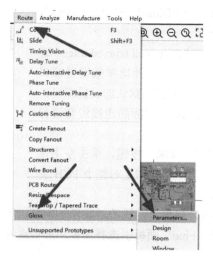

图 12-81　渐变线设置示意图

（2）在弹出的对话框中勾选"Fillet and tapered trace"选项，单击前面的小方框，弹出参数设置界面，如图 12-82 所示，进行参数设置。上面的是泪滴的操作，按照默认设置即可；最下方的"Tapered Trace Options"是渐变线设计的参数设置，需要设置渐变线的角度及长度等信息，一般根据实际走线的线宽进行设置。

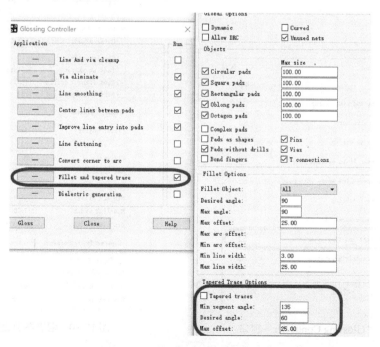

图 12-82　渐变线参数设置示意图

（3）参数设置完以后，执行菜单命令"Route"→"Gloss"→"Add Tapered Trace"，鼠标左键单击需要增加渐变线的信号即可。如果增加的效果不理想，则重新设置参数即可。

12.27 无盘设计

做无盘设计的目的是因为通孔的焊盘在内电层具有寄生电容的效应，容易造成阻抗的不连续，导致信号出现发射，从而影响信号的完整性。所以在处理高速信号时，在 PCB 设计端会将走线连接层的焊盘去掉，最大限度地保持地过孔与通孔连接处的走线阻抗一致。无盘设计操作步骤如下：

（1）执行菜单命令"Setup"→"Cross-section"，如图 12-83 所示，对需要做无盘设计的过孔以及焊盘进行设置，或者单击工具栏图标打开对话框（见图 12-84）。

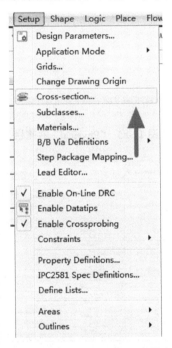

图 12-83 Cross-section 选项

图 12-84 工具栏图标示意图

（2）在弹出的对话框中，单击"Physical"右侧栏，如图 12-85 所示，可以选择焊盘或者过孔进行无盘设计，如图 12-86 所示。内层可以做无盘设计，正片也可以做无盘设计。如果平面层需要做无盘设计，则需要采用正片设计。

Dynamic unused pads suppression：用于自动根据布线的情况选择是否做无盘设计，一般建议勾选。

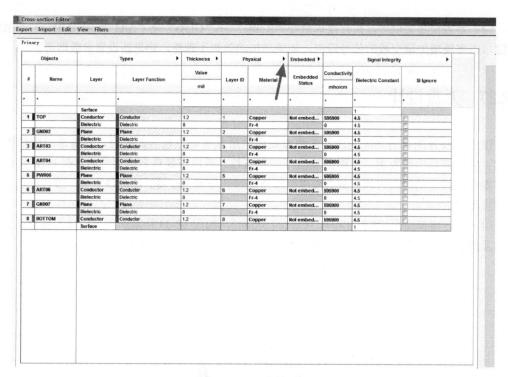

图 12-85 "Physical"右侧栏

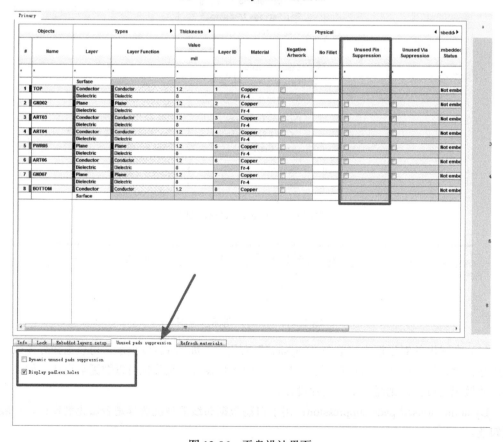

图 12-86 无盘设计界面

Display padless holes：显示无盘的钻孔，一般建议勾选，目的是为了防止不显示钻孔，走线后造成短路。

（3）参数选择后，单击"Close"按钮，Allegro 软件会自动将无走线连接层的焊盘去除，做成无盘设计。

12.28　本章小结

Allegro 除常用的基本操作外，还存在各种各样的高级设计技巧等待挖掘，需要的时候可以关注它，并且学会它。平时在工作中也要善于总结归纳，加深对软件的熟悉程度，使电子设计的效率得到提高。

第13章

入门实例：2层STM32四翼飞行器的设计

本章选取一个入门阶段最常见的 STM32 最小系统的实例，通过这个简单 2 层板全流程实战项目的演练，让 Allegro 初学者能将理论和实践相结合，从而掌握电子设计的最基本操作技巧及思路，全面提升其实际操作技能和学习积极性。

本 STM32 开发板包含的模块有 MCU、蓝牙、电动机、电源供电等，如图 13-1 所示。

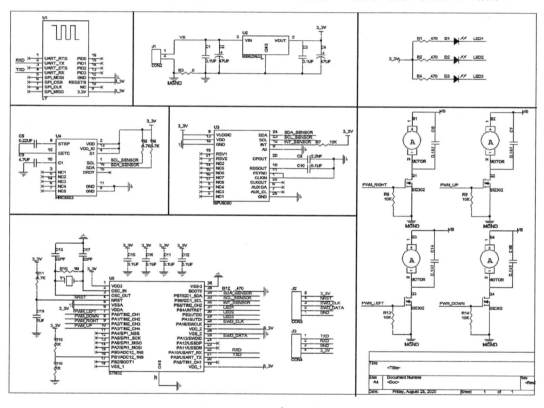

图 13-1　STM32 开发板原图

 学习目标

➢ 掌握 Allegro17.4 基本功能操作。

➢ 了解原理图设计。

➢ 了解 2 层板 PCB 设计的基本思路及流程化设计。

➢ 掌握交互式布局及模块化布局。

➢ 掌握 PCB 快速布线思路及技巧。

13.1　设计流程分析

一个完整的电子设计是从无到有的过程，主要内容如下：

（1）元器件在图纸上的创建。

（2）电气性能的连接。

（3）设计电气图纸在实物电路板上的映射。

（4）电路板实际电路模块的摆放和电气导线的连接。

（5）生产与装配成 PCBA 电路板。

电子设计流程如图 13-2 所示。

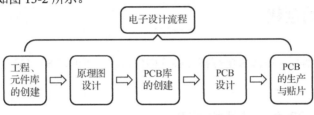

图 13-2　电子设计流程

13.2　工程的创建

（1）执行菜单命令"File"→"New"→"Project"，创建原理图工程，如图 13-3 所示。

图 13-3　创建原理图工程示意图

（2）弹出对应对话框，设置工程名称以及工程文件的路径即可，如图 13-4 所示。

图 13-4　工程名称及路径的设置

13.3　元件库的创建

主要把 MCU、蓝牙、电源供电等核心芯片创建出来，下面以 STM32 主控芯片、LED 为例进行说明。

13.3.1　STM32 主控芯片的创建

（1）执行菜单命令"File"→"New"→"Library"，创建元件库，如图 13-5 所示，软件会创建一个带.olb 后缀路径的库文件夹。选中元件库文件，单击右键并选择"New Part"选项，新建元器件，如图 13-6 所示。以创建 STM32 为例，如图 13-7 所示。

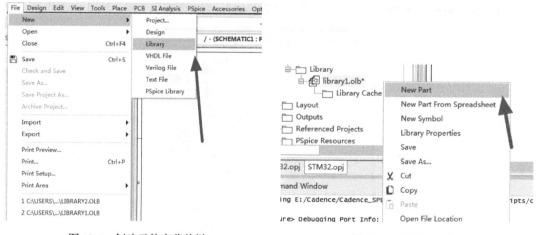

图 13-5　创建元件库菜单栏　　　　　　　　　　图 13-6　新建元器件

（2）执行菜单命令"Place"→"Rectangle"，如图 13-8 所示，放置一个矩形框，如图 13-9 所示。

（3）执行菜单命令"Place"→"Pin"，如图 13-10 所示，放置"Name"（元器件引脚名称）和"Number"（元器件引脚编号），一次放完其他引脚的属性，如图 13-11 所示。

图 13-7 创建 STM32 元件

图 13-8 "Rectangle" 命令选项

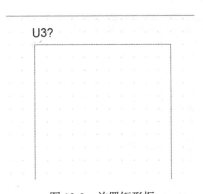

图 13-9 放置矩形框

图 13-10 放置 "Pin" 选项

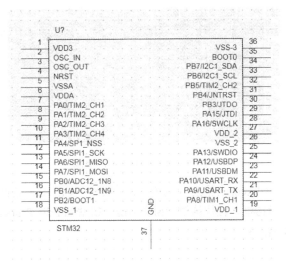

图 13-11 引脚放置及属性

（4）用 Excel 表格制作复杂元器件，添加足够多的引脚后，鼠标左键框选所有的 Pin（注意不要选中框），单击鼠标右键并选择"Edit Properties"选项，如图 13-12 所示。在 Edit Properties 编辑对话框下，单击空白位置进入全选状态，如图 13-13 所示。全选整个表格后，按快捷键"Ctrl+Ins"复制整个表格，然后打开 Excel 表格，按快捷键"Ctrl+V"粘贴表格，如图 13-14 所示。

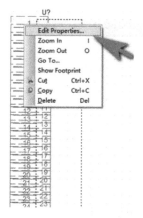

图 13-12　编辑引脚

	Location	Order	Number	Name	Type	Clock	Dot	Pin Length	^
1	L1	0	1	1	Passive	☐	☐	Line	
2	L2	1	2	2	Passive	☐	☐	Line	
3	L3	2	3	3	Passive	☐	☐	Line	
4	L4	3	4	4	Passive	☐	☐	Line	
5	L5	4	5	5	Passive	☐	☐	Line	
6	L6	5	6	6	Passive	☐	☐	Line	
7	L7	6	7	7	Passive	☐	☐	Line	
8	L8	7	8	8	Passive	☐	☐	Line	
9	L9	8	9	9	Passive	☐	☐	Line	
10	L10	9	10	10	Passive	☐	☐	Line	
11	L11	10	11	11	Passive	☐	☐	Line	
12	L12	11	12	12	Passive	☐	☐	Line	
13	L13	12	13	13	Passive	☐	☐	Line	v

图 13-13　单击空白位置

	Location	Order	Number	Name	Type	Clock	Dot	Pin Length	^
1	L1	0	1	1	Passive	☐	☐	Line	
2	L2	1	2	2	Passive	☐	☐	Line	
3	L3	2	3	3	Passive	☐	☐	Line	
4	L4	3	4	4	Passive	☐	☐	Line	
5	L5	4	5	5	Passive	☐	☐	Line	
6	L6	5	6	6	Passive	☐	☐	Line	
7	L7	6	7	7	Passive	☐	☐	Line	
8	L8	7	8	8	Passive	☐	☐	Line	
9	L9	8	9	9	Passive	☐	☐	Line	
10	L10	9	10	10	Passive	☐	☐	Line	
11	L11	10	11	11	Passive	☐	☐	Line	
12	L12	11	12	12	Passive	☐	☐	Line	
13	L13	12	13	13	Passive	☐	☐	Line	v

图 13-14　引脚属性的复制

（5）编辑该表格，对 Excel 表格进行全选，按快捷键"Ctrl+C"进行复制，回到 OrCAD 中的 Edit Properties 编辑对话框，按快捷键"Shift+Ins"粘贴到 Edit Properties 编辑对话框中，然后按"确定"按钮，如图 13-15 所示。

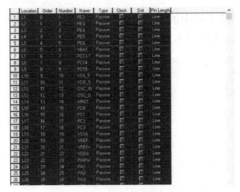

图 13-15　引脚属性的粘贴

13.3.2　LED 的创建

（1）选中库文件并单击鼠标右键，选择"New Part"选项，新建元器件，命名为"LED"，如图 13-16 所示。

（2）执行菜单命令"Place"→"Polyline"，如图 13-17 所示，放置 Polyline，如图 13-18 所示。

图 13-16　新建元器件

图 13-17　"Polyline"菜单选项

（3）单击放置好的 Polyline，鼠标左键单击对应的 Polyline，拖动 4 个圆形定点可以改变形状，将形状修改为三角形，如图 13-19 所示。

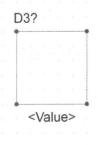

图 13-18　放置 Polyline

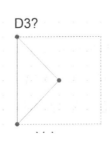

图 13-19　放置三角形

（4）单击右边快捷编辑菜单栏中的"Fill Style"下拉列表，如图 13-20 所示；选择"Solid"选项就可以完成三角形填充，如图 13-21 所示。

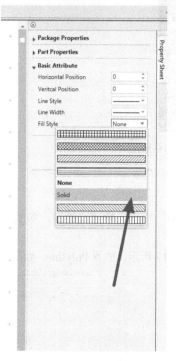

图 13-20　下拉列表

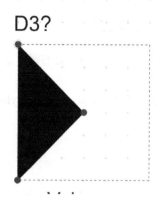

图 13-21　三角形填充

（5）执行菜单命令"Place"→"Line"，在三角形的右上方放置两个箭头线条，并且在三角形的顶角放置一条竖线，表示二极管，如图 13-22 所示。

（6）执行菜单命令"Place"→"Pin"，在三角形两端各放置一个引脚，然后稍微调整一下元器件的协调性和美观性，如图 13-23 所示。

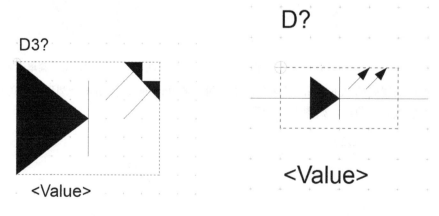

图 13-22　放置箭头　　　　　　　　　图 13-23　完成之后的 LED

（7）按照上述创建元器件的步骤，完成其他元器件的创建。

13.4　原理图设计

原理图设计是各个功能模块的原理图组合的结果，通过各个功能模块的组合构成一份完整的产品原理图。模块的原理图设计方法是类似的，下面以 Power 模块的原理图设计为例进行详细说明，其他模块类比这个方法即可。

13.4.1　元器件的放置

（1）执行菜单命令"Place"→"Part"，如图 13-24 所示，或者单击右侧菜单栏放置元器件的图标，调出放置元器件的窗口，如图 13-25 所示。

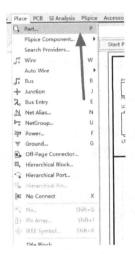

图 13-24　"Part"菜单选项　　　　图 13-25　放置元器件菜单栏

（2）在放置元器件之前，需要在下面的库路径中指定封装库的路径，如图 13-26 所示，单击"Add Library"选项添加库路径。

图 13-26　添加库路径示意图

| 369 |

（3）在库路径下选中元件库，上面的 Part List 表中就会出现这个元件库中所包含的元器件，双击元器件就可以将此元器件放置到原理图中。如果是多 Part 的元器件，则在下面的参数中选择需要放置的 Part 部分。

将每个功能模块需要用到的元器件分开放置，Power 模块的元器件放置如图 13-27 所示。

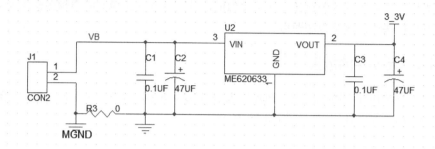

图 13-27　Power 模块的元器件放置

13.4.2　元器件的复制和放置

（1）有时候在设计时需要用到多个同类型的元器件，这时不需要在库里面再执行放置操作，而可以从原理图中任意选中电路或者元器件，按快捷键"Ctrl+C"进行复制后，在新的原理图页面中按快捷键"Ctrl+V"进行粘贴，这样能大大提高原理图绘制的效率。

（2）根据实际需要放置各类元器件，原理图元器件的放置应该同功能模块放在一起及均匀美观。MCU 模块的完整元器件放置如图 13-28 所示。

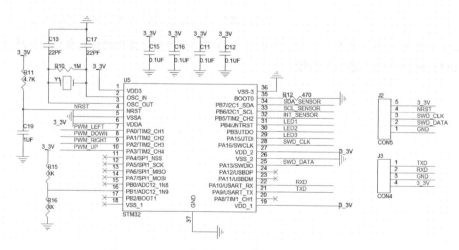

图 13-28　MCU 模块的完整元器件放置示意图

（3）元器件放置好后，请注意电阻、电容、三极管等的 Comment 值的更改。

13.4.3　电气连接的放置

（1）元器件放置好之后，需要对元器件之间的连接关系进行处理。

（2）对于元器件之间的连接，执行菜单命令"Place"→"Wire"，放置电气导线进行连接。

（3）对于远端连接的导线，采取放置"Net Alias"的方式进行连接。

（4）对于电源和地，采取放置"Place Power""Place Ground"，全局连接方式。Power 模块电气连接的放置如图 13-29 所示。

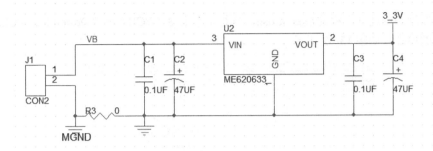

图 13-29　Power 模块电气连接的放置

13.4.4　非电气性能标注的放置

有时候需要对功能模块进行一些标注说明，或者添加特殊元器件的说明，从而增强原理图的可读性。执行菜单命令"Place"→"Text"，如图 13-30 所示。放置字符标注，如"MCU"，如图 13-31 所示。

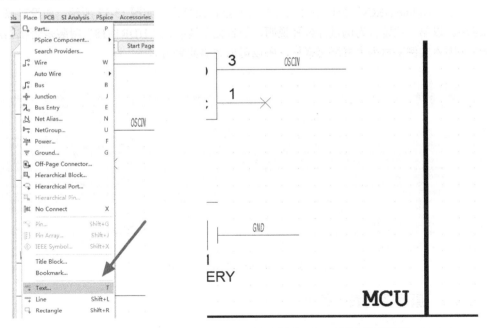

图 13-30　Text 菜单选项　　　　　　图 13-31　字符标注的放置

按照上述类似的方法，完成该开发板其他功能模块的原理图设计。

13.5 原理图的检查及 PCB 网表的导入

13.5.1 原理图的检查

（1）在原理图中选择工程的根目录.dsn，执行菜单命令"PCB"→"Design Rules Check"，进行原理图的检查，如图 13-32 所示。

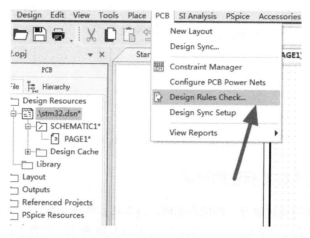

图 13-32 原理图 DRC 选项

（2）在"Online DRCs"窗口中会出现相应的报错及警告，如图 13-33 所示，如没有报错则可以忽略。以第一项警告为例进行解释说明，警告提示请确认"HDR1×18"封装是否在指定库路径中（因本实例素材为本书配套素材，所以可以忽略此警告）。

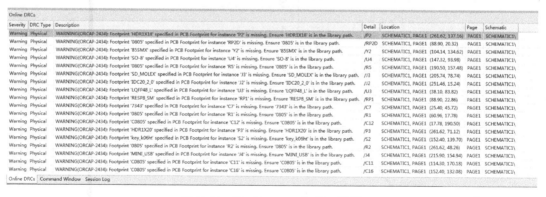

图 13-33 "Online DRCs"窗口显示

13.5.2 原理图网表的导出

（1）选中根目录的.dsn 文件，执行菜单命令"Tools"→"Create Netlist"，如图 13-34 所示。采用默认设置，单击"确定"按钮，导出第一方网表，如图 13-35 所示。

（2）确认之后自动进行导出，没有错误窗口弹出，并且到对应文件路径中可以看到.dat 文件，说明网表导出成功，如图 13-36 所示。

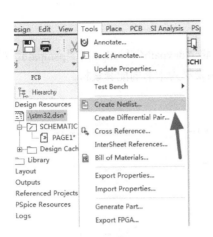

图 13-34 网表导出选项

图 13-35 导出第一方网表

图 13-36 .dat 文件示意图

13.6 PCB 库路径指定及网表的导入

13.6.1 PCB 文件的创建

打开 PCB Editor 软件，执行菜单命令"File"→"New"，如图 13-37 所示。新建一个 Board，并命名为"STM32"的 PCB 文件，如图 13-38 所示。

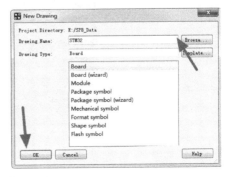

图 13-37 执行菜单命令"File"→"New"　　　图 13-38 PCB 文件的创建

13.6.2 PCB 库路径指定

执行菜单命令 "Setup" → "User Preferences"，将 "devpath" "padpath" "psmpath" 指定为客户所提供的库文件路径，如图 13-39 所示。本实例素材为本书的配套素材。

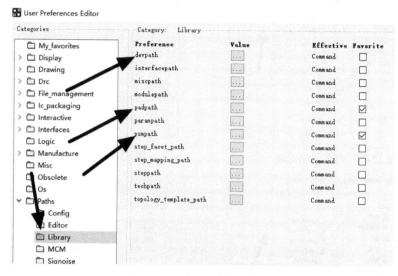

图 13-39　库路径指定示意图

13.6.3 网表的导入

（1）执行菜单命令 "File" → "Import" → "Logic/Netlist"，如图 13-40 所示，按照如图 13-41 所示进行设置，将原理图的第一方网表导入 PCB。

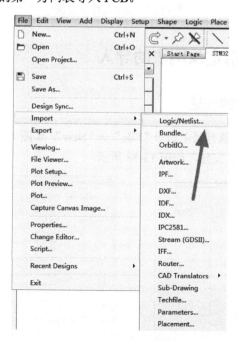

图 13-40　网表导入选项

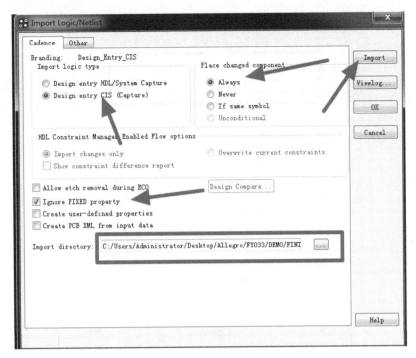

图 13-41 网表导入设置

（2）网表导入加载表加载完成后，会弹出对应对话框，可以查看是否存在报错。如果没有报错，则可以关闭对话框，如图 13-42 所示。执行菜单命令"Display"→"Status"，查看元器件的导入状态，如图 13-43 所示。

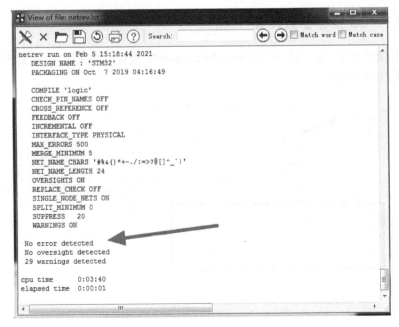

图 13-42 导入报告

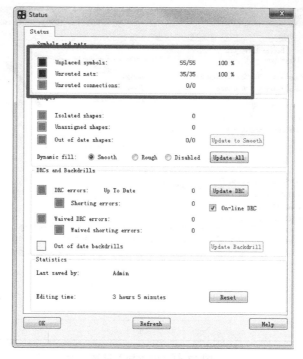

图 13-43　查看元器件状态示意图

13.7　PCB 推荐参数设置及板框的绘制

13.7.1　PCB 推荐参数设置

（1）执行菜单命令 "Setup" → "Design Parameters"，设置画布面积，方便绘制 PCB。画布面积设置如图 13-44 所示。

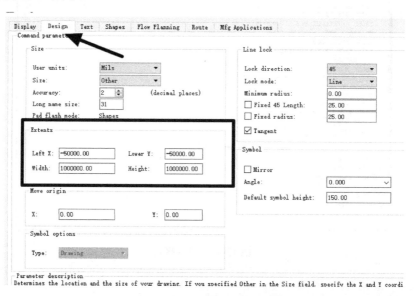

图 13-44　画布面积设置示意图

（2）执行菜单命令"Setup"→"Grids"，进行格点设置，通常设置为 25mil，方便布局布线，如图 13-45 所示。

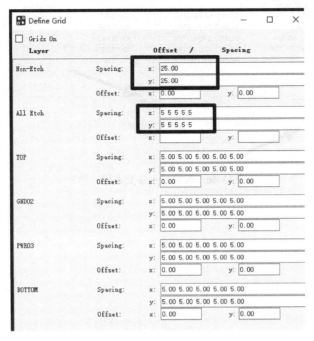

图 13-45　格点设置示意图

13.7.2　板框的导入

执行菜单命令"File"→"Import"→"DXF"，添加本书配套的 2 层素材中所提供的 dxf 路径，单击"Edit/View layers"按钮，进行板框导入的设置。设置好相关参数后单击"Map"按钮，返回"DXF In"界面，单击"Import"按钮，完成板框的导入（详细步骤可以参考 8.4.1 节），如图 13-46 所示。板框导入完成示意图如图 13-47 所示。

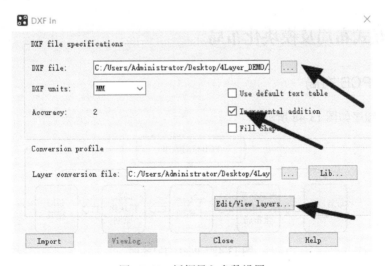

图 13-46　板框导入参数设置

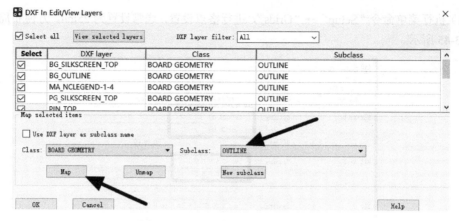

图 13-46　板框导入参数设置（续）

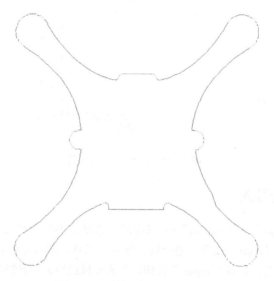

图 13-47　板框导入完成示意图

13.8　交互式布局及模块化布局

13.8.1　PCB 布局

PCB 布局顺序如图 13-48 所示。

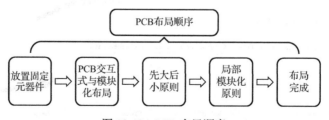

图 13-48　PCB 布局顺序

13.8.2　元器件的放置

执行菜单命令"Place"→"Quickplace"，如图 13-49 所示，进行如图 13-50 所示的设置，选择"Place"选项，将元器件从后台放置到 PCB 上，放置元器件后的效果图如图 13-51 所示。

图 13-49　元器件放置选项

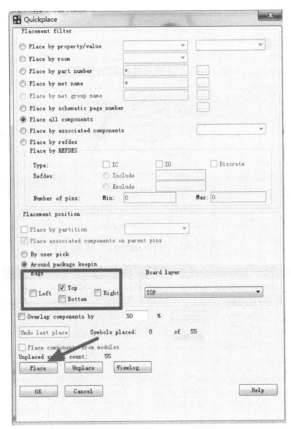

图 13-50　元器件放置设置

13.8.3　PCB 交互式布局

为了达到原理图和 PCB 两两交互的目的，需要在 OrCAD 中勾选交互模式选项。执行菜单命令"Options"→"Preferences"，如图 13-52 所示，在弹出的对话框中勾选如图 13-53 的选项后，重新导入一次第一方网表，便可以实现原理图与 PCB 交互设计。

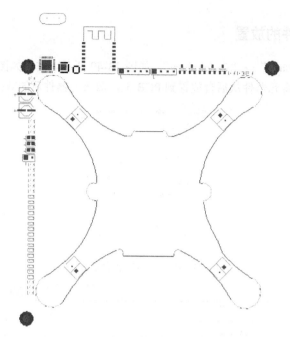

图 13-51 放置元器件后的效果图

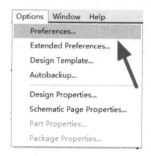

图 13-52 "Preferences"选项

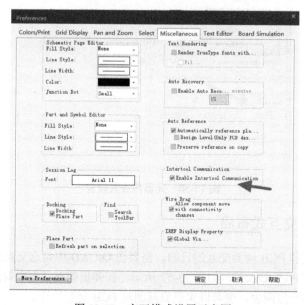

图 13-53 交互模式设置示意图

13.8.4 模块化布局

（1）交互式模式下，执行菜单命令"Edit"→"Move"，切换到原理图中，将同一模块的元器件进行框选就可以在 PCB 中进行整体移动，最终将属于同一个模块的元器件在板框边放置在一起。如果有板子所规定的固定元器件，则可以优先放置。

（2）先大后小，先放置主控部分的芯片，再放置体积较大的元器件，如图 13-54 所示。

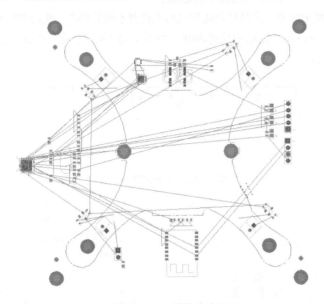

图 13-54　模块化布局

（3）根据常用的布局原则进行布局。参考前文的常规布局原则，将每个模块的元器件摆好并对齐，尽量整齐美观。完整的布局如图 13-55 所示。

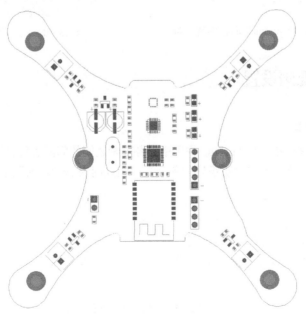

图 13-55　完整的布局示意图

13.9　类的创建及颜色的设置

（1）布局完成之后，需要对信号进行分类和 PCB 规则设置，这样一方面可以方便对信号的认识和思路的分析，另一方面可以通过软件的规则约束，保证电路设计的性能。如图 13-56 所示，单击工具栏中的图标，打开规则模型管理器。

（2）为了直观上便于区分，可以对前述的网络类设置不同的颜色。执行菜单命令"Display"→"Assign Color"，在"Options"面板中选择颜色，如图 13-57 所示；在"Find"面板中勾选"Nets"选项，如图 13-58 所示。

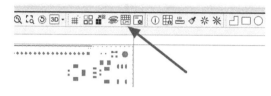

图 13-56　工具栏图标

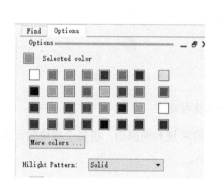

图 13-57　在"Options"面板中选择颜色

图 13-58　网络颜色设置

13.10　PCB 规则设置

1．间距规则设置

打开规则模型管理器，在 Spacing 规则中对各元素之间的间距进行设置。如没有特殊要求，可按照常规板进行设置。本实例所设置的各元素间距规则为 6mil，如图 13-59 所示。

图 13-59　间距规则设置

2. 线宽规则设置

根据开发板的工艺要求及设计的阻抗要求，利用 SI9000 软件计算一个符合阻抗的线宽值。根据阻抗值填写线宽规则，如图 13-60 所示。本实例采用单端控 50Ω 阻抗，差分 90Ω 阻抗，因此单端线宽设置为 6mil，差分设置为 6/6mil。

图 13-60　线宽规则设置示意图

3. 过孔规则设置

可以采用 12/24mil 大小的过孔。

4. 正片铺铜连接规则设置

正片铺铜连接规则设置和负片连接规则设置是类似的。对于通孔和表贴焊盘，采用花焊盘连接方式；对于过孔，采用全连接方式，如图 13-61 所示。

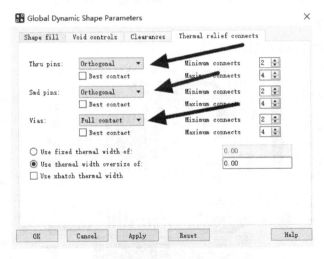

图 13-61　铜皮连接方式设置示意图

13.11　PCB 扇孔及布线

1. PCB 扇孔

扇孔的目的是为了打孔占位和缩短信号的回流路径。在 PCB 布线之前，对于电源和 GND 过孔，可以先把短线直接连上，长线进行拉出打孔的操作，如图 13-62 所示。同时，注意关注前文提到的扇孔要求。

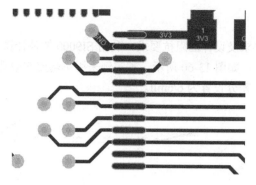

图 13-62　PCB 扇孔

2．PCB 布线的总体原则

（1）遵循模块化布线原则，不要左拉一条右拉一条，用总线走线的概念。

（2）遵循优先信号走线的原则。

（3）重要、易受干扰或者容易干扰其他信号的走线进行包地处理。

（4）电源主干道加粗走线，根据电流大小来定义走线宽度；信号走线按照设置的线宽规则进行走线。

（5）走线间距不要过近，能满足 3W 原则的尽量遵守 3W 原则。

3．晶体的走线

晶体的走线如图 13-63 所示。

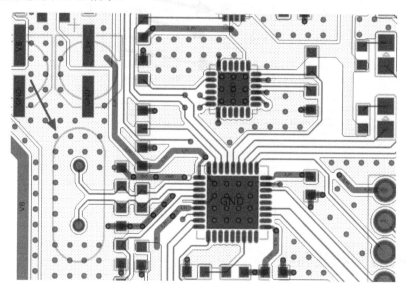

图 13-63　晶体的走线

（1）布局整体紧凑，一般放置在主控的同一侧，靠近主控 IC。

（2）布局时应尽量使电容分支短（目的：减小寄生电容）。

（3）晶振电路一般采用 π 形滤波形式，放置在晶振的前面。

（4）走线采取类差分走线。

（5）晶体走线需加粗处理：8～12mil。晶振按照普通单端阻抗线走线即可。

（6）对信号采取包地处理，每隔 50mil 放置一个屏蔽地过孔。

（7）晶体晶振本体下方所有层原则上不允许走线，特别是关键信号线（晶体晶振为干扰源）。

（8）不允许出现 Stub 线头，防止天线效应，出现额外的干扰。

4．电源的走线

电源的走线如图 13-64 所示。从原理图中找出电源主干道，主干道应根据电源大小进行铺铜走线和添加过孔，不应像信号线一样只有一条很细的走线。这个可以类比于自来水管道：如果入口太小，就无法通过很大的水流；也不能入口大、中间小。

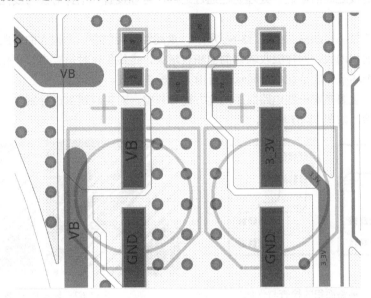

图 13-64　电源的走线

所以，遇到电源转换或者电源走线时，就应考虑它们的电流大小，根据电流大小来定义线宽。一般根据经验值来判定电源走线宽度：20mil 的走线过载 1A 电流，0.5mm 的过孔过载 1A 电流。

5．GND 孔的放置

如图 13-65 所示，根据需要在打孔换层或者易受干扰的地方放置 GND 孔，以加强底层铺铜的 GND 的连接。

根据上述这些布线原则和重点注意的模块，可以完成其他模块的布线及整体连通性布线，然后对整板进行大面积的铺铜处理。

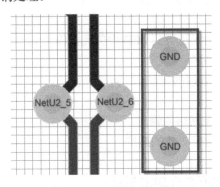

图 13-65　回流 GND 孔

13.12 走线与铺铜优化

处理完连通性之后，需要对走线和铺铜进行优化，一般分为以下几个方面。

（1）走线间距满足 3W 原则。走线时如果不注意，走线和走线之间就会靠得太近，这样容易引起走线和走线之间的串扰。处理完连通性之后，可以设置一个针对线与线间距的规则去协助检查。

（2）减小信号环路面积。如图 13-66 所示，走线经常会包裹一个很大的环路，环路会造成其对外辐射的面积增大，同样吸收辐射的面积也增大，走线优化时需要进行优化处理，以减小环路面积。这个环节一般是在单层显示之后由人工检查完成。

（3）修铜。主要是对一些电路瓶颈的地方进行修整，对尖岬铜皮进行删除，一般通过挖铜皮操作进行删除，如图 13-67 所示。

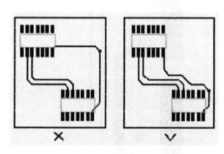

图 13-66　环路面积的检查与优化

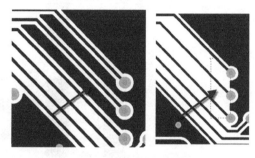

图 13-67　铜皮的修整

13.13 DRC

DRC 主要是对设置规则进行验证，看看设计是否满足规则要求。一般是对板子的开路和短路进行检查，如有需要，也可以对走线的线宽、过孔的大小、丝印和丝印之间的间距等进行检查。

当 PCB 设计完成之后，可以查看 PCB 的状态，确保设计的正确性。

（1）执行菜单命令"Display"→"Status"，如图 13-68 所示。在弹出的"Status"窗口中显示了该 PCB 目前的状态，如图 13-69 所示。

相关参数释义如下：

Unplaced symbols：在后台未放置到 PCB 中的元器件。

Unrouted nets：未连接的网络。

Unrouted connections：未连接的走线。

Isolated shapes：孤铜。

Unassigned shapes：未分配网络的铜皮。

Out of date shapes：需要进行更新的铜皮。

DRC errors：DRC 错误。

Waived DRC errors：允许存在的 DRC 错误。

当需要查看错误位置时，可以通过单击错误前面的小方框，如图 13-70 所示，通过单击坐标可以在 PCB 中定位到错误位置。

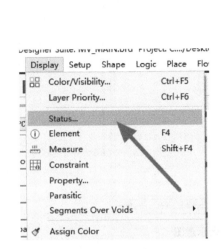

图 13-68 "Status"选项

图 13-69 查看状态示意图

（2）电气性能检查包括间距检查、短路检查及开路检查

① 执行菜单命令"Setup"→"Constraints"→"Modes"，如图 13-71 所示；打开规则模型
管理器，如图 13-72 所示。

图 13-70 错误方框

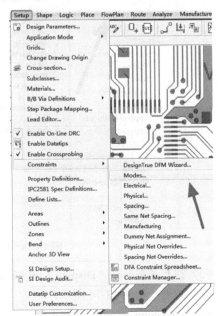

图 13-71 "Modes"选项

图 13-72　规则模型管理器示意图

② 打开"Spacing"中所有间距规则模型，如图 13-73 所示。

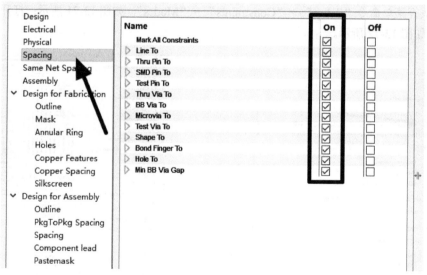

图 13-73　间距规则模型打开示意图

（3）执行菜单命令"Display"→"Status"，打开状态窗口，可以对当前开路、短路及间距报错进行查看，如图 13-74 所示。

Unrouted connections：开路报错。

Shorting errors：短路报错。

（4）如有间距报错，此方框则会显示红色，那么就可以单击"DRC errors"前面的小方框进行查看。图中实例设计完成后没有报错显示。

图 13-74　电气性能报错示意图

13.14　生产输出

13.14.1　丝印位号的调整

Allegro 提供一个快速调整丝印的方法，可以快捷地调整丝印的位置。

（1）执行菜单命令"File"→"Change Editor"，如图 13-75。打开模式选取窗口，勾选"Allegro Productivity Toolbox"选项，如图 13-76 所示。

图 13-75　"Change Editor"选项

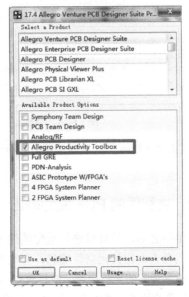

图 13-76　选取示意图

（2）打开菜单栏，执行菜单命令"Manufacture"→"Label Tune"，弹出"Label Tune"对话框，如图 13-77 所示。

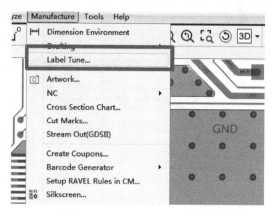

图 13-77 "Label Tune"命令

（3）在"Label Tune"对话框"Main"面板中，可按如图 13-78 所示进行相应的设置；"Advanced"面板中，可按如图 13-79 所示进行相应的设置。

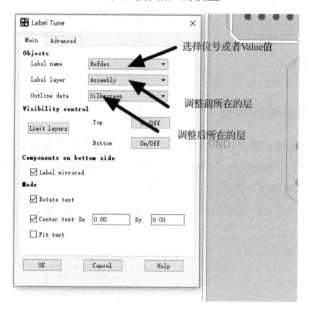

图 13-78 "Main"面板选项设置示意图

（4）完成"Label Tune"对话框设置后，框选需要调整丝印的元器件（丝印自动归位到元器件中心上）。

13.14.2 装配图的 PDF 文件输出

丝印位号调整之后，就可以进行装配图的 PDF 文件输出了。在 PCB 生产调试期间，为了方便查看文件或者查询相关元器件信息，会把 PCB 设计文件转换成 PDF 文件。

（1）需要设置装配的光绘层叠。执行菜单命令"Manufacture"→"Artwork"，如图 13-80 所示。进行光绘层叠的设置，进入光绘层叠设置界面，添加顶底两层的信息即可，如图 13-81 所示。

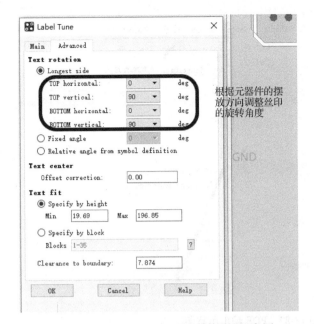

图 13-79 "Advanced" 面板选项设置示意图 图 13-80 "Artwork" 选项

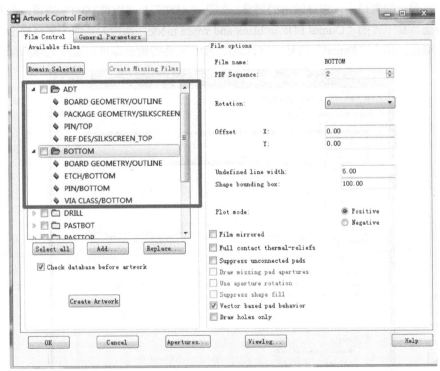

图 13-81 光绘层叠设置示意图

（2）添加光绘层叠设置以后，进行装配 PDF 文件的输出，执行菜单命令"File"→
"Export"→"PDF"，如图 13-82 所示。

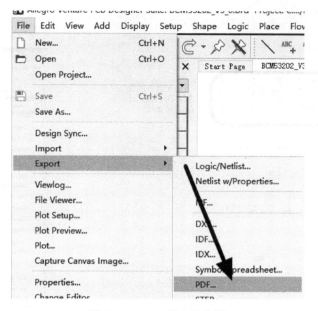

图 13-82 PDF 输出示意图

（3）在弹出的窗口中，选择输出的层叠，勾选"ADT"与"BOTTOM"选项，下面的选项都不用勾选，最下方的"Output PDF in black and white mode"选项勾选即为黑白输出，不勾选就是彩色输出，单击"Export"按钮，进行装配 PDF 文件的输出即可，如图 13-83 所示。

图 13-83 PDF 输出示意图

13.14.3 Gerber 文件的输出

（1）执行菜单命令"Manufacture"→"Artwork"，如图 13-84 所示。在"Film Control"面板进行设置，如图 13-85 所示。

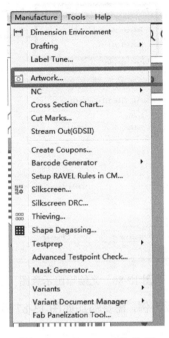

图 13-84 "Artwork"选项

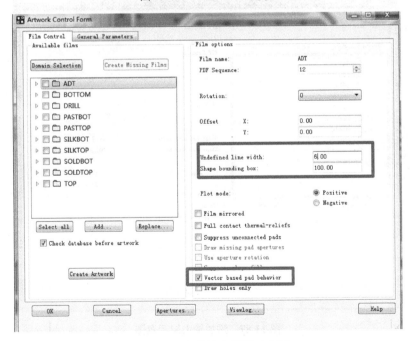

图 13-85 光绘输出设置示意图

（2）在"General Parameters"面板，按照如图 13-86 所示进行设置。

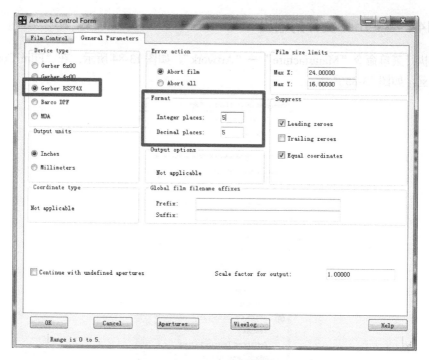

图 13-86　光绘输出示意图

（3）参数设置：这里以 4 层板为例，需要添加如图 13-87 所示的层，单击右键并选择"Add"选项即可进行添加。

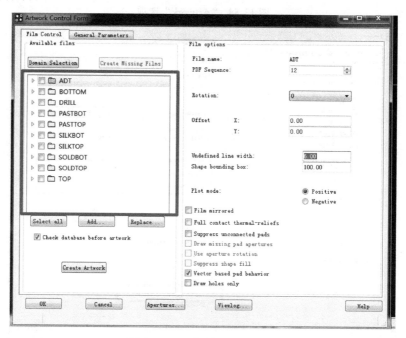

图 13-87　添加输出层示意图

（4）打开文件夹并单击鼠标右键并选择"Add"选项（见图 13-88），弹出"Subclass Selection"窗口可以对该输出层添加相应的子类（见图 13-89）。

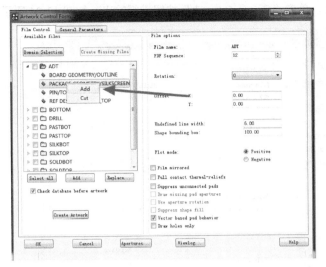

图 13-88 "Add"选项

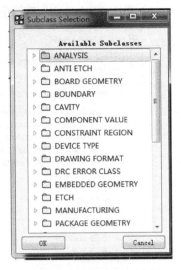

图 13-89 添加子类示意图

（5）每个层需要添加的子类如图 13-90～图 13-93 所示。

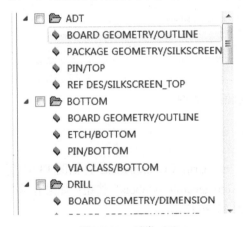

图 13-90 子类（1）

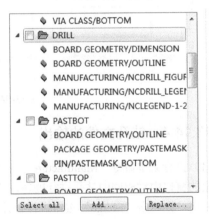

图 13-91 子类（2）

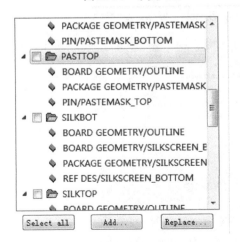

图 13-92 子类（3）

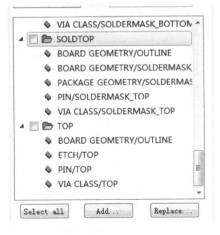

图 13-93 子类（4）

（6）单击"Select all"按钮全选，单击"Create Artwork"按钮进行输出，如图 13-94 所示。

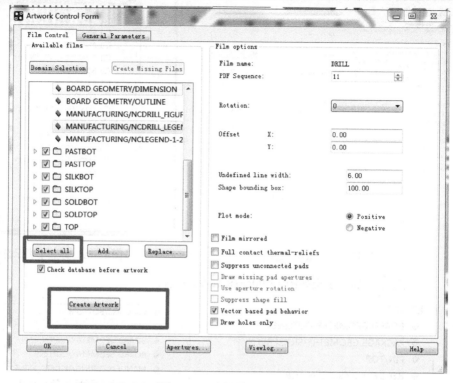

图 13-94　光绘输出示意图

13.14.4　钻孔文件的输出

（1）执行菜单命令"Manufacture"→"NC"→"Drill Customization"，如图 13-95 所示。在弹出的窗口中对相同的钻孔进行处理，单击"Auto generate symbols"按钮；如果有两个孔的参数相同，则单击"Merge"按钮进行合并，如图 13-96 所示。

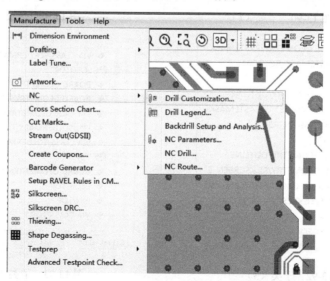

图 13-95　"Drill Customization"选项

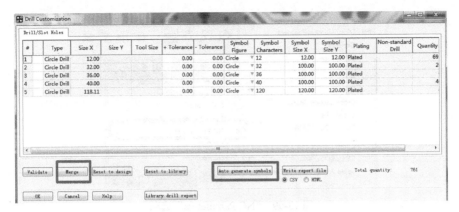

Drill Customization

#	Type	Size X	Size Y	Tool Size	+ Tolerance	- Tolerance	Symbol Figure	Symbol Characters	Symbol Size X	Symbol Size Y	Plating	Non-standard Drill	Quantity
1	Circle Drill	12.00			0.00	0.00	Circle	12	12.00	12.00	Plated		69
2	Circle Drill	32.00			0.00	0.00	Circle	32	100.00	100.00	Plated		2
3	Circle Drill	36.00			0.00	0.00	Circle	36	100.00	100.00	Plated		
4	Circle Drill	40.00			0.00	0.00	Circle	40	100.00	100.00	Plated		4
5	Circle Drill	118.11			0.00	0.00	Circle	120	120.00	120.00	Plated		

Validate　Merge　Reset to design　Reset to library　Auto generate symbols　Write report file　Total quantity: 761　CSV　HTML

OK　Cancel　Help　Library drill report

图 13-96　钻孔参数设置示意图

（2）执行菜单命令"Manufacture"→"NC"→"Drill Legend"，如图 13-97 所示。单击"OK"按钮，提取钻孔表，如图 13-98 所示。

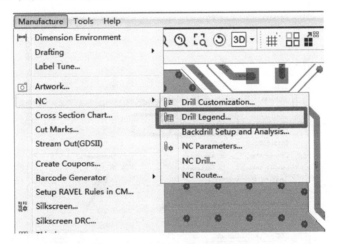

图 13-97　"Drill Legend"选项

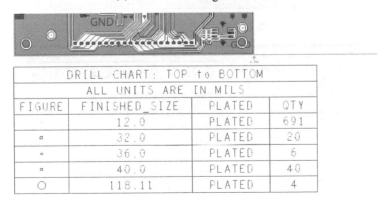

图 13-98　提取钻孔表示意图

（3）执行菜单命令"Manufacture"→"NC"→"NC Parameters"，如图 13-99 所示。如图 13-100 所示，进行钻孔输出参数设置（注意：文件所在的路径一定不能是中文路径）。

（4）执行菜单命令"Manufacture"→"NC"→"NC Drill"，如图 13-101 所示。按照如图 13-102 所示进行设置，输出钻孔文件。

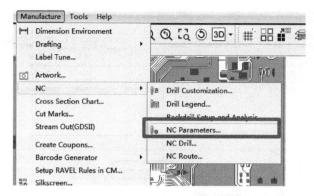

图 13-99 "NC Parameters"选项

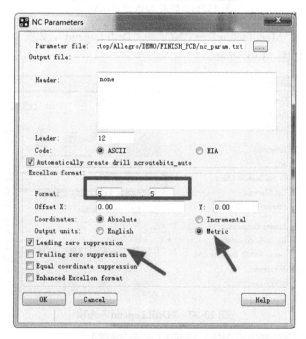

图 13-100 钻孔输出参数设置

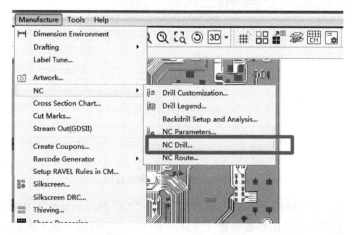

图 13-101 "NC Drill"选项

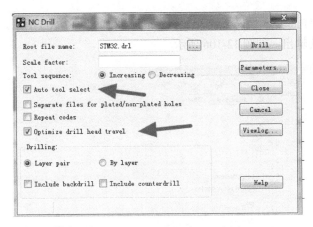

图 13-102　钻孔文件输出示意图

13.14.5　IPC 网表的输出

如果在提交 Gerber 文件时，同时生成 IPC 网表给厂家核对，那么在制板时就能检查出一些常规的开路、短路问题，可避免一些不必要的损失。

执行菜单命令"File"→"Export"→"IPC 356"（见图 13-103），输出 IPC 网表（见图 13-104）。

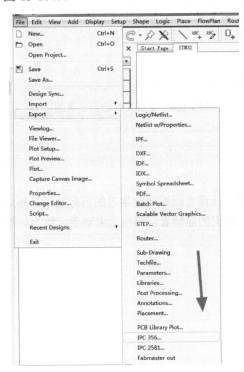

图 13-103　"IPC 356"选项

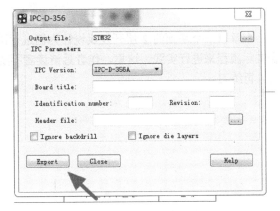

图 13-104　IPC 网表输出示意图

13.14.6　贴片坐标文件的输出

制板生产完成之后，后期需要对各个元器件进行贴片，这需要使用各元器件的坐标图。

执行菜单命令"File"→"Export"→"Placement",如图 13-105 所示。选择"Body center"
选项进行坐标文件的输出,如图 13-106 所示。

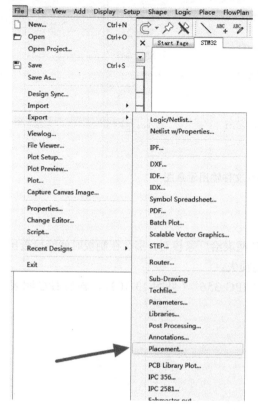

图 13-105 "Placement"选项   图 13-106 坐标文件输出示意图

13.15 本章小结

本章以一个基础的 2 层开发板设计为例进行讲解,让读者回顾之前学习的所有知识,并结合实际流程来进行实践。这里,作者恳请读者不要做知识的灌输者,请自己多动手,练习,练习,再练习。

第14章

入门实例：4 层 DM642 达芬奇开发板设计

很多读者只会绘制 2 层板，没有接触过 4 层板或者更多层数板的 PCB 设计，这对读者从事电子设计工作是很大的一个门槛。为了契合实际需要，本章介绍一个 4 层达芬奇开发板的设计实例，以此为引子，让读者对多层板设计有一个概念。

本章对 4 层达芬奇开发板设计流程的讲解，突出 2 层板和 4 层板的区别和相同之处。因为不管是 2 层还是多层板，原理图设计都是一样的，所以不再进行详细讲解，本章主要讲解 PCB 设计。

 学习目标

➢ 了解开发板的设计要求。
➢ 掌握 PCB 设计常用的设计技巧。
➢ 熟悉 PCB 设计的整体流程。
➢ 掌握交互式和模块化快速布局。
➢ 掌握 BGA 扇孔出线方法、BGA 快速拉线方法。
➢ 了解菊花链拓扑结构及其设置。
➢ 掌握蛇形等长走线，掌握 3W 原则的应用。
➢ 了解常见 EMC 的 PCB 处理方法。

14.1 实例简介

开发板一般由嵌入式系统开发者根据开发需求自己订制，也可由用户自行研究设计。开发板的作用是为初学者了解和学习系统的硬件和软件，同时部分开发板也提供的基础集成开发环境、软件源代码及硬件原理图等。常见的开发板有 51、ARM、FPGA、DSP 等。

本实例以 Allegro 17.4 为平台，基于 TI 的主控 DM642，通过 Allegro 17.4 软件全程讲解设计一个 4 层达芬奇开发板的 PCB 设计实战过程，重点掌握运用 Allegro 17.4 软件设计 PCB 的全部流程以及 4 层板中电源、地平面的处理方法以及 4 层板中 BGA 芯片的处理方法。

（1）尺寸为 111mm×106mm，板厚为 1.6mm。
（2）满足绝大多数制板厂工艺要求。
（3）走线考虑串扰问题，满足 3W 原则。
（4）接口走线可以自定义。
（5）布局布线考虑信号稳定及 EMC。

14.2　原理图文件和 PCB 文件的创建

（1）打开 OrCAD 软件，执行菜单命令"File"→"New"→"Design"，创建一个新的文件，将新的文件"DEMO.dsn"保存到硬盘目录下。

（2）执行菜单命令"Place"→"Part"，然后添加客户提供的.olb 原理图库，如图 14-1 所示，进行原理图的绘制（若提供了原理图，则只需要将.DSN 文件拖至软件中打开即可）。

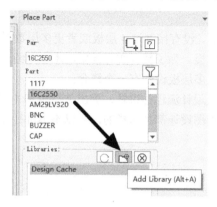

图 14-1　原理图库添加示意图

（3）打开 PCB Editor 软件，执行菜单命令"File"→"New"，新建一个 Board，并命名为"DEMO"的 PCB 文件。

14.3　原理图的检查及 PCB 网表的导入

14.3.1　原理图的检查

在原理图中选择工程根目录.dsn，执行菜单命令"PCB"→"Design Rules Check"，进行原理图的检查，如图 14-2 所示。

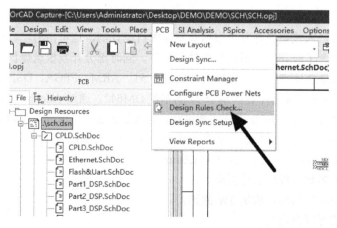

图 14-2　原理图的检查示意图

在"Session Log"窗口会出现相应的报错及警告，如图 14-3 所示，如没有报错则可以忽略。

Session Log
QUESTION(ORCAP-1589): Net has two or more aliases - possible short? U12,VSS
QUESTION(ORCAP-1589): Net has two or more aliases - possible short? U12,VSS
QUESTION(ORCAP-1589): Net has two or more aliases - possible short? U12,VSS
QUESTION(ORCAP-1589): Net has two or more aliases - possible short? U12,VSS
QUESTION(ORCAP-1589): Net has two or more aliases - possible short? U12,VSS
QUESTION(ORCAP-1589): Net has two or more aliases - possible short? U12,VSS
QUESTION(ORCAP-1589): Net has two or more aliases - possible short? U12,VSS
QUESTION(ORCAP-1589): Net has two or more aliases - possible short? U12,VSS
QUESTION(ORCAP-1589): Net has two or more aliases - possible short? U12,VSS
QUESTION(ORCAP-1589): Net has two or more aliases - possible short? U12,VSS
QUESTION(ORCAP-1589): Net has two or more aliases - possible short? U12,VSS
QUESTION(ORCAP-1589): Net has two or more aliases - possible short? U12,VSS
QUESTION(ORCAP-1589): Net has two or more aliases - possible short? U12,VSS
QUESTION(ORCAP-1589): Net has two or more aliases - possible short? U12,VSS
QUESTION(ORCAP-1589): Net has two or more aliases - possible short? U12,VSS
QUESTION(ORCAP-1589): Net has two or more aliases - possible short? U12,VSS
QUESTION(ORCAP-1589): Net has two or more aliases - possible short? U12,VSS
QUESTION(ORCAP-1589): Net has two or more aliases - possible short? U12,VSS
QUESTION(ORCAP-1589): Net has two or more aliases - possible short? U12,VSS
QUESTION(ORCAP-1589): Net has two or more aliases - possible short? U12,VSS

图 14-3　原理图检查报错

图中报错为 U12 的 VSS 有两个或者更多的网络标签。在原理图中找到该元器件，检查其 VSS 引脚，如图 14-4 所示。由于该项报错在设计允许的范围内且不会影响网表的导出，因此可以忽略。

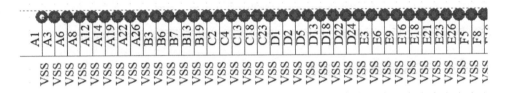

图 14-4　错误的定位检查

14.3.2　原理图网表的导出

（1）在原理图中选择工程根目录.dsn，执行菜单命令"Tools"→"Create Netlist"，采用默认设置，单击"确定"按钮，导出第一方网表，如图 14-5 所示。

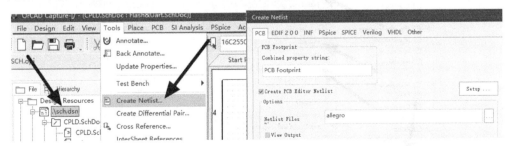

图 14-5　导出第一方网表

（2）当出现如图 14-6 所示的提示时，意味着原理图有错误，导出网表不成功。此时，需要在路径中找到 netlist.log 文件，右键使用写字板进行打开，查看错误信息。

图 14-6　导出网表报错示意图

（3）如图 14-7 所示为显示的报错信息，该报错为在 C145、C147、C146、ZR2、ZR1 的封装名中含有非法字符（dot）的报错。

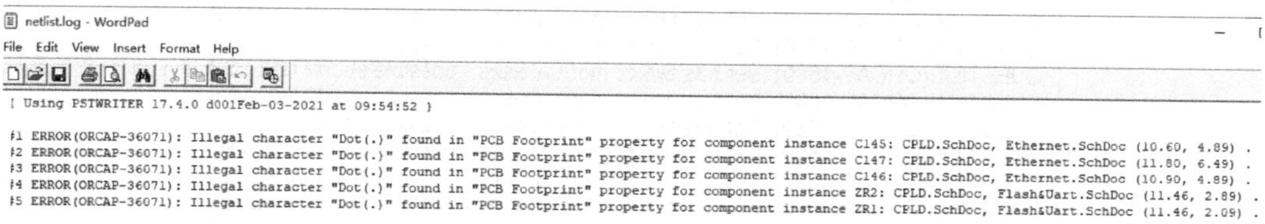

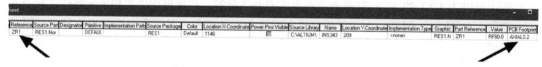

图 14-7　网表报错信息

（4）返回原理图，对所报错的元器件单击右键并选择"Edit properties"选项，报错原因为 0.2 中的这个"."为非法字符，可以将"."改为"_"，如图 14-8 所示。其他元器件解决方法一样，这里不再赘述。

图 14-8　修改封装信息非法字符示意图

（5）更改错误之后，再重新导出网表，若没有弹出报错提示，则导出成功。

14.3.3　PCB 库路径的指定

打开 Allegro 软件，执行菜单命令"File"→"New"，新建一个 PCB 文件。执行菜单命令"Setup"→"User Preferences"，将"devpath""padpath""psmpath"指定为客户所提供的库文件路径，如图 14-9 所示。本实例的封装库由本书配套的素材提供。

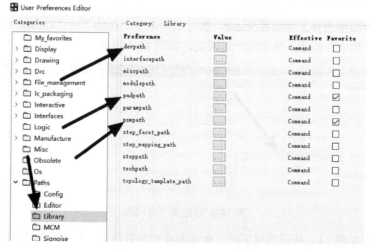

图 14-9　库路径指定示意图

14.3.4 网表的导入

（1）执行菜单命令"File"→"Import"→"Logic"，进行如图 14-10 的设置，将原理图的第一方网表导入 PCB。

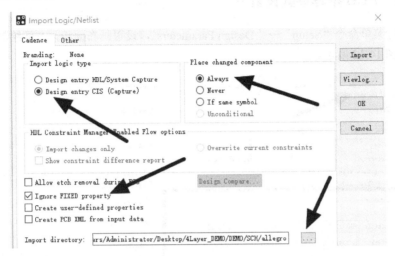

图 14-10　网表导入示意图

（2）执行菜单命令"Display"→"Status"，查看元器件导入状态，如图 14-11 所示，如为图中所示元器件数目，则导入成功。

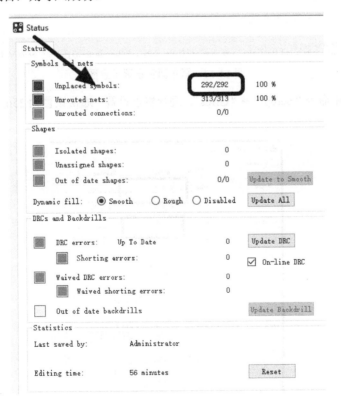

图 14-11　查看元器件状态示意图

14.4 PCB 推荐参数设置、板框的导入及叠层设置

14.4.1 PCB 推荐参数设置

（1）执行菜单命令"Setup"→"Design Parameters"，设置画布面积，方便绘制 PCB。画布面积设置如图 14-12 所示。

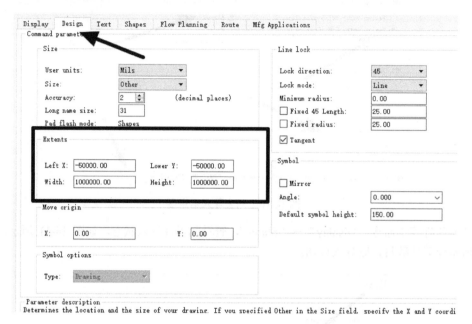

图 14-12　画布面积设置示意图

（2）执行菜单命令"Setup"→"Grids"，进行格点设置，通常设置为 25mil，方便布局布线，如图 14-13 所示。

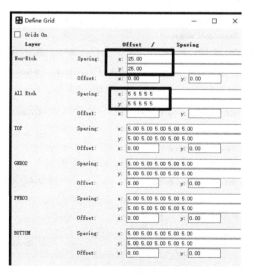

图 14-13　格点设置示意图

14.4.2　板框的导入

执行菜单命令"File"→"Import"→"DXF"，添加本书配套的 4 层素材中所提供的 dxf
路径，单击"Edit/View Layers"按钮，进行板框导入的设置；设置好相关参数后单击"Map"
按钮，返回至"DXF In"界面，单击"Import"按钮，完成板框的导入（详细步骤可以参考 8.4.1
节），如图 14-14 所示。板框导入完成示意图如图 14-15 所示。

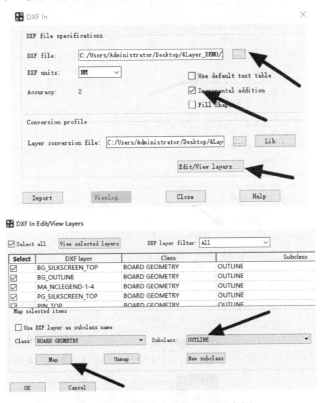

图 14-14　板框导入参数设置示意图

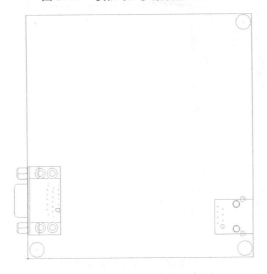

图 14-15　板框导入完成示意图

14.4.3　元器件的放置

执行菜单命令"Place"→"Quickplace"，进行如图 14-16 所示设置，单击"Place"按钮，将元器件从后台放置在 PCB 上。

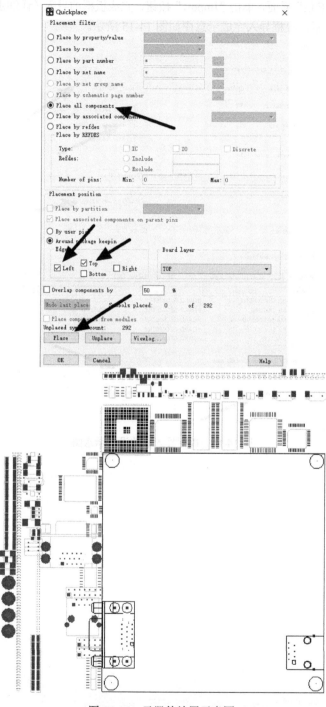

图 14-16　元器件放置示意图

14.4.4 PCB 叠层设置

（1）根据设计要求、BGA 出线的"深度"（见图 14-17）、飞线的密度，可以评估需要两个走线层，同时考虑到信号质量，添加单独的 GND（地线）层和 PWR（电源）层进行设计，所以按照常规叠层"TOP GND02 PWR03 BOTTOM"方式进行叠层。

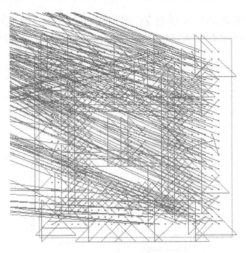

图 14-17　BGA 出线"深度"

小助手提示

单独的 GND 层和 PWR 层的添加有别于常规的两层板设计，单独的 GND 层可以有效地保证平面的完整性，不会因为元器件的摆放把 GND 平面割裂，造成 GND 回流混乱。

（2）执行菜单命令"Setup"→"Cross Section"，进入叠层管理器，通过右键命令完成叠层操作。

（3）为了方便对层进行命名，可用鼠标右键单击选中层名称，通过"Rename Layer"命令，更改为比较容易识别的名称，如"TOP""GND02""PWR03""BOTTOM"，如图 14-18 所示。

（4）单击"OK"按钮，完成 4 层板的叠层设置。

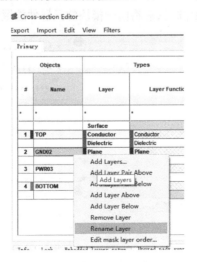

图 14-18　叠层设置

14.5 交互式布局及模块化布局

14.5.1 交互式布局

为了达到原理图和PCB两两交互的目的,需要在OrCAD中先勾选交互模式选项,如图14-19所示,然后再次导入第一方网表,便可以实现原理图与PCB交互设计。

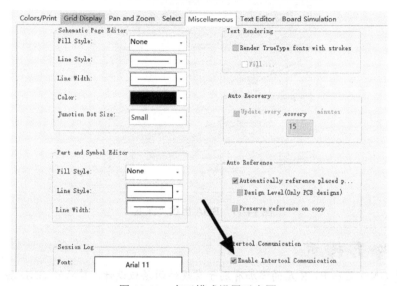

图14-19 交互模式设置示意图

14.5.2 模块化布局

(1) 在交互模式下,执行菜单命令"Edit"→"Move",切换至原理图,将同一模块的元器件进行框选便可在PCB中进行整体移动,将属于同一个模块的元器件放置在板边;将板子所规定的固定结构元器件、VGA接口、网口及固定孔放置好,如图14-20所示(图示为方便读者学习所进行的规范操作,读者操作时只需将同一模块的元器件放置在一起即可)。

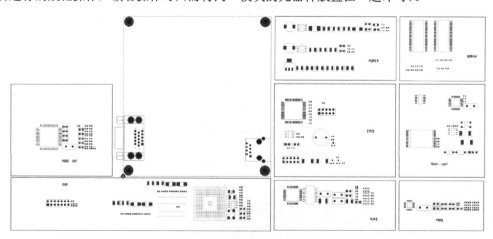

图14-20 模块化摆放示意图

（2）放置两个插座及按键（客户要求的结构固定元器件）后，根据元器件的信号飞线和先大后小的原则，把 BGA、DDR、FLASH 芯片等大元器件在板框范围内放置好，完成元器件的预布局，如图 14-21 所示。

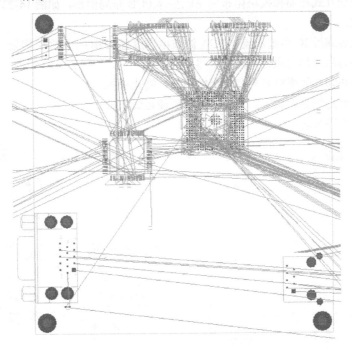

图 14-21　PCB 主要元器件布局示意图

（3）通过交互式布局和"选择元器件移动"功能，把元器件按照原理图页分块放置，并把其放置到对应大元器件或对应功能模块的附近，如图 14-22 所示。

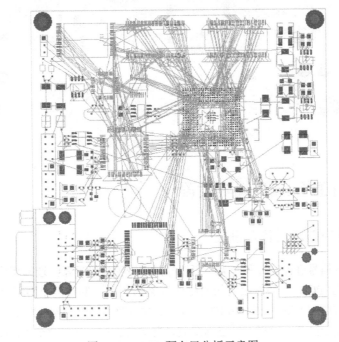

图 14-22　PCB 预布局分析示意图

14.5.3　布局原则

通过局部的交互式布局和模块化布局完成整体 PCB 布局操作，如图 14-23 所示。布局应遵循以下基本原则：

（1）滤波电容靠近 IC 引脚放置，BGA 滤波电容放置在 BGA 背面引脚处。

（2）元器件布局呈均匀化特点，疏密得当。

（3）电源模块和其他模块布局有一定的距离，防止干扰。

（4）布局考虑走线就近原则，不能因为布局使走线太长。

（5）布局要整齐美观。

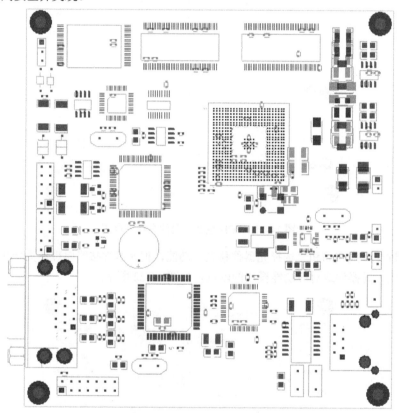

图 14-23　整体 PCB 布局

14.6　类的创建及 PCB 规则设置

14.6.1　类的创建及颜色设置

为了更快地对信号进行区分和归类，可以打开规则模型管理器，选择相应的网络并通过单击右键创建类，对 PCB 上功能模块的网络进行类的划分，创建多个网络类（此开发板包括 SDRAM_ADD、SDRAM_D0-D15、GPIO、PWR），并为每个网络类添加网络，如图 14-24 所示。

当然，为了便于区分，可以对上述网络类设置颜色。执行菜单命令"Display"→"Assign Color"，在"Options"面板中选择颜色，在"Find"面板中勾选"Nets"选项，通过鼠标单击网络，设置网络颜色，如图 14-25 所示。

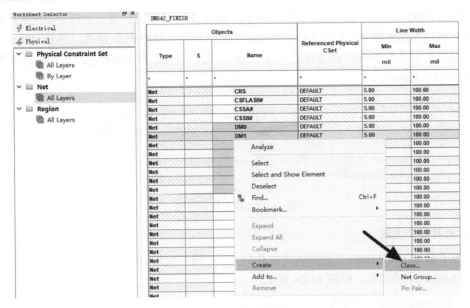

图 14-24　网络类的创建

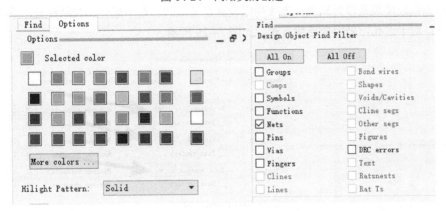

图 14-25　网络颜色设置

14.6.2　PCB 规则设置

1．间距规则设置

打开规则模型管理器，在 Spacing 规则中对各元素之间的间距进行设置。如果没有特殊要求，则可按照常规板进行设置。本实例所设置的各元素间距规则为 6mil，而单独对铜皮间距设置应为 10mil，如图 14-26 所示

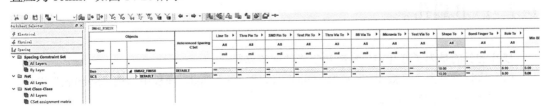

图 14-26　间距规则设置

2. 线宽规则设置

根据开发板的工艺要求及设计的阻抗要求，利用 SI9000 软件计算一个符合阻抗的线宽值，根据阻抗值填写线宽规则，如图 14-27 所示。本实例采用单端控 50Ω 阻抗，差分 100Ω 阻抗，因此单端线宽设置为 5mil，差分设置为 4.1/8mil，电源线宽则需要根据电流大小进行设置，这里设置为 15～100mil。

图 14-27　线宽规则设置

3. 过孔规则设置

通过了解 BGA 的 Pitch 间距来设定过孔的大小。核心板的 BGA Pitch 间距为 0.8mm，可以采用 8/16mil 大小的过孔，如图 14-28 所示。

4. 正片铺铜连接规则设置

正片铺铜连接规则设置和负片连接规则设置是类似的。对于通孔和表贴焊盘，采用花焊盘连接方式；对于过孔，采用全连接方式，如图 14-29 所示。

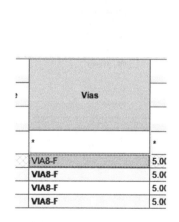

图 14-28　过孔添加

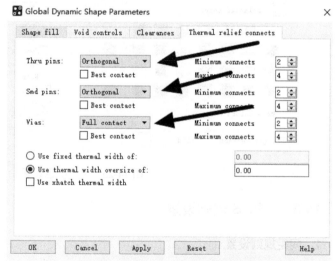

图 14-29　铜皮连接方式设置示意图

14.7　PCB 扇孔

扇孔的目的是为了打孔占位和缩短信号的回流路径。

（1）执行菜单命令"Route"→"Create Fanout"，在"Find"面板中勾选"Symbol"选项后单击"BGA"按钮进行扇出。

（2）针对 IC 类、阻容类元器件，实行手工元器件扇出。元器件扇出时有以下要求：

① 过孔不要扇出在焊盘上面。

② 扇出线应尽量短，以便减小引线电感。

③ 扇孔注意平面分割问题，过孔间距不要过近，以免造成平面割裂。

BGA、IC 类及阻容类元器件扇出效果如图 14-30 所示。

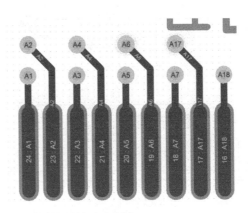

图 14-30　BGA、IC 类及阻容类元器件扇出效果示意图

14.8　PCB 的布线操作

布线是 PCB 设计中最重要和最耗时的环节，考虑到开发板的复杂性，自动布线无法满足 EMC 等要求，本实例中全部采用手动。布线应遵循以下基本原则：

（1）按照阻抗要求走线，单端为 50Ω，差分为 100Ω，USB 差分为 90Ω（本实例为差分布线）。

（2）满足走线拓扑结构。

（3）满足 3W 原则，有效防止串扰。

（4）电源线和地线进行加粗处理，满足载流。

（5）晶振表层走线不能打孔，高速线打孔换层处应尽量增加回流地过孔。

（6）电源线和其他信号线间留有一定的间距，防止纹波干扰。

14.9　模块化设计

14.9.1　VGA 模块

VGA（Video Graphics Array）即视频图形阵列，具有分辨率高、显示速率快、颜色丰富等优点。VGA 接口不但是 CRT 显示设备的标准接口，同样也是 LCD 液晶显示设备的标准接口，具有广泛的应用范围。VGA 接口种类繁多，如 DV、HDMI、VDS、DP、VGA 等，可以划分为两类：一类是数字接口，一类是模拟接口。VGA 属于模拟接口，其原理图如图 14-31 所示。从原理图上可以看到，VGA 接头上有 RED、GREEN、BLUE、VSYNC、HSYNC、DATA、CLK 等 7 条信号线。

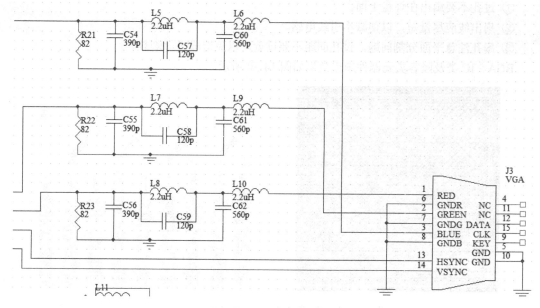

图 14-31　VGA 原理图

VGA 接口布局布线要求：

（1）布局时依照线路所示零件顺序进行摆放，采用一字形或 L 形布局。

（2）R、G、B 信号线远离其他信号，尤其是高速信号。

（3）R、G、B 信号线之间的安全距离一般设为 20mil，信号线都需要加粗，并进行包地处理。

（4）如果 R、G、B 信号线需要换层处理，则需要在过孔的旁边增加回流过孔。

VGA 模块设计如图 14-32 所示。

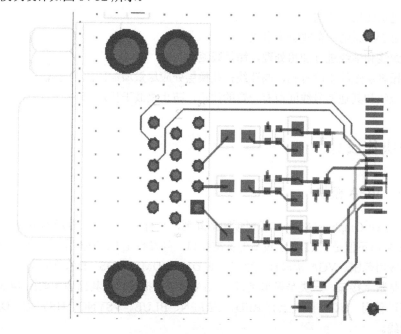

图 14-32　VGA 模块设计

14.9.2 网口模块

以太网是当前应用最普通的局域网技术。Ethernet 的接口实质上是 MAC 通过 M 总线控制 PHY 的过程。以太网接口电路由 MAC 控制器和物理层接口（Physical Layer，PHY）两大部分构成。网口主要由网口变压器、PHY 芯片、主芯片等组成。

常见网口有百兆网口、千兆网口，它们的区别在于百兆网口只有两对差分，一对收，一对发，另外四根备用，而千兆网口往往有四对差分，两对收，两对发。本实例为百兆网口，网口模块原理图如图 14-33 所示。

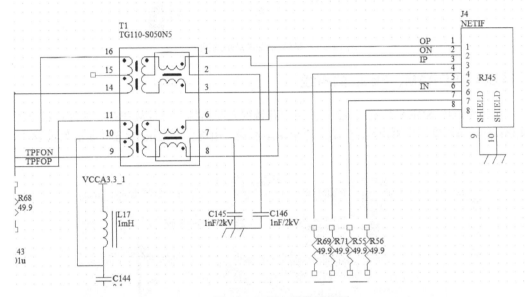

图 14-33　网口模块原理图

网口布局布线要求：

（1）复位电路信号应当尽可能地靠近以太网转换芯片，可能的话，应当远离 TX、RX 和时钟信号。

（2）时钟电路应当尽可能地靠近以太网转换芯片，远离电路板边缘、其他高频信号、V/O 端口、走线或磁性元器件周围。

（3）R45 接口和变压器之间的距离应尽可能地缩短（在满足工艺要求情况下）。

（4）以太网转换芯片和变压器之间的距离也应尽可能地短，距离一般不超过 5in。

（5）交流端接电阻放置先按照芯片资料的布局要求进行，如果没有要求，则通常按照靠近以太网转换芯片的要求放置。

（6）TX+、TX-和 RX+、RX-尽量走表层，两组差分对之间的间距至少 4W 以上，对内的等长约束为 5m，两组差分对之间不用等长。

（7）LED 信号要加粗到 10mil 以上。

（8）以太网芯片到 CPU 的 GM 接口线的发送部分和接收部分要分开布线，不要将接收和发送网络混合布线，线与线的间距满足 3W 要求。

（9）变压器下面所有层挖空（挖到变压器封装的丝印框就可以了，没必要挖到引脚）。整体布线效果如图 14-34 所示。

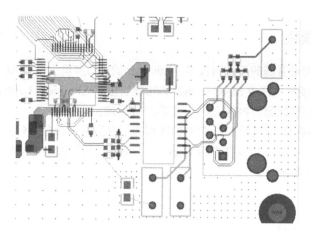

图 14-34　整体布线效果示意图

14.9.3　SDRAM、Flash 的布线

本实例为两片 SDRAM 及 Flash，采用菊花链的拓扑结构，信号从 BGA 先经过第一片 SDRAM，然后再由第一片 SDRAM 到第二片 SDRAM，最后由第二片 SDRAM 到 Flash，如图 14-35 所示。

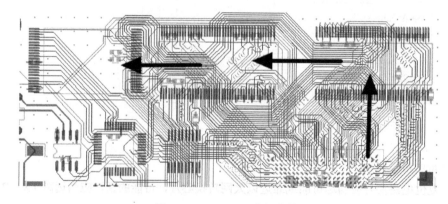

图 14-35　SDRAM 布局布线

电阻、电容应该靠近引脚放置，考虑其滤波效果，如图 14-36 所示。

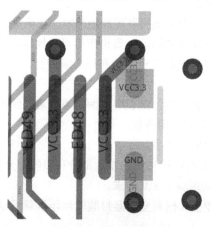

图 14-36　滤波电容的放置

布线要求：

（1）特性阻抗：50Ω。

（2）数据线每9条尽量走在同一层（D0～D7，LDQM；D8～D15，HDQM）。

（3）信号线的间距满足3W原则。

（4）数据线、地址（控制）线、时钟线之间的距离保持20mil以上或至少3W，在空间允许的情况下，应该在它们的走线之间加一条地线进行隔离。

（5）地线宽度推荐为15～30mil。

（6）有完整的参考平面。

（7）考虑时序匹配，请进行蛇形等长，所有的走线一起等长，等长误差为±50mil。

14.9.4 电源处理

电源处理之前需要先认清哪些是核心电源，哪些是小电源，根据走线情况和核心电源的分布规划好电源的走线。

（1）根据走线情况，能在信号层处理的电源可以优先处理，同时考虑到走线的空间有限，有些核心电源需要通过电源平面层进行分割，根据前文提到过的平面分割技巧进行分割。核心电源VCC 3.3及VCC 1.4可以通过PWR03层进行平面分割，一般按照20mil的宽度过载1A电流、0.5mm过孔过载1A电流设计（考虑余量）。例如，3A的电流，考虑走线宽度为60mil，过孔如果为0.5mm，则放置3个，如果为0.25mm，则放置6个，这是根据经验值得出来的。电流的具体计算方法可以参考专业计算工具。核心电源的处理如图14-37所示。

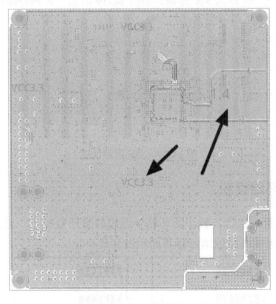

图14-37 核心电源的处理

（2）平面分割需要充分考虑走线是否存在跨分割的现象，如果跨分割现象严重，则会引起走线的阻抗突变，产生不必要的串扰。尽量使重要的走线包含在当前的电源平面中。如图14-38所示，圆圈标记的地方都是存在跨分割的走线，考虑到实际情况和成本需求，在通常的设计中对一些不是很重要的跨分割走线是可以接受的。

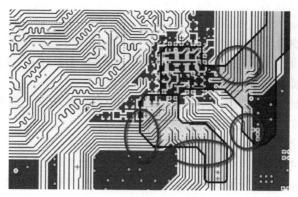

图 14-38　电源平面分割

14.10　PCB 设计后期处理

处理完连通性和电源之后，需要对整板的情况进行走线优化调整，以充分满足各类 EMC 等要求。

14.10.1　3W 原则

为了减少线间串扰，应保证线间距足够大。当线间中心距不少于 3 倍线宽时，则可保证 70% 的线间电磁场不互相干扰，这称为 3W 原则。如图 14-39 所示，后期修线需要对此进行优化修整。

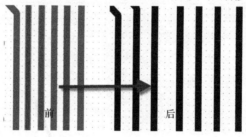

前　　　　　　后

图 14-39　3W 原则优化

14.10.2　修减环路面积

电流的大小与磁通量成正比，较小的环路中通过的磁通量较小，感应出的电流也较小。如图 14-40 所示，尽量在出现环路的地方让其面积做到最小。

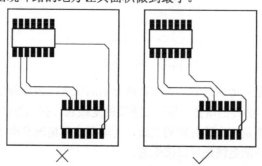

图 14-40　修减环路面积

14.10.3　孤铜及尖岬铜皮的修整

为了满足生产的要求，PCB 设计中不应出现孤铜。在 Allegro 软件中通常是手动进行铺铜，因此一般不会出现孤铜，若采用整板铺铜，则需要移除孤铜。执行菜单命令"Shape"→"Delete Islands"，移除孤铜，如图 14-41 所示。

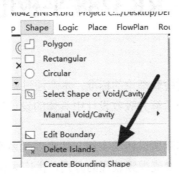

图 14-41　移除孤铜

为了满足信号要求（不出现天线效应）及生产要求等，PCB 设计中应尽量避免出现狭长的尖岬铜皮。以图 14-42 为例，可以通过放置禁布区，删除尖岬铜皮。

图 14-42　尖岬铜皮移除

14.10.4　回流地过孔的放置

信号最终回流的目的地是地平面。为了缩短回流路径，在一些空白的地方或打孔换层的走线附近放置地过孔，特别是在高速线旁边，这样可以有效地吸收一些干扰，同时也有利于缩短信号的回流路径。

14.11　本章小结

本章仍是一个入门级的实例，不过不再是 2 层板，而是 4 层板。这是一个高速 PCB 设计的入门实例，同样以实际流程进行讲解，可以进一步加深读者对设计流程的把握，同时开始接触高速 PCB 设计的知识，为 PCB 技术的提高打下良好的基础。

第 15 章

进阶实例：RK3288 平板电脑的设计

理论是实践的基础，实践是检验理论的标准。本章通过一个 RK3288 平板电脑设计实例回顾前文的内容，让读者更加充分了解并吸收设计中具体的设计流程要点、重点、难点及相关注意事项。

考虑到实际练习的需要，本章所讲述的实例文件可以联系作者免费索取。因为篇幅的限制及内容的安排，这部分内容采取增值视频教程的方式，供广大读者学习。视频中将对整个 PCB 设计过程进行全程实战演练，使读者充分掌握设计的规则设置、布局布线、电源设计、DDR 设计、EMC/EMI 等要点和难点。进阶部分的读者，可以联系凡亿 PCB 进行购买学习。

 学习目标

➢ 了解平板电脑的总体设计要求。
➢ 通过实践与理论相结合，熟练掌握电子设计的各个流程环节。
➢ 掌握 MID 各个模块的设计要点。
➢ 掌握模块化布局思路及要点。
➢ 掌握电源设计及平面分割。
➢ 掌握 DDR 的设计思路及方法。
➢ 掌握对 MID 设计的 QA 要点及方法。

15.1 实例简介

RK3288 是一个适用于高端平板电脑、笔记本电脑、智能监控器的高性能应用处理器，集成了包括 Neon 和 FPU 协处理器在内的四核 Cortex-A17 处理器，共享 1MB 二级缓存。双通道 64 位 DDR3/LPDDR2/LPDDR3 控制器，提供高性能和高分辨率的应用程序所需要的内存带宽。超过 32 位的地址位，可以支持高达 8GB 的存取空间。同时，芯片内嵌的最新一代和最强大的 GPU（Mali-T764）能顺利支持高分辨率（3840×2160）显示和主流游戏。RK3288 支持 OpenVG1.1、OpenGL 的 ES1.1/2.0/3.0、OpenCL1.1、RenderScript 及 DirectX11 等，在 3D 效果方面相对同类产品有较大的提升。

RK3288 还支持全部主流视频格式解码，支持 H.265 和 4K×2K 分辨率视频解码。它具有多种高性能的接口，使显示输出方案变得非常灵活，如双通道 LVDS、双通道 MIPI-DSI、eDP1.1、HDMI2.0 等，并支持具有 1300 万像素、ISP 处理能力的双通道 MIPI-CSI2 接口。

15.1.1 MID 功能框图

MID 功能框图如图 15-1 所示。

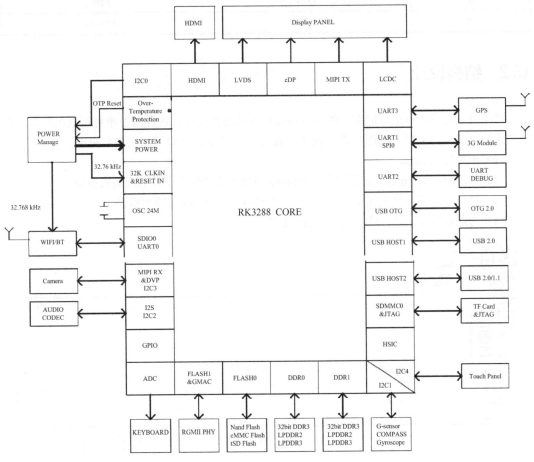

图 15-1 MID 功能框图

15.1.2 MID 功能规格

MID 功能规格如表 15-1 所示。

表 15-1 MID 功能规格

序　号	功　能　规　格	备　　注
1	CPU	RK3288
2	PMU	RC5T619
3	USB	USB OTG
4	Memory	LPDDR2/NAND Flash/EMMC
5	G-sensor/Gyroscope	—
6	TF/SD Card	—
7	Audio/Earphone/MIC/Speaker	ALC5616

序　号	功　能　规　格	备　注
8	CIF Camera/MIPI Camera	—
9	LCD	EDP
10	WIFI/BT	AP6476

15.2　结构设计

产品规划阶段推荐选择能在主控下方摆放电容的结构设计，这样滤波电容可以很好地发挥滤波作用。该实例采用 L 形板型进行设计，如图 15-2 所示，并对其相关参数提出了要求。

（1）板厚为 1.2mm。

（2）顶层限高为 8mm，底层限高为 0.6mm，USB 及二级接口采用沉板式接口。

（3）接插件大部分放置在 TOP 层，BOTTOM 层可放置 0402 等元器件。

（4）为阻止螺纹干涉，螺纹孔位 2mm 内禁止布局元器件。

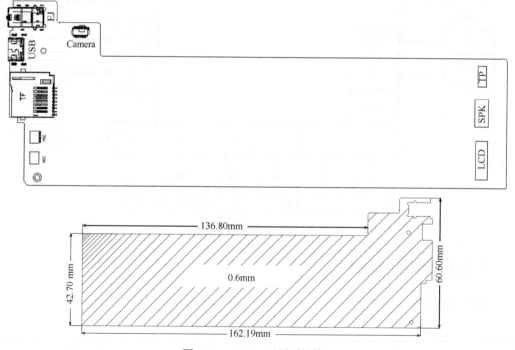

图 15-2　MID L 形板型结构

15.3　叠层结构及阻抗控制

为了保证产品的性能和稳定性，PCB 设计部分相当关键。

为了保证 RK3288 有更高的表现性能，推荐使用 6 层及以上的 PCB 叠层结构设计。铜皮厚度建议采用 1OZ（盎司），以改善 PCB 的散热性能。

15.3.1　叠层结构的选择

如图 15-3 所示，此处列出了 1.2mm 的常用叠层结构。一般来说，考虑信号屏蔽等因素，优先选择方案一，同时考虑到走线难度问题，也可以选择方案二。

Finished Thickness(mm):1.2±0.12　方案一
AccountThickness(mm):1.08
LAYER STACKING

TOP	SIN	0.7	0.5 OZ +Plating
	PP	3.80	
GND02	GND	1.5	1OZ
	Core	8.00	
ART03	SIN	1.5	1OZ
	PP	—	
PWR04	PWR	1.5	1OZ
	Core	8.00	
GND05	GND	1.5	1OZ
	PP	3.80	
BOTTOM	SIN	0.7	0.5OZ +Plating

Finished Thickness(mm):1.2±0.12　方案二
AccountThickness(mm):1.14
LAYER STACKING

TOP	SIN	0.7	0.5OZ +Plating
	PP	3.80	
GND02	GND	1.5	1OZ
	Core	8.00	
ART03	SIN	1.5	1OZ
	PP	—	
ART04	SIN	1.5	1OZ
	Core	8.00	
PWR05	SIN	1.5	1OZ
	PP	3.80	
BOTTOM	SIN	0.7	0.5OZ +Plating

图 15-3　常用 6 层叠层结构

小 助 手 提 示

方案一为了避免破坏平衡造成板子压合翘曲，尽量铺铜，或减小 PWR04 铺铜面积，使其对称平衡。

15.3.2　阻抗控制

一般来说，MID 设计当中存在以下几种阻抗控制要求：

（1）单端信号走线控制 50Ω 阻抗。

（2）WIFI 天线，隔层参考 50Ω 阻抗。

（3）HDMI、LVDS 等差分走线控制 100Ω 阻抗。

（4）USB、USB HUB 等差分走线控制 90Ω 阻抗。

综合前文阻抗计算方法及叠层要求，进行如下阻抗设计：

（1）方案一，采用 TOP、GND02、ART03、PWR04、GND05、BOTTOM 等叠层结构，阻抗设计要求如表 15-2 所示。

表 15-2　方案一叠层阻抗设计要求

Single Impedance				
Layer	Width/mil	Impedance/Ω	Precision	Ref. layer
L1/L6	4.5	50	±10%	L2/5
L3	4.0	50	±10%	L2/4
L1	15.75	50	±10%	L3
Differential Impedance				
L1/L6	5.0/7.0	90	±10%	L2/5
L3	5.0/5.0	90	±10%	L2/4
L1/L6	4.5/5.5	100	±10%	L2/5
L3	4.0/15.0	100	±10%	L2/4

（2）方案二，采用 TOP、GND02、ART03、ART04、PWR05、BOTTOM 等叠层结构，阻抗设计要求如表 15-3 所示。

表 15-3　方案二叠层阻抗设计要求

Single Impedance				
Layer	Width/mil	Impedance/Ω	Precision	Ref. layer
L1/L6	4.5	50	±10%	L2/5
L3/L4	4.0	50	±10%	L2/4
L1	15.75	50	±10%	L3
Differential Impedance				
L1/L6	5.0/7.0	90	±10%	L2/5
L3/L4	5.0/5.0	90	±10%	L2/4
L1/L6	4.5/5.5	100	±10%	L2/5
L3/L4	4.0/15.0	100	±10%	L2/4

15.4　设计要求

15.4.1　走线线宽及过孔

根据生产及设计难度，推荐过孔全局为 8/16mil，BGA 区域最小为 8/14mil，走线线宽为 4mil 及以上。

15.4.2　3W 原则

为了抑制电磁辐射，走线间尽量遵循 3W 原则，即线与线之间保持 3 倍线宽的距离，差分线两线边距（GAP）满足 4W，如图 15-4 所示。

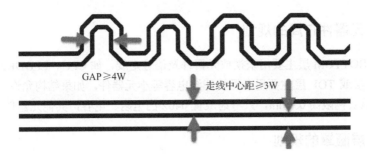

GAP≥4W

走线中心距≥3W

图 15-4　走线间距要求

15.4.3　20H 原则

为了抑制电源辐射，PWR 层尽量遵循 20H 原则，如图 15-5 所示。不过一般按照经验值，GND 层相对板框内缩 20mil，PWR 层相对板框内缩 60mil，也就是说，PWR 层相对 GND 层内缩 40mil。在内缩的距离中每隔 150mil 左右放置一圈地过孔。

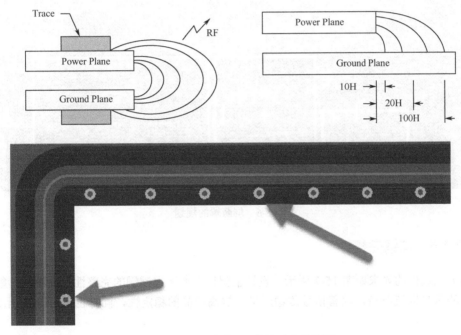

图 15-5　20H 原则及屏蔽地过孔的放置

小助手提示

3W 原则：为了减少线间串扰，应保证线间距足够大。当线间中心距不少于 3 倍线宽时，则可保证 70% 的线间电磁场不互相干扰。

20H 原则：即将 PWR 层内缩，使得电磁场只能在 GND 层的范围内传导，以一个 H（PWR 层与 GND 层之间的介质层厚度）为单位，内缩 20H 则可以将 70% 的电磁场限制在接地边沿内，内缩 100H 则可以将 98% 的电磁场限制在内。

15.4.4　元器件布局的规划

TOP 层或 BOTTOM 层主要用来摆放元器件及信号走线，如 CPU、LPDDR2、PMU、WIFI 等；BOTTOM 层或 TOP 层主要用来摆放滤波电容等小元器件，如果结构允许，也可摆放大元器件。考虑到该实例限高 0.6mm，只考虑放置 0402 的电阻、电容，其他元器件都放在正面。

15.4.5　屏蔽罩的规划

TOP 层加屏蔽罩，可降低 EMI 及提高产品的可靠性；同时，利用屏蔽罩作为主控的散热器，可以提高整机的散热效果。此板计划添加 3 个屏蔽罩，如图 15-6 所示。

（1）主控核心模块。

（2）电源及 PMU 模块。

（3）WIFI/BT 模块。

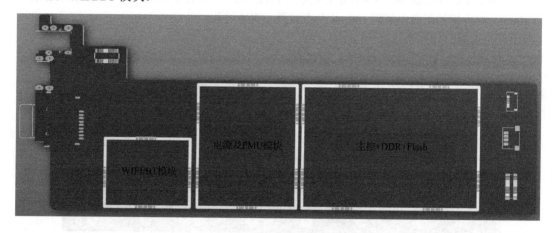

图 15-6　屏蔽罩的规划

15.4.6　铺铜完整性

铺铜完整性的要求如图 15-7 所示。设计上保证主控下方铺铜的完整性及连续性，能够提供良好的信号回流路径，改善信号传输质量，提高产品的稳定性，同时也可以改善铜皮的散热性能。

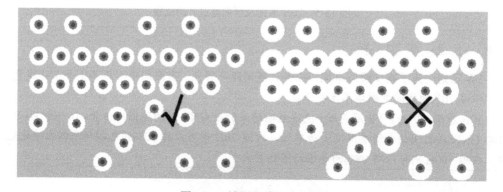

图 15-7　铺铜完整性的要求

15.4.7 散热处理

1. 热源

RK3288 的机器上，CPU 为发热量最大的元器件，所有的散热处理都以 RK3288 为主要对象。除 RK3288 外，其他主要发热元器件有 PMU、充电 IC 及所用电感、背光 IC 等。另外，大电流的电源走线（如 DC 5V 到充电 IC 走线、电池到 PMU 的 VCC_SYS 走线）也对整机发热有影响。

2. 散热处理方法

（1）布线时，需注意不要将热源堆积在一起，应适当分散；大电流的电源走线尽量短、宽。

（2）根据热量的辐射扩散特性，CPU 使用散热片时，最好以热源为中心，使用正方形或者圆形散热片，一定要避免长条形的散热片。散热片的散热效果并不与其面积大小成正比关系。

（3）MID PCB 可以考虑采用如下方法增强散热：

① 单板发热元器件焊盘底部打过孔，开窗散热。

② 在单板表面铺连续的铜皮。

③ 增加单板含铜量（使用 1OZ 表面铜厚）。

④ 在 CPU 顶面及 CPU 对应区域的 PCB 正下方贴导热片，将 CPU 的热量扩散到后盖或 LCD 屏上。不过，不建议采用把 CPU 的热量扩散到 LCD 屏上的方法，需要折中考量。这种处理方法可以大幅度降低 CPU 本身的温度。对于有金属后盖的机器，最好将 CPU 的热量通过导热硅胶传导至后盖。

可供选择的散热处理方法比较多，建议对不同方法进行比较验证，找到适合自己机器的散热处理方法。

15.4.8 后期处理要求

（1）关键信号需要增加丝印说明，如电池焊盘引脚、接插件的脚序等。

（2）芯片第 1 脚需要有明显的标注，且标注不能重叠或者隐藏在元器件本体下。

（3）确认方向元器件 1 脚位置是否正确。

（4）接插件焊接脚位添加文字标注，方便后期调试。

15.5 模块化设计

15.5.1 CPU 的设计

1. 电容的放置

CPU 电源布线时都需要一些电容。滤波电容（也作旁路电容）放置在距离电源较近的位置。用于 bypass 电源位置引入的高频信号，如果不加旁路电容，则高频干扰可能从电源部分引入芯片的内部。退耦电容在数字电路高速切换时起到缓冲电压变化的作用。一般来说，大电容放置在主控芯片背面（或就近），以保证电源纹波在 100mV 以内，避免在大负载情况下引起电源纹波偏大。

该实例由于结构限制，小电容靠近 CPU 背面放置，大电容就近放置在 CPU 周围及路径上，如图 15-8 所示。

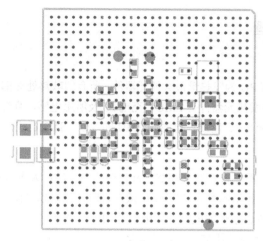

图 15-8　滤波电容的放置

2. 电源供电的设计

电源供电的设计至关重要，它直接影响产品的性能及稳定性，应严格按照 RK3288 电流参数要求进行设计。VDD_CPU、VDD_GPU 及 VDD_LOG 主要为主控供电，峰值电流可达 3.6A。从 PMU 的电源输出到主控相应电源引脚之间保证有大面积的电源铺铜，一般过载通道为 3～5mm，承载过孔设置为 0.3（孔）/0.5mm（盘），数量为 8～14 个，可提高过电流能力，并降低线路阻抗，如图 15-9 所示。

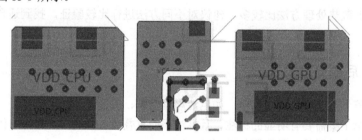

图 15-9　供电面积及承载过孔

　小 助 手 提 示

（1）走线宽度的计算

PCB 走线允许的最大电流的经验计算公式为

$$I = KT^{0.44} A^{0.75}$$

式中，K 为修正系数，一般铺铜在外层取 0.048，铺铜在内层取 0.024；T 为允许的最大温升，单位为℃；A 为铺铜的截面积，单位为 mil^2；I 为允许的最大电流，单位为 A。

以 RK3288 的 VDD_CPU 电源为例，峰值电流达到 5A，假设电源走内层，铜厚为 0.8mil（0.5OZ），允许的最大温升为 10℃，那么 PCB 走线需要 315.5mil。如果要进一步降低 PCB 电源走线的温升，就必须加大铺铜宽度。所以，如果 PCB 空间足够，则建议尽量采用更宽的铺铜，以降低温升。

（2）电源换层过孔数量的计算

计算一个过孔能通过多大电流，也可以利用上述公式。过孔的铜皮宽度计算公式为 $L=\pi R$。这里的 R 指过孔的半径。

以 0.2mm 孔径的过孔为例，铜皮厚度为 0.8mil（0.5OZ），允许的最大温升为 10℃，那么一个过孔约可通过 420mA 电流，想通过 5A 的电流至少需要 13 个 0.2mm 孔径的过孔。在面积有限的情况下，增大电源过孔的孔径可减少过孔数量。

3．FB 反馈设计

CPU_VDD_COM 与 GPU_VDD_COM 反馈补偿设计，可弥补线路的电压损耗及提高电源动态调整及时性。如图 15-10 所示，图中点亮的走线即为 VDD_GPU 反馈补偿线，此补偿线另一端连接到电源输出 DC/DC 的 FB 端。走线需与 PWR 层并行走线，且不能被数据线干扰，否则有可能受其他信号串扰导致电压不稳定及振荡。走线宽度一般没有严格的要求，设置为 10～15mil 即可，不用太宽。

4．晶振的设计

晶振是一个干扰源，本体表层及第二层禁止其他网络走线，并注意在晶振引脚及负载电容处多打地过孔。

晶振走线应尽量短，尽量不要打孔换层，走线和元器件同面，并且采用π形滤波方式，如图 15-11 所示。

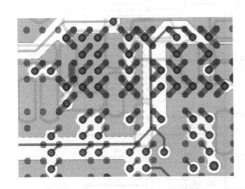

图 15-10　CPU 电源的反馈走线

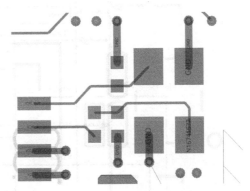

图 15-11　晶振的走线

5．其他设计

如图 15-12 所示，在主控下方的地过孔要足够多，均匀放置并交叉连接，以改善电源质量，提高散热性，提高系统的稳定性。电源信号也可以采用这种方式加大载流及散热。

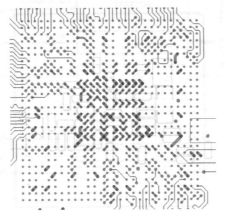

图 15-12　CPU 地及电源的连接方式

15.5.2 PMU 模块的设计

1. RC5T619 电源模块的划分

电源管理单元（PMU）是由传统分立的若干 DC/DC 及 LDO 组合而成的，这样可实现更高的电源转换效率、更低的功耗及更少的组件数，以适应缩小的板级空间。

设计时，可以按照分立的思维把 PMU 模块化，参考电源二叉树（见图 15-13），明确输入及输出，对应 PCB 封装的引脚，这样可以很清楚地知道哪些是主干道，从而需要加粗铺铜处理；同时，可以根据二叉树的电流参数并结合前文提到的铺铜宽度计算很好地完成 PCB 的铺铜操作。

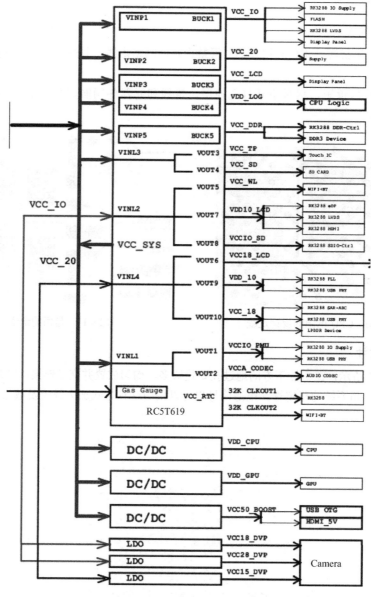

图 15-13　PMU 的电源二叉树

2．RC5T619 的设计

与所有的 DC/DC 设计一样，一般在设计之前，需要找到它的 Datasheet，这样可以更方便、更好地设计电源。

（1）保证输入、输出电容地尽量靠近芯片地，如图 15-14 所示。输入、输出电容的接地端到主地上需要根据供电电流的大小打相应数量的过孔。

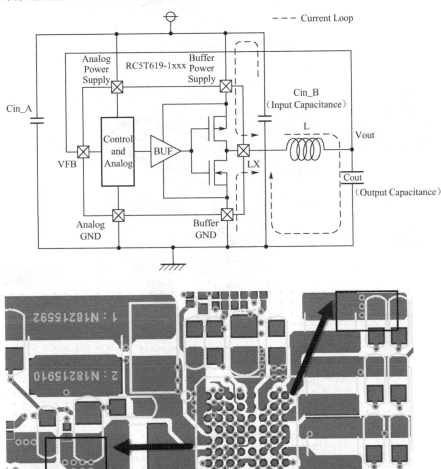

图 15-14　PMU 的处理

（2）RC5T619 中有两个采样电阻。一个采样电阻是充电电流采样电阻 R11，如图 15-15 所示。在 PCB 走线时需要从采样电阻 R11 的两端差分走线到 C4 与 C5 两个焊盘上，如图 15-16 中标记线所示，特别注意 C5 不能直接跟 A5 接在一起，否则会出现充电电流偏小的现象。另一个采样电阻是电池端的电流采样电阻 R17，如图 15-17 所示。布线时请务必将 R18 靠近 R17，R18 不直接与地连接，用 Keepout 隔开铺铜后单独拉线到 R17 焊盘上，ICP、ICM 再差分走线到 E3、D3 两个焊盘上，如图 15-18 所示。

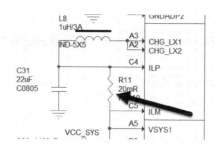

图 15-15　充电电流采样电阻

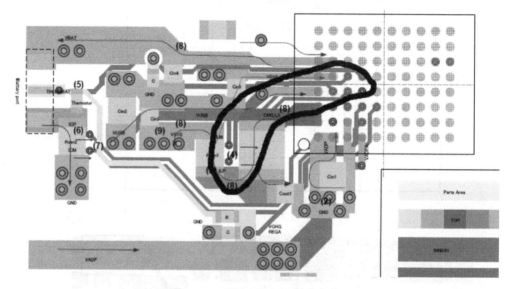

图 15-16　采样电阻 R11 差分走线

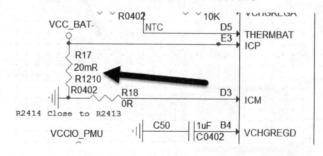

图 15-17　电池端的电流采样电阻

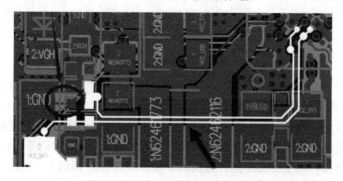

图 15-18　采样电阻 R17 差分走线

（3）进行 32.768kHz 晶振包地处理，第二层参考地平面、本体下尽量不要走其他数据线，以免对时钟造成干扰，并且走线越短越好，如图 15-19 所示。

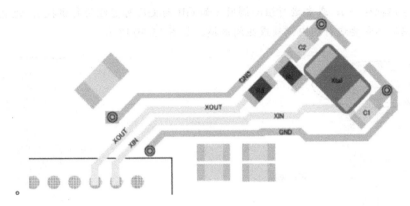

图 15-19　32.768kHz 晶振包地处理

15.5.3　存储器 LPDDR2 的设计

LPDDR2（Low Power Double Data Rate2）的含义为低电压的 DDR 二代内存。在工作电压仅为 1.2V 的环境下，LPDDR2（1066）与 DDR3（1066）具有同等的带宽，而 DDR3 的工作电压为 1.5V，所以 LPDDR2 可以在更低的电压下达到 DDR3 的性能，相比 DDR3 可以降低 50% 以上的功耗，提高待机能力。

1．信号分类

LPDDR2 的信号分类如表 15-4 所示。

表 15-4　LPDDR2 的信号分类

类　　别	状　　态	数　　量	备　　注
数据线	GA：D0～D7、DQM0、DQS0P、DQS0M	11	DQS 为差分线
	GB：D8～D15、DQM1、DQS1P、DQS1M	11	
	GC：D16～D23、DQM2、DQS2P、DQS2M	11	
	GD：D24～D31、DQM3、DQS3P、DQS3M	11	
地址线	GE：ADDR0～ADDR14	15	
控制线	GF：WE/CAS/RAS/CS0/CS1/CKE0/CKE1/ODT0/ODT1/BA0/BA1/BA2		
时钟线	GH：CLK、CLKN		时钟线为差分线
电源/地	GI：VCC_DDR、VREF/GND		

　小助手提示

（1）地址线、控制线与时钟线归为一组，是因为地址线和控制线在 CLK 的下降沿由 DDR 控制器输出，DDR 颗粒在 CLK 的上升沿锁存地址线、控制线总线上的状态，所以需要严格控制 CLK 与地址线、控制线之间的时序关系，确保 DDR 颗粒能够获得足够的、最佳的建立/保持时间。

（2）地址线、控制线不允许相互调换。

（3）LPDDR2 通道 0 的 GA 不能进行组内调换及组间调换，要求一一对应连接到颗粒的 A 或 B 通道的 D0～D7，其余数据线（GB、GC、GD）可以进行组内调换（如 DDR0_D8～ D15 可随意调换顺序），或者进行组间调换（如 GB 与 GC 可整组进行调换）；通道 1 的所有组可以根据实际需要进行组内调换或组间调换，如图 15-20 所示。

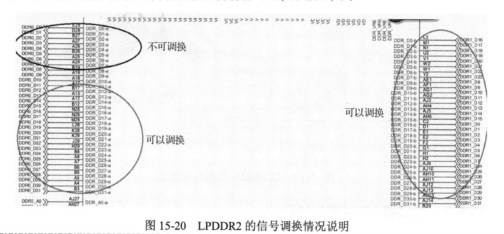

图 15-20　LPDDR2 的信号调换情况说明

2．阻抗控制要求

数据线、地址线及控制线，单端走线控制 50Ω 阻抗，DQS 差分线和时钟差分线需要控制 100Ω 差分阻抗。具体的走线线宽与间距可以参考阻抗叠层章节。

3．LPDDR2 的布局

本实例中 DDR 为双通道 LPDDR2，不存在 T 点或 Fly-by 拓扑结构，直接采用点对点的布局方式，并预留有等长的空间，不宜过近或过远，关于 CPU 中心对齐。LPDDR2 滤波电容要靠近 IC 引脚摆放，可以考虑放到 IC 背面。RK3288 和 DDR 颗粒的每个 VCC_DDR 引脚尽量在芯片背面放置一个退耦电容，而且过孔应该紧靠引脚放置，以免增大导线的电感。LPDDR2 的布局如图 15-21 所示。

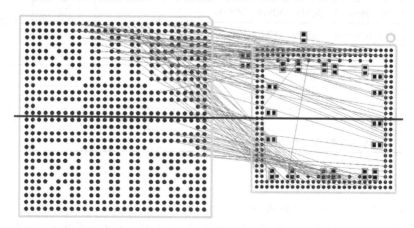

图 15-21　LPDDR2 的布局

4．LPDDR2 的布线

（1）同组同层。为了尽量保证信号的一致性，数据线尽量做到同组同层，如 GA 组 11 条信号线走在同一层，GB 组 11 条信号线走在同一层；地址线、控制线没有这个要求。

（2）3W 原则。为了尽量减少串扰的产生，信号线之间满足 3W 原则，特别是数据线之间；组与组之间满足 3W 及以上间距；差分线与信号线间距满足 3W 及以上间距；差分 Gap 间距满足 3W 及以上间距，同时振幅不要超过 180mil。

（3）平面分割。为了不使阻抗突变，所有属于 DDR 的信号线不允许有跨分割的现象，即不允许信号线穿越不同的电源平面。

（4）等长要求。

① GA～GD 组中数据线及 DQSP、DQSM 之间的线长误差控制在 5～50mil（速率越高，要求越严格）；每组内的 DQSP、DQSM 差分对内误差控制在 5mil 以内；组与组的数据线不一定要求严格等长，但应尽量靠近，控制在 120mil 以内。

② GE、GF、GH 组的信号线的线长误差控制在 100mil 以内，时钟差分需要控制对内误差为 5mil。

LPDDR2 的等长要求如表 15-5 所示。

表 15-5　LPDDR2 的等长要求

类　别	状　态	误差要求	
数据线	GA：D0～D7、DQM0、DQS0P、DQS0M	5～50mil	GA、GB、GC、GD 两两组间误差为 120mil；差分对内误差为 5mil
	GB：D8～D15、DQM1、DQS1P、DQS1M		
	GC：D16～D23、DQM2、DQS2P、DQS2M		
	GD：D24～D31、DQM3、DQS3P、DQS3M		
地址线	GE：ADDR0～ADDR14	100mil 以内	GE、GF、GH 三组一起等长；差分对内误差为 5mil
控制线	GF：WE/CAS/RAS/CS0/CS1/CKE0/CKE1/ODT0/ODT1/BA0/BA1/BA2		
时钟线	GH：CLK、CLKN		

（5）VREF 的处理。VREF 尽量靠近芯片；VREF 走线尽量短，且与任何数据线分开，保证其不受干扰（特别注意相邻上下层的串扰）；VREF 只需要提供非常小的电流（输入电流约为 3mA）；每一个 VREF 引脚都要在靠近引脚处加 1nF 旁路电容（每路电容数量不超过 5 个，以免影响电源跟随特性）；线宽建议不小于 10mil。

（6）保证平面完整性。DDR 部分的平面完整性会直接影响 DDR 性能及 DDR 兼容性，在设计 PCB 时，注意过孔不能太近，以免造成平面割裂。一般推荐两过孔中心距大于 32mil，两过孔之间可以穿插铜线，如图 15-22 所示。

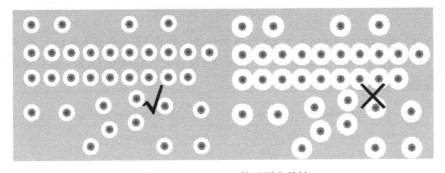

图 15-22　LPDDR2 的平面完整性

15.5.4 存储器 NAND Flash/EMMC 的设计

1. 原理图

RK3288 支持 NAND Flash、EMMC 等 Flash 存储设备。使用 NAND Flash 时，控制器及颗粒供电 VCC_FLASH 为 3.3V。而不同版本的 EMMC，控制器及颗粒供电 VCC_FLASH 可能为 1.8V（EMMC4.1 以上）或者 3.3V，设计时根据 Datasheet 调整并修改。FLASH0_VOLTAGE_SEL 默认 3.3V 时下拉到 GND，1.8V 时上拉到 VCC_FLASH，如图 15-23 所示。

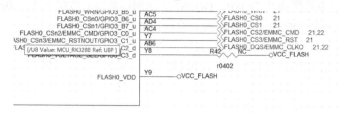

图 15-23　FLASH0_VOLTAGE_SEL 上拉状态

小 助 手 提 示

（1）在使用 EMMC 时，建议 VCC_FLASH 使用 1.8V 供电，这样才能稳定跑高速。

（2）FLASH1 通道不支持 EMMC Flash。

（3）Boot 默认由 FLASH0 通道引导，不可修改。

EMMC 默认为 1.8V LDO 供电，如图 15-24 所示，可兼容 EMMC4.1 以下颗粒，可以使产品备料范围更广。

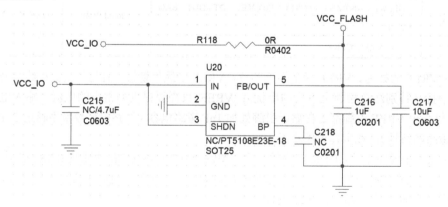

图 15-24　EMMC 供电兼容

为了在开发阶段能方便地进入 Mask Rom 固件烧写模式（需要更新 Loader），在使用 NAND Flash 时，FLASH_CLE 需预留测试点，而在使用 EMM 时，EMMC_CLKO 要预留测试点，如图 15-25 所示。

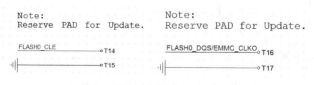

图 15-25　测试点的添加

2．PCB 部分

（1）NAND Flash 与 EMMC 一般通过双布线兼容设计，如图 15-26 所示。EMMC 芯片下方在铺铜时，焊盘部分需要增加铺铜禁布框，避免铜皮分布不均匀影响散热，导致贴片时出现虚焊现象。

（2）走线尽量走在一起，并包地处理，空间允许的情况下可以等长处理，误差不要超过±100mil，以提高 EMMC 的稳定性和兼容性。

（3）EMMC 处是 BGA 为 0.5mm 的 Pitch 间距，为了避免局部使用较小的线宽和间距增加整体生产难度及成本，无用的焊盘可以通过改小的办法出线，如图 15-26 所示。

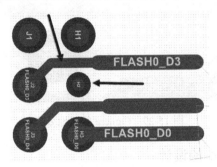

图 15-26　EMMC 的出线方式

15.5.5　CIF Camera/MIPI Camera 的设计

DVP 接口电源域为 DVPIO_VDD 供电，实际产品设计中，需要根据产品 Camera 的实际 IO 供电要求，选择对应的供电电路（1.8V 或 2.8V），同时 I2C 上拉电平必须与其保持一致，否则会造成 Camera 工作异常或无法工作，如图 15-27 所示。

为了避免在实际产品中因 Camera 走线过长而造成时序问题，引起数据采集异常，需要增加如图 15-28 所示的 RC 延迟电路，同时在布线时走线尽量短。注意时钟信号的流向，对应的元器件靠近信号输出端放置，PCLK 上的电容靠近主控，电阻靠近 Camera，MCLK 上的电容靠近Camera，电阻靠近主控。

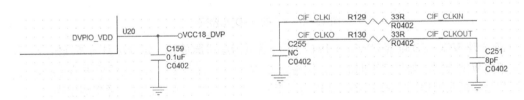

图 15-27　DVPIO_VDD 供电　　　　　图 15-28　RC 延迟电路

Camera 信号走线 CIF_D2～D9 需按 3W 原则要求走线；为抑制电磁辐射，建议于 PCB 内层走线，并保证走线参考面连续完整；走线尽量少换层，因为过孔会造成线路阻抗的不连续；做好整组包地。

CIF_CLKI、CIF_CLKO 时钟走线，单独包地处理，包地线每隔 50～100mil 放置地过孔，并远离其他高速信号线，如图 15-29 所示。

数据线和 MCLK、PCLK、HSYNC、VSYNC 的走线须等长，误差越小越好。

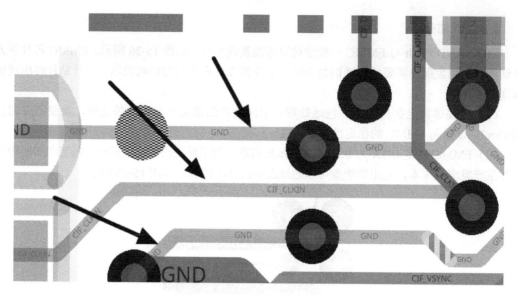

图 15-29　Camera 的包地处理

15.5.6　TF/SD Card 的设计

　　TF Card 电路兼容 SD2.0/3.0，模块供电为输出可调的 VCCIO_SD，默认为 3.3V 供电。TF 为经常插拔的接口，建议增加 ESD 元器件，如图 15-30 所示。

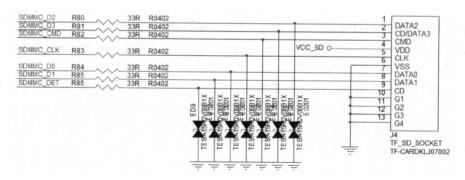

图 15-30　TF 的 ESD 元器件

　　TF 卡座 VCC_SD 电容 C193、C194 布局时靠近卡座引脚放置。走线尽量与高频信号隔开，尽量整组包地处理。如果有空间的话，则建议 CLK 单独包地。TF Card 走线要求信号组内任意两条信号线的长度误差控制在 400mil 以内，否则会导致 SD3.0 高速模式下频率跑不高。

　　RK3288 平台上，TF Card 的 PCB 布线长度尽量控制在 15.4in 以内，在结构设计及布局上要考虑这一点，以提高 SDIO 的稳定性和兼容性。

　　布局布线时，注意信号线要先经过 ESD 元器件之后再引出，如图 15-31 所示。

15.5.7　USB OTG 的设计

　　RK3288 共有 3 组 USB 接口，其中一个为 USB OTG，两个为 USB HOST。USB OTG 可以通过检测 USB_VBUS、USB_ID 信号，配置为 Host 或者 Device 功能，支持 USB2.0/1.1 规范。本实例支持一个 USB OTG。

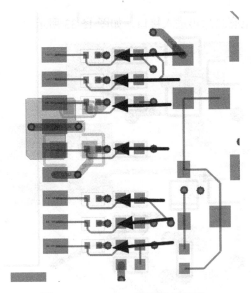

图 15-31　TF ESD 元器件的处理

　　USB 控制器电阻 R60、R61 应选用 1%精度的电阻，参考电阻关系到 USB 眼图的好坏。USB 具有高达 480Mbit/s 的传输速率，差分信号对线路上的寄生电容非常敏感，因此要选择低结电容的 ESD 保护元器件，结电容要小于 1pF。同时，为抑制电磁辐射，可以考虑在信号线上预留共模电感。在调试过程中根据实际情况选择使用电阻或者共模电感。USB OTG 的设计如图 15-32 所示。

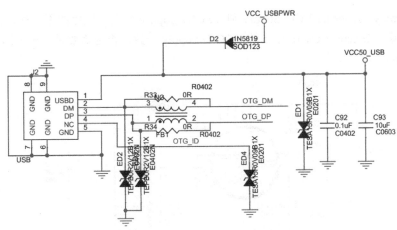

图 15-32　USB OTG 的设计

　　布线注意事项如下：

　　（1）USB 差分走线越短越好，综合布局及结构进行调整。

　　（2）DP/DM 90Ω 差分走线，严格遵循差分走线规则，对内误差满足 5mil。

　　（3）为抑制电磁辐射，USB 建议在内层走线，并保证走线参考面是一个连续完整的参考面，否则会造成差分线阻抗的不连续，并增加外部噪声对差分线的影响。空间充足的情况下进行包地处理。同时，尽量减少换层过孔，因为过孔会造成线路阻抗的不连续，实在需要时，建议在打孔换层处放置地过孔。

　　（4）ESD 保护元器件、共模电感和大电容在布局时，应尽可能靠近 USB 接口摆放，走线先经过 ESD 元器件及共模电感之后再进入接口，如图 15-33 所示。

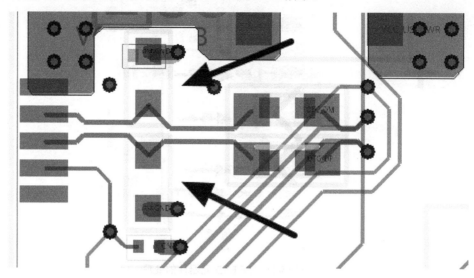

图 15-33　USB OTG ESD 元器件的处理

（5）USB2.0 规范定义的电流为 500mA，但是 USB_VBUS 走线最好能承受 1A 的电流，以防过电流。如果是在使用 USB 充电的情况下，那么 USB_VBUS 走线要能承受 2.5A 的电流。

15.5.8　G-sensor/Gyroscope 的设计

G-sensor/Gyroscope 的 VCC Supply 和 VCCIO Supply 的电源域可能不一样，请确保 I2C1 总线上拉电源与 G-sensor/Gyroscope 的 VCCIO Supply 一致，否则需要进行电平匹配处理，如图 15-34 所示。

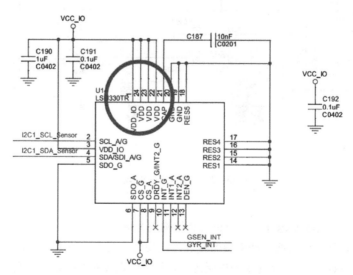

图 15-34　G-sensor/Gyroscope 电平

G-sensor/Gyroscope 一般放置在板子的偏中心位置，不要太靠边，不然会影响其灵敏性。

G-sensor/Gyroscope 在布局的时候，第 1 脚方向一般有一定的要求，如都朝左上角放置，建议与 RK 提供的 SDK 保持一致，方便软件调试。

15.5.9 Audio/MIC/Earphone/Speaker 的设计

1. Audio（音频）的设计

Codec I2S 接口电源域为 APIO4_VDD 供电，实际产品设计中，需要根据 Codec 的实际 IO 供电要求，选择对应的供电电路（1.8V 或 3.3V），同时 I2SC 上拉电平必须与其保持一致，否则会造成 Codec 工作异常或无法工作，本实例选择 3.3V（VCC_IO），如图 15-35 所示。

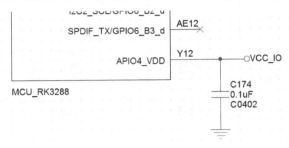

图 15-35　APIO4_VDD 供电

PCB 设计注意事项如下：

（1）Codec 布局时应靠近连接座放置，走线应尽可能短。

（2）为了保证供电充足，Codec 各路电源走线线宽要求大于 15mil，VCC_SPK 走线线宽要求大于 30mil。

（3）Codec 各输入、输出信号包括 HP OUT、LINE IN、LINE OUT、MIC IN、SPDIF、SPEAKER OUT 等信号，为避免信号间串扰引起的输出失真及噪声，均需要进行包地处理（包地处理应包括同层包地与邻层包地），并与其他数字信号隔离。

（4）音频走线为模拟线，HP OUT 信号线宽建议大于 15mil，LINE IN/OUT 信号线宽建议大于 10mil。

（5）MIC IN 信号比较敏感，为避免引入噪声，MIC 的耦合电容要靠近 Codec 端放置，如图 15-36 所示。

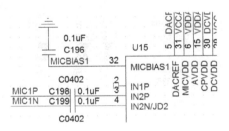

图 15-36　MIC 耦合电容的放置

2. MIC（咪头）的设计

MIC 根据所选型的驻极体麦克风规格，选择合适的分压电阻 R93、R94，如图 15-37 所示。

布线时，MIC1P 与 MIC1N 差分走线加粗到 10～12mil，并且尽量做立体包地处理，尽量远离高速线，减少对高速线的干扰。

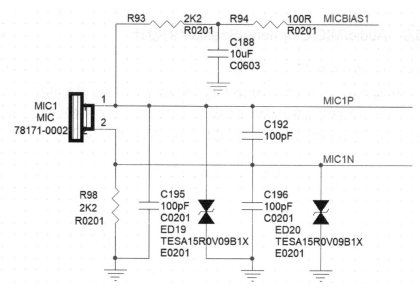

图 15-37　MIC 分压电阻的选择

3．Earphone（耳机）的设计

耳机的设计如图 15-38 所示。

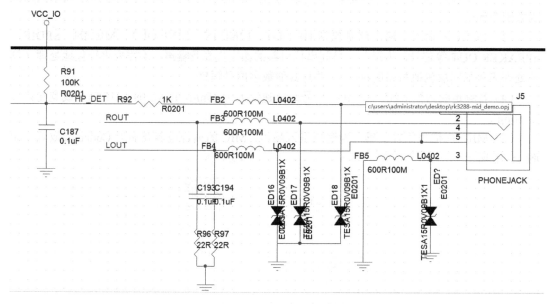

图 15-38　耳机的设计

耳机信号走线同样属于音频信号，LOUT、ROUT 左、右声道走线需要加粗处理，类似于差分走线，并且立体包地，应尽可能地避免其他走线对它的干扰，如图 15-39 所示。

4．Speaker（喇叭）的设计

为抑制功放电磁辐射，需把功放到喇叭的走线缩短并加粗，尽量少走弯角。为避免噪声干扰，建议差分走线，线宽大于 20mil，线距小于 10mil，并在靠近喇叭输出端预留 LC 滤波电路，如图 15-40 所示。

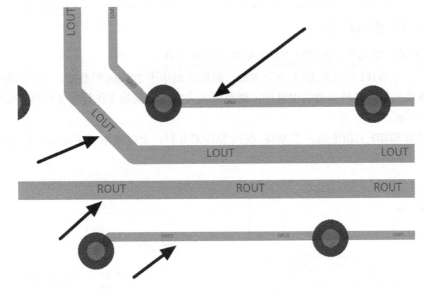

图 15-39　耳机信号走线

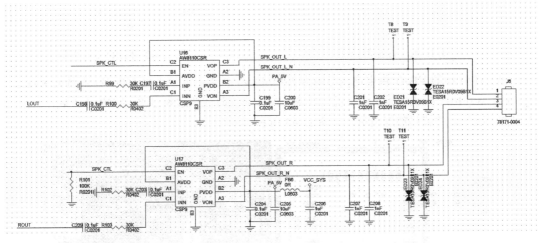

图 15-40　Speaker 的设计

15.5.10　WIFI/BT 的设计

（1）RK3288 支持 SDIO3.0 接口的 WIFI/BT 模块，采用 SDIO、UART 接口的 WIFI/BT 模块时，需要注意 RK3288 SDIO、UART 控制器的供电 APIO3_VDD 要与模块 VCCIO Supply 一致，如图 15-41 所示。

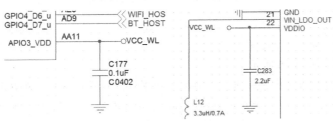

图 15-41　APIO3_VDD 供电

在 SDIO3.0 情况下，APIO3_VDD 供电必须为 1.8V。

（2）请注意 WIFI 需选择 ESR 小于 60Ω、频偏误差小于 20ppm 的晶振。对于晶振的匹配电容，请根据晶振规格选择合适的电容值，避免频偏太大而出现的工作异常（如热点数较少等），如图 15-42 所示。

（3）预留 SDIO 上拉电阻，当 WIFI 使用 SDIO3.0 时，上拉电阻（见图 15-43）贴片可提高信号质量。

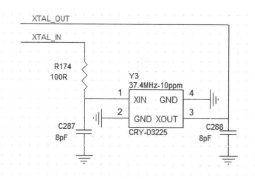

图 15-42　晶振的选择　　　　　　　　　　图 15-43　SDIO 上拉电阻

（4）AP6×××的 VBAT 供电电压范围为 3.0～4.8V，供电电流最小为 400mA，布线时要注意。

（5）WIFI/BT 模块属于易受干扰的模块，PCB 布线时注意远离电源、DDR 等模块，在空间充足的情况下，建议添加屏蔽罩，如图 15-44 所示。

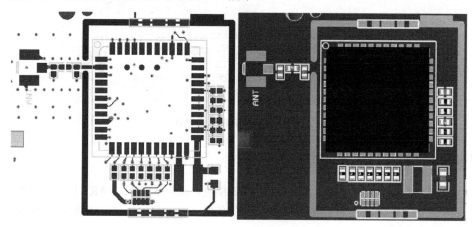

图 15-44　WIFI/BT 模块的屏蔽罩

（6）模块的 VBAT 和 VDDIO 的电源脚 4.7μF 去耦电容 C272、C283 须靠近模块放置，并应尽可能与模块摆放于同一平面。模块内部电源的电感 L12 和电容 C286 须靠近模块放置，走线线宽大于 15mil，如图 15-45 所示。

（7）SDIO 走线作为数据传输走线，要尽可能平行，并进行整组包地处理。如果有空间的话，则建议 CLK 单独包地。需避免靠近电源或高速信号布线。同时，信号组内任意两条信号线的长度误差控制在 400mil 以内，尽量等长，否则会导致 SDIO3.0 高速模式下频率跑不高。SDIO走线处理如图 15-46 所示。

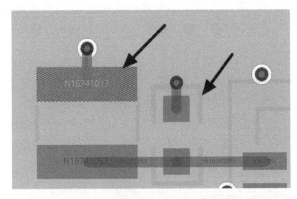

图 15-45　电感与电容的放置

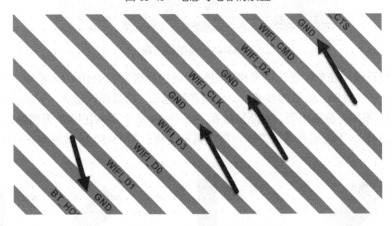

图 15-46　SDIO 走线处理

（8）如图 15-47 所示，同样是为了避免干扰，模块下方第一层保持完整地，不要有其他信号走线，其他信号走线尽量走在内层。

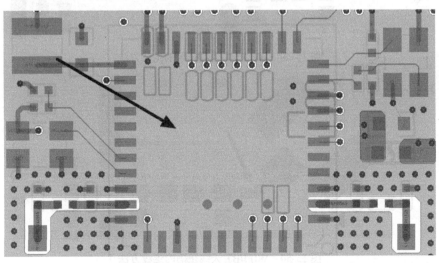

图 15-47　WIFI/BT 模块的地平面处理

（9）晶振本体下方保持完整地，不要有其他信号走线，晶振引脚要有足够的地过孔进行回流，如图 15-48 所示。

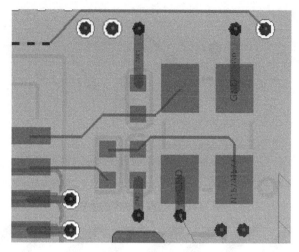

图 15-48　晶振的处理

（10）天线及微带线宽度设计需考虑到阻抗，阻抗严格为（50±10）Ω。走线下方需有完整的参考平面作为 RF（射频）信号的参考地，天线布线越长，能量损耗越大，因此在设计时，天线路径越短越好，不能有分支出现，不能打过孔。图 15-49 所示为 WIFI/BT 天线错误的走线方法。天线走线需转向时，不能用直角的方法，需用弧形走线。图 15-50 所示为 WIFI/BT 天线正确的走线方法。

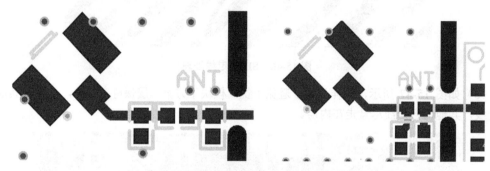

图 15-49　WIFI/BT 天线错误的走线方法

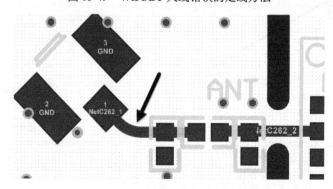

图 15-50　WIFI/BT 天线正确的走线方法

15.6 MID 的 QA 要点

一个好的产品设计需要各方面的验证。原理、PCB、可生产性等在设计过程中难免会出现纰漏，处理完前述步骤之后，需要对所设计的文件进行一次 QA 检查。下面列举 RK 系列 MID 产品常见的问题，方便读者对自身所设计的文件进行检查，减少问题的产生，提高设计及生产效率。

15.6.1 结构设计部分的 QA 检查

结构设计部分的 QA 检查如表 15-6 所示。

表 15-6 结构设计部分的 QA 检查

类别	检查内容	Y/N
结构设计要求	PCB 板框是否和 DXF 文件相符？定位孔数量、大小、位置是否正确？	
	按键、SD 卡座、拨动开关、耳机座、USB 座、HDMI 座、MIC 等能否和 DXF 结构图核对上？是否有偏位？正反是否正确？电池、电动机焊点分布距离是否合理？	
	摄像头、TP、屏等排座的脚位是否和客户的要求一致？	
	结构上的限高要求，布局上是否都满足？	
	所有的 IC 第 1 脚是否在 PCB 上标示明确？	
	易受干扰区域，若需屏蔽罩，屏蔽罩的位置是否有预留？	

15.6.2 硬件设计部分的 QA 检查

硬件设计部分的 QA 检查如表 15-7 所示。

表 15-7 硬件设计部分的 QA 检查

类别	检查内容	Y/N
硬件设计要求	原理图是否检查悬浮网络、单端网络、器件位号及引脚号重复？存在的是否可接受？	
	所有三极管和 MOS 引脚位封装是否正确？	
	叠层设计是否考虑 PI、SI？	
	电源、RF、差分及差分等长、阻抗线、DDR 走线及等长、T 点等电气约束规则是否已经规范？	
	PCB 能否添加 Mark 点规范？是否添加测试架测试点？	
	整体布局是否按照信号流向进行？是否合理？	
	BGA 及大的 IC 布局是否考虑返修？间距是否大于或等于 1mm（最好 2mm）？需后焊的元器件、背面元器件不要靠得太近，是否有大于或等于 1.5mm 的间距（留有烙铁头的位置）？	
	摄像头、TP、屏、USB 座、G-sensor、MIC 等有方向排座的脚位和方向是否正确？插座是否有放反的情况？	

类　别	检 查 内 容	Y/N
硬件设计要求	对于散热要求比较高的芯片（PMU、蓝牙芯片等），散热焊盘上是否添加散热大过孔？过孔是否开窗处理？	
	MIC、红外头、接插件等穿板后焊的引脚焊盘是否采用散热良好的花焊盘连接方式？	
	设计是否满足工艺能力要求（最小线宽 4mil，最小过孔 0.2mm/0.4mm）？	
	重要电源载流考虑是否合理？[VDD_LOG、VDD_ARM、VCC_DDR、ACIN、VSYS 及 USB 供电等大于或等于 2mm，过孔至少 4 个（0.3mm/0.5mm）。其他电源按照通用原则：表层 20mil 过载 1A，内层 40mil 过载 1A，0.5mm 过孔过载 1A 电流。]	
	耳机左、右声道是否包地、处理好屏蔽？摄像头的 MCLK 和 PCLK 中间是否用地隔离？HDMI、LVDS 差分及 MIC 等敏感走线是否尽量采用包地处理？复位信号是否添加静电元器件？	
	WIFI/BT 天线 50Ω 阻抗线是否遵循走线最短、圆弧处理原则？信号焊盘和地焊盘间距是否保持 3mm？离板边是否有 1mm？	
	摄像头排线是否远离数据干扰区和电源功率电感？	
	是否进行 DRC？存在的 DRC 报错是否可以接受？容易短路的位置是否添加丝印白油？	

15.6.3　EMC 设计部分的 QA 检查

EMC 设计部分的 QA 检查如表 15-8 所示。

表 15-8　EMC 设计部分的 QA 检查

类　别	检 查 内 容	Y/N
EMC设计要求	相邻信号层信号走线是否正交布线？若平行走线，是否错位？	
	打孔换层的地方 50mil 范围之内是否添加回流地过孔？	
	对敏感信号是否进行地屏蔽处理？射频线周边屏蔽地过孔、割铜是否平滑无尖角？时钟线、DDR 高速线、差分线对、复位线及其他敏感线路是否满足 3W 设计原则？	
	是否已确保没有由于过孔过密或较大造成较长的地平面裂缝？电源层是否相对地层内缩、考虑 20H？	

15.7　本章小结

本章选取了一个进阶实例，是为进一步学习 PCB 技术的读者准备的。一样的设计流程，一样的设计方法和分析方法，让读者明白，其实高速 PCB 设计并不难，只要分析弄懂每一个电路模块的设计，就可以像庖丁解牛一样，不管是什么产品、什么类型的 PCB 都可以按照"套路"设计好。